免疫

認識你的免疫系統，
45個打造身體堡壘的必備知識

IMMUNE

A JOURNEY INTO THE MYSTERIOUS SYSTEM
THAT KEEPS YOU ALIVE

PHILIPP DETTMER

菲利普・德特默 ────著　周序諦 ────譯

生命存在多久，免疫就有多久
——免疫學的文藝復興

周序諦（本書譯者）

2019 年年底開始，新冠肺炎逐漸在全球蔓延開來，讓人們陷入驚恐之中；也讓「疫苗」「抗體」等詞彙成為街頭巷尾人們熱烈討論的話題；這讓從事免疫學研究工作的我心裡充滿了矛盾。在這千載難逢的時機，免疫學彷彿經歷了一場復興運動。各國政府和民間組織傾全力合作，積極投入龐大的人力和資源，促使相關的科學研究以前所未有的速度往前邁進一大步。對於免疫力和免疫系統的諸多疑問和關注，也讓免疫學再度成為眾所矚目的學科。另一方面，坊間流傳許多有關疫苗的不實傳聞，以及號稱可以治癒新冠肺炎的偏方所造成的誤解，更加深了人們的不安與惶恐。對於和人體健康至關重要的免疫系統，社會大眾的認識還相當有限，實在讓人擔憂。

免疫（Immunity）這名詞源自拉丁文 immunis，原本是豁免兵役、納稅或其他公共服務的意思。在生物學中，免疫代表一個生物個體能夠抵抗病原體（或者它產生的物質）所導致的疾病發生。

人類文明的進程中，早在古代埃及和希臘時期就有文獻描述與免疫相關的現象。例如醫學之父希波克拉底（Hippocrates）在西元前 5 世紀，就描述了因發炎而引起水腫（edema）的症狀，並試圖以柳樹皮舒緩病患因疼痛與發燒產生的不適。古希臘偉大的歷史學家修昔底德（Thucydides）也在《伯羅奔尼撒戰爭史》（*History of the Peloponnesian War*）中，記載了西元前 430 多年發生在雅典

的瘟疫以及病患的諸多病徵。西元 1 世紀左右，古羅馬醫學家凱爾蘇斯（Aulus Cornelius Celsus）在他撰寫的百科全書中，為發炎下了明確的定義，描述發炎的四個主要症狀為「*rubor et tumor cum calore and dolore*」，也就是我們現在所熟悉的紅、腫、熱、痛。然而一直到 19 世紀末期，現代科學對於免疫系統的研究才因為俄國科學家伊利亞‧梅契尼可夫（Ilya Ilyich Mechnikov）將其命名為「免疫學」（Immunology），而正式成為一門獨立的學門。梅契尼可夫因為鑽研免疫細胞的吞噬現象（phagocytosis），對於免疫學有著卓越的貢獻，因此在 1908 年贏得諾貝爾生理醫學獎的榮耀，並被尊稱為「先天免疫之父」。

　　免疫學是一門非常複雜但也相當有趣的學科；而長期以來，免疫與流行病一直有著密切的關係。在沒有抗生素和疫苗的中世紀，早已發展出隔離（quarantine）的概念，藉此阻隔黑死病的傳播。例如在西元 14 世紀，拉古薩共和國（Republica Ragusa）已實施隔離制度，要求所有從疫區進入城邦的人，都必須進行為期四十天的隔離。這段隔離期被稱為「quarantino」，也就是義大利文「四十」的意思。每年在威尼斯面具嘉年華會中常見的鳥嘴面具，則是模仿中世紀醫生所配戴的防護面具；當時面具的眼睛是由玻璃構成，彎曲的鳥嘴構造裡則填充了各種散發芳香氣味的物質（像乾燥花、香草、樟腦等），藉以驅離致病的「邪氣」。17 世紀法國醫生德洛梅（Charles de Lorme）將鳥嘴面具、寬邊帽、長大衣、手套及枴杖作為「瘟疫醫生」的標準配備，藉此避免在看診時與病患因直接地接觸而感染瘟疫。

　　在同一時期的中國，天花早已橫行了千年之久，造成無數的傷亡。康熙因為自身感染過天花而深知其害。他在北京設立了「查痘章京」，建立了中國最早的檢疫制度，藉此避免病原進入。而當時在民間也已經有種人痘的技術流傳。無論是將天花患者身上的痘痂磨成粉末吹入或放入鼻腔內，或是以小刀將痘痂粉末塗抹在皮膚上，都是藉此讓未感染者能夠感染輕微的天花，進而產生免疫力，就如同我們現在施打疫苗一樣。接種人痘的技術頗受康熙的重視，甚至組織宮

廷太醫幫阿哥們種痘。這項技術也經由西方使節和傳教士的學習，開始傳向亞歐地區。18 世紀初，英國駐土耳其大使的夫人瑪莉・渥特莉・孟塔古夫人（Lady Mary Wortley Montagu）在土耳其見識到種痘技術對於天花的保護效果後，不但讓自己的子女接受種痘，更積極將這項技術帶回英國進行推廣。

　　接種人痘的技術，開啟了以人為方式操控人體的免疫機能，進而達到預防或治療特定疾病的功效。18 世紀末，英國醫生愛德華・詹納（Edward Jenner）發現：感染過牛痘的擠奶女工可以免於天花感染，因而將女工手上的牛痘瘡疤接種到一位男童的手臂。男童在初次接種牛痘後，出現輕微的牛痘感染症狀；然而，在重複接種牛痘之後，男童不但不再發病，日後甚至免於天花的感染。與接種人痘相比，接種牛痘不但比較安全，所產生的保護力也可以藉由人與人之間相互傳遞。接種牛痘預防天花可說是人類的第一支疫苗，詹納也因此被推導為「免疫學之父」。他的研究成果解救了無數生命，世界衛生組織也在 1980 年正式公告天花已經徹底絕跡。至今兩百多年，製造疫苗的技術持續地發展與改進；除了使用完整病原體的減毒疫苗（attenuated vaccine）和不活化疫苗（inactivated vaccine）之外，也研發出以病原體次單位（subunit）和類毒素（toxoid）誘導免疫系統產生抗體的次單位疫苗和類毒素疫苗。然而，在這次新冠病毒疫情中立下大功的 mRNA 疫苗和腺病毒載體疫苗，則是屬於最新型的「基因疫苗」（genetic vaccine）。有別於傳統的蛋白質疫苗，基因疫苗是將病毒的基因片段注入人體內。細胞在吸收這些基因片段後，會自行製造相對應的蛋白質片段，誘導免疫系統產生針對該病毒的抗體。

　　值得一提的是，除了被運用於預防各種傳染病，免疫學也被應用在治療各種癌症。19 世紀末期，美國醫生威廉・柯立（William Coley）觀察到病人在患有丹毒（erysipelas）之後，他的肉瘤（sarcoma）會逐漸縮小，甚至完全消退。柯立懷疑導致丹毒的鏈球菌（streptococcus）可以活化免疫系統，進而間接地產生對抗肉瘤的功效。他嘗試將鏈球菌直接注射到腫瘤中，企圖藉此達到治療癌症的效

果。雖然說以現代科學的標準來看，柯立當時的研究方法並不嚴謹，對於他的研究結果，評價也是毀譽參半。然而，柯立是開創「癌症免疫療法」基本概念的先驅，因此被後人尊稱為「癌症免疫之父」。癌症免疫療法至今已擴展出幾個主要的領域，像是利用癌細胞特有的抗原去活化免疫細胞功能的「癌症疫苗」、利用細胞激素操控特定免疫細胞和免疫反應的「細胞激素療法」、以基因工程改造特定免疫細胞進而加強其功效的「細胞療法」，以及利用「免疫檢查點抑制劑」（immune checkpoint inhibitor）阻斷具有抑制免疫細胞功能的分子及其訊息的傳遞。癌症免疫療法為癌症治療帶來了革命性的突破，在傳統化學治療、放射治療和手術之外，為癌症病患提供了新的選擇。而將免疫檢查點抑制劑用於癌症治療的兩位學者也因其特殊貢獻，獲得 2018 年諾貝爾生理醫學獎的殊榮。

　　本書的作者菲利普・德特默（Philipp Dettmer）並非專業的科學研究者；對於免疫學的興趣源自於大學時一個課堂報告的主題。因為深受免疫學的奧妙所吸引，不斷鑽研這個主題，進而花費了十年的時間完成本書。在本書中作者一再強調，免疫系統相當複雜；隨著新的研究出現，既有的理論也不斷地修正和更新。因此本書的主旨在為讀者提供關於免疫系統一個基本而全面的介紹，但不會特別拘泥在許多細節上。這本書共分成四個部分，第一部「認識免疫系統」，為讀者介紹了免疫系統是如何經由演化而形成、防禦的意義和對於維持身體健康的必要性，以及細胞和其運作方式，最後則是免疫系統中「先天免疫」和「後天免疫」的兩大領域如何透過彼此的交互作用，形成維持身體健康的防禦機制。透過本書第一部，讀者可以清楚地理解免疫系統的核心，在於擁有辨識「自己」（self）和「他者」（other）的功能，進而啟動相對應的防禦機制。

　　第二部「災難性的破壞」，透過細菌感染的例子，更進一步為讀者介紹先天免疫系統和後天免疫系統的組成份子，以及兩者的運作機制。先天免疫系統是我們與生具來的防禦機制，也是身體的第一道防線。當身體遭遇病原體入侵時，可以即時做出反應，進而避免局勢失控，對身體造成傷害。後天免疫系統則是特

化的免疫細胞，經由訓練和適應形成的「客製化」防禦機制；它可以針對特定的
病原體進行攻擊，達到保護效果。第三部「惡意的接管」，首先介紹了身體的黏
膜及其防禦功能，而病毒又是如何突破黏膜的防護，入侵身體感染細胞，最終甚
至控制了細胞的功能。我們的先天和後天免疫系統各自擁有不同的特化細胞和機
制，能夠辨識出這些變異的細胞並進行攻擊。在消滅這些病原體後，免疫系統也
會保有記憶，保護我們不再受到相同病原體的感染。而疫苗就是利用免疫記憶的
機制，以人為的方式，誘導免疫系統對特定病原體產生記憶，進而產生抵抗力。
本書最終部分「叛亂和內戰」，則是以不同的疾病為例，說明免疫系統的失調對
於健康的影響。免疫系統可以經由活化而提高防禦力；也會在危機解除後，經由
抑制機制的調控恢復平靜。免疫系統各部分之間的相互作用及整合所形成的恆定
狀態，對於身體健康至關重要。過與不及都不是好事。

　　疫情初期，我曾經受邀跟小朋友講解新冠病毒和防疫的概念。我利用文具行
買的材料製作了一隻簡單的病毒模型，作為講解的道具；又帶著小朋友以肥皂洗
過的手和骯髒的手分別碰觸兩片吐司，觀察兩種狀況下麵包發霉的差異，講解衛
生的觀念。這些簡單而且低成本的教材，引起小朋友熱烈的討論。這讓我見識到：
科學知識的傳遞其實可以用簡單的文字描述和視覺道具的輔助，讓複雜艱深的知
識成為人人可以理解的概念。也因此，在看到《免疫》這本書以生動活潑的敘述
方式和插圖介紹免疫系統，便決定將它翻譯成中文，讓更多的讀者可以瞭解與健
康息息相關的免疫系統。

　　本書出版的時候，新冠肺炎疫情已經趨緩，一般大眾的生活也慢慢恢復到疫
情前的狀態。然而，我們每天身處的環境中仍然充斥著各種的病原體，企圖侵入
我們的身體，挑戰我們的免疫系統。現代社會的生活方式，也存在著許多能夠影
響免疫系統運作的環境因素。希望本書提供的免疫學知識，可以讓讀者在接觸到
與自身健康和免疫系統相關的訊息時，能夠理性地做出判斷。面對疾病產生的不
適症狀，也能夠心平氣和的配合醫生的指示，接受治療，並且調理自己的身體，

不用過度恐慌和不安。最重要的，希望各位讀者平時就要善待自己的身體，因為這是我們能夠提供給自身免疫系統最佳的支援。當身體遭遇到麻煩的時候，我們的免疫大軍才能發揮最佳的功效，維護我們的健康。

周序諦

國立台灣大學植物病蟲害學系學士

美國水牛城紐約州立大學 Roswell Park Cancer Institute 免疫學博士

曾任哈佛大學醫學院 Beth Israel Deaconess Medical Center 癌症醫學

博士後研究員目前任職於麗寶新藥，從事癌症免疫新藥研發工作。

　　這是一本讓你大開眼界的書。超受歡迎的 YouTube 頻道「Kurzgesagt-In a Nutshell」的創作者 Philipp Dettmer 把頻道上最受歡迎的主題擴增成這本書，能讓讀者輕鬆瞭解人體免疫系統，是科普書的絕佳示範。

　　身為動畫頻道創作者，Dettmer 最擅長的就是把我們難以直觀想像的那些超大跟超小尺度的世界，變得不但可以感受而且很刺激有趣。人體免疫系統真的就像一支軍隊，無時無刻都在辨識並攻擊病毒、細菌和其他外在威脅，保護你的健康。但同時免疫系統也可能失控，名符其實地展現「自己就是自己最大的敵人」這句話。

　　本書探討了免疫系統與其他體系之間的相互作用，以及免疫系統如何受到環境和生活方式的影響，更提供了有關如何增強免疫力的實用建議，讓你可以做出改變，幫助免疫系統更加健康。

　　姑且不論我們為 COVID-19 而吃了不少苦頭的這幾年，各種傳染病、癌症、乃至於阿茲海默症等也都將一直存在我們周遭，而這些都跟免疫系統有關。我建議我們都別浪費這次危機，就從這本流暢易懂的幽默科普書開始補修免疫這門課吧。

鄭國威
泛科知識公司知識長

我是個兒科醫師，同時具備有免疫過敏專科醫師資格。

多年前準備免疫過敏專科醫師考試的時候，我一邊看著艱澀難懂的免疫學教科書，一邊在心中抱怨自己為何偏偏挑了一個這麼難理解的專科作為終生志向。

人體的免疫系統實在太複雜，即使鑽研多年，我仍然覺得免疫學實在廣大無邊且十分難以理解，我甚至想過為什麼沒有一本書，能夠簡簡單單把免疫學解釋清楚，輕輕鬆鬆地都讓每個人都能夠建立起免疫學的基本概念。

這個念頭存在腦中很多年，還真的出現了一本書叫做《免疫：認識你的免疫系統，45個打造身體堡壘的必備知識》，書中從最基本的免疫系統開始，依序介紹抗原、抗體、B細胞、T細胞、樹突細胞及補體系統等名詞，更進一步解釋說明免疫系統太虛弱的「後天免疫缺乏症候群」以及免疫系統太強悍的「過敏」。

我花了幾天把書稿看完，一邊看一邊想著如果當年參加專科醫師考試之前可以先看看這本書，對免疫學有了最基本的概念之後再接續深究，我應該可以在整個學習的過程裡感到輕鬆許多。

翻翻這本書，你會發現基本的免疫學並不難，建議大家把這本書放在身邊，空閒時拿起來看個幾頁，不需要有壓力，除了增加知識之外，更能夠活用知識這些來打造身體堡壘，照顧好自己的身體。

我推薦這本書給大家。

柚子醫師
兒科醫師、免疫過敏專科醫師

　　《免疫：認識你的免疫系統，45 個打造身體堡壘的必備知識》（*Immune: A Journey into the Mysterious System That Keeps You Alive*）一書作者菲利普・德特默（Philipp Dettmer）及譯者周序諦女士，把複雜又難懂的免疫系統做了相當淺顯易懂及生動有趣的描述，身為一個免疫學專家醫師已經近二十年，我仍然覺得「免疫」是最難的一門科學，每每都讓學者一頭霧水或是一個頭兩個大，甚至有許多人是「敬免疫而遠之」。

　　書中由認識免疫系統、災難性的破壞、惡意的接管，到叛亂和內戰，分成四部分描繪介紹；包含認識免疫系統、各個分部的免疫體系如何分工與合作（吞噬細胞、B 細胞、T 細胞與補體）、與外界接觸介面的免疫功能（腸道、肺部、皮膚黏膜）、更細項的干擾素、殺手 T 細胞及免疫記憶和疫苗，最後以叛亂和內戰來代表自體免疫與過敏反應。免疫的記憶是老祖宗累積幾千年下來流傳給我們的禮物，走過的路必留下痕跡也是免疫的一項特色。前些年的 SARS 與近年的新冠肺炎 COVID-19 因為是屬於新興感染，老祖宗沒有經歷過的風風雨雨，我們這一輩就必須自行承擔，待產生免疫反應之後造福後代子孫。

　　此書作者運用深入淺出的方式，將原本相當繁瑣複雜又難理解的免疫反應呈現給大家，譯者亦非常用心做了相當貼切與精彩的翻譯，著實是讀者的一大福音，也必定能嘉惠許多想要一探免疫究竟的人們，是值得推薦給大家的一本好書。

郭和昌 醫師

高雄長庚醫院兒科學教授

長庚大學醫學院教授

亞洲排名第一川崎症專家

全球前二 % 頂尖科學家及終生影響力

中華民國免疫學會傑出研究學者

中華民國免疫學會專科指導醫師

美國過敏氣喘及免疫學院國際院士（FAAAAI）

目次
Contents

第三部　惡意的接管

前言
Introduction

　　想像一下你明天醒來的時候，覺得身體有點不舒服。喉嚨痛、流鼻涕，還有一點咳嗽。總而言之，身體狀況還沒差到無法工作。當你走進浴室時這麼想著，並對生活的艱苦感到煩惱。雖然你不完全是愛發牢騷的小寶寶，但你的免疫系統可沒有任何的抱怨。它正忙著維護你的生命，這樣你就可以多活一天去抱怨。因此，當入侵者在你的身體裡漫遊，殺死數十萬個細胞時，免疫系統正在組織複雜的防禦機制，進行遠距離的通訊，活化錯綜複雜的防禦網絡，迅速消滅數百萬甚至數十億的敵人。當你在浴室內為此稍微感到苦惱時，這一切都正在進行著。

　　但這其中牽涉到的複雜程度，有很大一部分並不為人知。

　　這真的太可惜了，因為沒有多少東西像免疫系統一樣，對你的生活品質有如此重要的影響。它涵蓋的範圍廣大而且包羅萬象，能讓你免於普通感冒、刮傷和割傷等令人困擾的麻煩，還有像是癌症、肺炎和致命感染 COVID-19 等危及生命的東西。免疫系統與心臟或肺一樣不可或缺。事實上，它是身體內部最大和分布最廣的一種器官，儘管我們通常不會如此看待它。

　　對於大多數的人來說，免疫系統是一個模糊不清、像雲一般的實體。它遵循著怪異和不透明的規則，而且似乎有時運作，有時則不。免疫系統有點像天氣一樣，極難預測，而且受制於無止盡的臆測和意見，讓人感覺它的行動很隨意。不幸的是，雖然許多人很有自信地談論免疫系統，卻並沒有真正地理解它。這讓我們很難確認哪些訊息是值得被信任的和為什麼。但免疫系統到底是什麼，以及它實際上是如何運作的呢？

　　瞭解這些在你閱讀本書時維持著你生命的機制，不僅僅對求知慾來說是一個很好的鍛鍊，也是我們迫切需要的知識。瞭解免疫系統的運作原理，就可以對疫苗和它們如何拯救你或你孩子的生命有更多的理解和感激，並能以非常不同的心態和少一點的恐懼來看待疾病和病症。你不再輕易地被推銷員欺騙，去購買那些毫無邏輯的神奇藥物。你會更佳瞭解生病時可能有實際幫助的藥物種類。你會知道可以做些什麼來提升免疫系統。你可以保護孩子遠離危險的微生物，卻不會因為他們在外面玩耍弄髒了自己而過度緊張。在極不可能的情況下，像是出現了全球性的流行病，瞭解病毒的影響以及身體如何對抗它，可能會幫助你更瞭解公共衛生專家所說的內容。

　　除了這些實際和有用的東西之外，免疫系統真的是太美了，是大自然絕無僅有的奇觀。免疫系統不僅僅是讓咳嗽消失的工具，它與身體幾乎所有的運作過程都密不可分——儘管免疫系統對於讓你活下去相當重要，但身體也可能因為這部分機能的失調或過於活躍，導致過早的死亡。

　　過去十年中有大部分的時間，我被人類免疫系統令人難以置信的複雜度深深地吸引，並為之著迷。這個興趣是從我大學時期開始的。當時我在學習資訊設計，正在尋找一個學期計畫的題目，而免疫系統似乎是個不錯的主意。所以我找了一大堆關於免疫學的書，展開深入的研究。然而。不管我讀了多少資料，事情並沒有變得不複雜。讀得越多，反而越無法將免疫系統更加簡化，因為在每一個層次都揭示了更多的機制、更多的特例，以及更深的複雜性。

　　因此，原本應該只是一個春季的計畫，接著跨入了夏季、秋季和冬季。免疫系統各部分的交互作用太高雅了，它們跳的舞蹈太美妙了，導致我完全無法停止學習。這種進展從根本上改變了我對於身體的體驗和感受。

　　當我感冒時，已經無法只是抱怨了，而是會觀察身體、觸摸腫脹的淋巴結，並且想像免疫細胞此時正在做什麼，哪一部分被活化了？還有 T 細胞是如何殺死百萬的入侵者來保護我？當我在森林裡粗心大意地割傷自己的時候，我感謝巨

噬細胞，這個大型免疫細胞幫忙獵殺驚恐的細菌，並將其撕裂以保護開放性傷口免於被感染。在我吃了一口有問題的燕麥棒，遭受過敏性休克而被緊急送醫時，我內心想著肥大細胞和 IgE 抗體，還有它們是如何因為被誤導而想保護我避免被可怕的食物傷害，幾乎將我殺了！

在我三十二歲時被診斷出罹患癌症，並且不得不接受幾次手術以及化療。這樣的我對於免疫學的痴迷變得更加強烈。免疫系統的工作之一是殺死癌細胞。在當時的情況下，它失敗了。

但不知何故，我無法生氣或感覺太沮喪，因為我已經知道這對於免疫細胞而言是多麼艱難的工作，以及必須付出多麼努力才能反制癌細胞。隨著化療融解了癌細胞，我再次想到免疫細胞侵入了垂死的腫瘤，並將癌細胞一個接一個地吞噬掉。

疾病和病痛是可怕而令人不安的，在我的生命中已經經歷了很多。但是瞭解細胞和免疫系統，這些身體內不可或缺和私密的部分，是如何防護著我這個實體，如何戰鬥和死亡，如何治癒並重建我所處的這具軀體，總是給予我很多的安慰。瞭解免疫系統，讓我的生活越來越好，也變得更加有趣，大幅減輕了生病帶來的焦慮。瞭解免疫系統總是能讓我正確地看待問題。

因為這種正面的影響，也純粹因為學習和閱讀有關免疫系統的知識所帶來的樂趣，這成為了我持續不斷的興趣，最終也成為一個科學傳播者，將解說複雜的事情當成我的人生目標。大約在八年前，我創辦了「Kurzgesagt——簡而言之」，一個致力於將資訊變得易於理解和美好，同時盡可能地忠於科學的 YouTube 頻道。2021 年初，Kurzgesagt 團隊已經擴展到超過四十人，共同致力於這一個願景。至今這個頻道已經吸引了超過一千四百萬人的訂閱，*每個月與大約三千萬的觀眾相互聯繫。如果有這麼廣大的平台，為什麼還要經歷寫這本書的痛苦過程呢？

---

* 　在 2022 的 12 月，Kurzgesagt 頻道已有超過一千九百萬人訂閱。

好，雖然在我們的頻道中一些最成功的影片是關於免疫系統，但我一直因為無法給予這個美好的話題應有的深度探索而感到困擾。一個十分鐘長的影片真的不是一個合適的媒介。因此，這本書是將我對免疫系統長達十年的熱愛具體化的一種方式，希望它具有娛樂性，並有助於大家學習到其中令人驚艷和美好的複雜性，是如何讓每一天的生存變為可能。

不幸的是，免疫系統非常地複雜，而這樣的形容甚至還不夠強烈。免疫系統的複雜程度讓攀登珠穆朗瑪峰像是在大自然中漫步。它像是在一個有趣的週日下午，閱讀德國稅法的中文翻譯一樣無法憑直覺進行。除了人類大腦之外，免疫系統是已知最複雜的生物系統。

免疫學的教科書越大本，就會累積更多層次的細節，規則也出現越多的例外，整個系統變得更複雜，每一種狀況的可能性都變得更加特定。免疫系統中的各個部分都各自擔負著許多的工作和功能，以及相互重疊和相互影響的專長。即便你克服了這些挑戰，但若想要更加瞭解免疫系統，還會遇到另一個問題，即描述它的人類。

科學家因為辛勤努力工作和無盡的好奇心，為我們今日可以享受這個令人讚嘆的現代世界奠定了基礎，我們虧欠他們非常多的感謝。不幸的是，許多科學家非常不擅長為他們發現的東西選擇一個好名字，並用合適的語言把事情解釋清楚。免疫學在這方面是所有科學學科中的罪魁禍首。這個本身就已經相當令人嘆為觀止的複雜領域，充滿了像是第一型和第二型主要組織相容性複體類，$\gamma \delta$（gamma-delta）T 細胞，干擾素 α、β、γ 和 κ，以及補體系統當中名為 C4b2a3b 的複合體成員。這些名稱會讓人們拿起教科書學習免疫系統，變得不是很有樂趣。但即使沒有這些障礙，免疫系統當中許多不同成員之間複雜的關係，加上無數例外和不直觀的規則，也都是一大挑戰。即便是從事公衛工作的人，也會覺得免疫學很難；對於學習免疫學的人和該領域最重要的專家來說，也是如此。

這所有的一切都讓免疫系統難以被解釋清楚。如果冒險將它過度簡化，就可

能剝奪了學習者感受到演化的天賦中那無止盡的複雜性，在處理這些關鍵的生物問題時的美好和驚奇感。但如果包含了太多細節，它很快就會令人麻木、難以跟上。要將免疫系統的全部事情一一列出，包括其中的每一部分，這實在是太多了。這就像是在第一次約會時告訴別人你整個人生的故事，這樣負擔太大了，並且很有可能讓人降低與你約會的興趣。

　　所以我寫這本書的目標是試圖小心翼翼地避開這所有問題。我只會使用一般人的語言，並只在必要時使用複雜的詞彙。在適當的情況下，我會將一些流程和交互作用給簡化，但同時盡可能忠實於科學。不同章節的複雜度會略有增減，所以在得到大量資訊之後，會有比較輕鬆的部分讓你放鬆一下。我們會在固定的間隔做總結。希望這本書能讓每個人都能瞭解自己的免疫系統，並從中獲得樂趣。因為這種複雜性和美妙與你的健康和生存息息相關，你可能會真的學到一些有用的東西。當然，當你接下來生病或不得不面對疾病時，希望可以能從不同角度看待自己的身體。

　　另外，這裡有個必要的免責聲明——我不是免疫學家，而是科學傳播者和免疫系統的愛好者。這本書不會讓每個免疫學家都很滿意，在研究一開始就很明顯的是，關於免疫系統的細節，有著很多不同的想法和概念，而這導致科學家之間仍存在許多分歧（這是科學應有的運作方式！）。例如，一些免疫學家認為某些細胞是無用的化石，其他人則認為它們對於防禦力相當重要。所以本書會盡可能以科學家的對話、當前用於教授免疫學的文獻，以及同行評議的論文作為基礎。

　　儘管如此，在未來的某個時刻，本書的部分內容也會需要被更新。這是一件好事！免疫學是個充滿活力的領域，許多驚人的事情正在發生，不同的理論和想法正在相互交流激盪著。免疫系統是個活生生的話題，重大的發現仍在不斷發生。這很棒，因為這代表我們會更加不斷地瞭解自己和我們所生活的世界。

　　好的！在開始探索免疫系統在做什麼之前，先來做一下前情提要，這樣我們就有了堅實的基礎。免疫系統是什麼？它在什麼樣的環境中作用？還有，什麼是

微小但實際執行工作的元素？在介紹了這些基礎知識之後，我們將探索如果受到傷害會發生什麼事，以及免疫系統如何快速地保護你。然後我們會探索你最脆弱的部分，並看看身體如何十萬火急地保護自己免於嚴重感染。最後，我們將研究像是過敏和自體免疫疾病等不同的免疫疾病，並討論可以如何增強免疫系統。但現在讓我們回到這個故事的開端。

第一部

認識免疫系統

Meet Your Immune System

1 免疫系統是什麼？
What Is the Immune System?

　　免疫系統的故事，是從生命本身的故事開始的。大約在三十五億年前，在一個環境惡劣而且空蕩蕩的星球上，一灘異常的水坑中。我們不確定這些最原始生物做了什麼，或者有什麼意圖，只知道它們很快就開始刻薄地對待彼此。如果你為了幫孩子準備好迎接一天需要早起，或是因為漢堡不夠熱而覺得人生艱難，那麼地球上最原始的活細胞有話想對你說。當這些原始細胞想出如何將周圍的化學物質轉化為可以使用的東西，同時獲得可以持續生存下去所需要的能量時，其中一部分的原始細胞選擇了走捷徑。如果可以從別人那邊竊取這些有用的東西，為什麼還要親自去做這所有的工作呢？有幾種不同的執行方法，比如把別人整個吞下去，或者將別人扯開一個洞，然後啜飲它的內臟。但這些方法可能滿危險的；你不但得不到免費的一餐，反而可能成為原本被鎖定的受害者的餐點，尤其是當它們比你更大、更強壯的時候。因此，另外一個風險較小卻又可以同樣得到這些獎品的方式，就是進入它們體內並讓自己過得舒舒服服。吃著它們吃的食物，並被它們的溫暖擁抱著。如果不是因為這一切對宿主來說是那麼地糟糕，這樣的安排其實還滿美好的。

　　當從他人身上汲取養分成了一種有效的策略時，如何能夠捍衛自己免於這些吸血鬼的迫害，就成為了演化的必要目標。於是在接下來的二十九億年間，微生物以勢均力敵的武器相互競爭著。如果你搭乘時光機回到過去，期盼見識這場精彩的競賽並為之喝采，那你可能會覺得相當地無聊。因為除了隱隱約約在一些潮濕岩石上的細菌薄膜外，實在看不到什麼東西。地球在最初幾十億年，是一個相

當枯燥且乏味的地方。直到生命創造了可說是歷史上複雜度最高的大躍進。

我們不知道究竟是什麼啟動了這個轉變，讓生命從許多各自為生的單細胞，轉變成彼此緊密合作並且各有所長的龐大群體。*

大約五億四千一百萬年前，多細胞動物突然間爆增並且變得可見。不僅如此，它們極快速地變得越來越多樣化。當然，這為我們新興演化而成的祖先帶來了一個問題。數十億年來，生活在微小世界裡的微生物彼此競爭，爭奪著生態系統中每一個可利用的空間和資源。如果動物對於細菌和其他微小生物來說不是一個很棒的生態系統，那又是什麼？這是一個從上到下充滿著免費養分的生態系統。所以打從一開始，入侵者和寄生蟲就是多細胞生物生存的一大威脅。

只有找到方法成功應付這種威脅的多細胞生物才能生存下來，並有機會變得更加複雜。很遺憾地，由於細胞和組織並沒有辦法完整地保存好幾億年，我們無法看到免疫系統的化石。但透過科學魔法，我們可以看到多樣化的生命之樹和至今仍存在的動物，並研究它們的免疫系統。當生命之樹上離得很遠的兩個生物仍具有相同的免疫系統特徵，代表這個特徵通常是相當古老的。

所以重要的問題是：免疫系統在哪裡不同，以及免疫系統在動物之間的共同點是什麼？今日幾乎所有的生物都具有某種形式的內在防禦機制，隨著生物變得越來越複雜，它們的免疫系統也越來越複雜。藉由比較在演化上相當遙遠的兩種生物的防禦機制，我們可以去理解許多關於免疫系統先後年代的事。

即使在最小的規模上，細菌也有辦法抵禦病毒，因為不能不戰而敗。在動物界，海綿是所有動物中最基本也最古老的，它們已存在超過五億年，並

---

* 有趣的是，這實際上可能是因為單細胞生物刻薄地對待彼此造成的副作用。在某一時刻，一個細胞吞噬了另一個細胞，但並沒有把它消化掉。這兩個細胞反而開始了可以說是地球上最成功的夥伴關係，而且這個關係堅定地持續到今天。其中「內部的細胞」（我們所知道的「粒線體（mitochondria）」）專門製造宿主所需的能量，而「外部的細胞」則提供了保護和免費的食物。這筆交易非常完美，促使新的超級細胞變得更加複雜，也越來越精緻。

擁有可能是動物中第一個原始免疫反應的東西。它被稱為**體液免疫**（humoral immunity）。在此，Humor 是個古希臘語，意思是「身體的液體」。體液免疫是非常微小的東西，由蛋白質構成，漂浮在動物細胞外的體液中。這些蛋白質會傷害並殺死不該存在的微生物。這種類型的防禦非常成功及有用，幾乎現在所有的動物都有，包括你在內。所以演化並沒有將這個系統淘汰掉，反而讓它對任何免疫防禦都很重要。原則上，體液免疫五億年來都沒有改變。

但這只是個開始。作為多細胞動物的好處是，能夠使用多種不同的特化細胞。所以從演化的角度來看，動物可能沒有花太多時間，就讓細胞能達到「專精於防禦」這一點。這種新的**細胞媒介免疫**（cell-mediated immunity）是個從一開始就成功的故事。即使是在蠕蟲和昆蟲這些微小的生物體體內，也可以找到特化的免疫細胞士兵在自由移動，對抗著迎面而來的入侵者。越往演化樹上爬，免疫系統就變得越複雜。但在生命之樹上最先出現的脊椎動物分枝上，早就可以看見重大的創新──第一個專門的免疫器官和細胞訓練中心，同時也出現免疫最強大的原則之一──即具有辨識特定敵人的能力，並迅速產生大量對付它們的武器，甚至可以在未來喚醒對它們的記憶！

即使是最原始的脊椎動物，像是看起來很可笑的無頜魚，也有這些機制。經過了超過數億年，這些防禦系統變得越來越複雜和完善。但簡單來說，這些只是基本原則，而且因為這些機制運作良好，很可能在五億年前即以某種形式存在著。因此，儘管今天你所擁有的防禦能力既好又發達，它的潛在機制卻極其廣泛而且起源可追溯到數億年前。演化沒有必要一再地重新塑造免疫系統──它找到了一個很好的系統，然後將這系統優化。

於是這一切終於來到了人類，也來到你的身上。你可以享受免疫系統數億年來精煉的成果。你是免疫系統發展的顛峰。雖然，免疫系統並不真的在你的身體裡面。因為**它就是你**。這是生物保護自己並讓生命成為可能的一種表現。所以在談論免疫系統時，實際上是在談論**你**。

　　但免疫系統也不只是一個單一的物體。它是一個複雜並且將分布到全身的基地和招募中心交互連結在一起的集合體；透過高速公路和一系列的管道連結在一起，與心血管系統一樣龐大而無所不在。除此之外，在你的胸口有個專門的免疫器官像雞翅那麼大，會隨著你的年齡增長而降低效率。

　　而在這些器官和基礎結構之外，有數百億個免疫細胞在這些高速公路或血流中巡邏，並已準備好在被召喚時與敵人交戰。還有數十億的免疫細胞在身體組織中守衛著與外界的邊界，等待試圖跨越邊界的入侵者。除了上述這些主動的防禦系統外，還有其他由數千億個蛋白質武器所組成的防禦系統，類似可自行組裝的自由漂浮地雷。免疫系統擁有專門的大學，讓細胞學習要與誰戰鬥，以及如何戰鬥。免疫系統也像是宇宙中最大的生物圖書館，能夠識別和記住每一個在你生命中可能遇到的入侵者。

　　免疫系統的根本核心就是一個可以區分**他者**（others）和**自己**（self）的工具。他者是否有意傷害你並不重要。如果他者並不在可以授予通行權的獨特賓客名單上，就會遭受攻擊和摧毀，因為他者可能會對你造成傷害。在免疫系統的世界中，任何「他者」都不是值得承擔的風險。若沒有這樣的保證，你會在幾天內死去。在稍後我們會瞭解到，很遺憾地，當免疫系統不足或過度積極時，結果便是死亡或苦難。

　　雖然免疫系統的**核心**是識別什麼是自己、什麼是他者，但嚴格來說，這並不是免疫系統的**目標**。免疫系統最重要的目標是維持並建立**體內恆定**（homeostasis），即維持體內所有元素和細胞之間的平衡。我們再怎麼強調都不為過的是：免疫系統花費極大的心力試圖去維持恆定，並讓自己冷靜下來而不過度反應。那是一種你所祈願的平靜，一種穩定的秩序，能讓活著變得愉快而輕鬆。這個東西被稱為「健康」，它是美好和自由生活的基礎，讓你可以做想做的事，而不受痛苦和疾病的阻攔。

　　當失去健康時，它的重要性就變得更加明顯。健康實際上是個抽象的概念，

因為它描述的是一種某些事物欠缺的狀態——沒有苦難和疼痛，不受任何局限的狀態。如果你很健康，將會感覺正常和良好。一旦體驗過失去健康，即便是很短暫的，也很難忘記自己有多脆弱，是如何靠著借來的時間存活的。疾病是生命中不可避免的事實。幸運的話，你至今尚未面對過任何疾病。如果你或你的親人已不得不面對疾病，你就會知道對於愉快的生活而言，沒有什麼比健康更重要的了。對於免疫系統來說，這意味著維持體內恆定。雖然這場維持健康的戰鬥最終會是枉然的，會以失敗收場，但我們仍然努力爭取更多年、月、日和小時。因為整體而言，做為一個人類是還滿不錯的，值得擁有更長久一點的時間去體驗。

但是維持健康是一件很困難的事，因為生命中的每一天你都會接觸到數以億計的細菌和病毒，想將你的身體變成它們的家，就如同數十億年前那些單細胞生物一樣。對於微生物來說，你是一個等待被征服的生態系統；是一個無盡的大陸，充滿豐沛的資源、可滋生的土地和成長茁壯的機會，是一個非常好的家。毫無疑問地，它們會在某個時刻成功，像是當你死去的時候，那時你的身體在沒有防禦機制的捍衛下，會被不受控的微生物大軍非常快速地分解。

而你不只需要擔心過多的生物試圖進入體內，還有那些被誤導而違反自身協議的細胞——癌症。免疫系統最重要的工作，就是確保這種狀況不會發生。事實上，當你在閱讀本書前幾頁時，一個年輕的癌細胞在你體內的某處，正無聲無息地被免疫細胞消滅。

但是想要保護你的部分也可能出錯並被摧毀。當被欺騙時，免疫系統會幫助傳播疾病，或是保護癌細胞避開偵測。如果免疫系統失調或出現缺陷，它有可能感到困惑並誤以為身體本身就是敵人。它會誤判**自己**就是**他者**，並且真的開始攻擊本來應該被它保護的細胞，導致許多需要透過藥物不斷鎮靜的自體免疫疾病（autoimmune disease）。但這些藥物有時會產生嚴重的副作用。

以過敏來說，這是免疫系統對於不需擔心的事物產生過度強烈反應的結果。

過敏性休克顯示出防禦系統有多驚人地強大，而且出錯會有多麼可怕。疾病可能需要幾天的時間才能把你殺死，但免疫系統可以在幾分鐘內殺死你。

喔，即使免疫系統按照預期來運作，它除了提供幫助之外也可能是個負擔；生病時感覺到許多不愉快的症狀，都是免疫系統被活化時執行任務的結果——在罹患某些疾病時，最嚴重的傷害或甚至死亡，都是因為免疫系統對入侵者產生失控的反應所造成的。例如，嚴重特殊傳染性肺炎（Coronavirus Disease 2019，COVID-19）造成的許多死亡，都是出自免疫系統過於積極地工作。

防禦網絡造成的附帶損害會隨著時間而累積起來，今日人們認為的許多致命疾病，起始於按照預期運作的免疫系統。雖然擁有一個快速而嚴厲的免疫系統對於維持健康相當重要，但能夠約束它並防止它失控和具有毀滅性也同樣很重要。就像在人類的世界中，如果需要打仗，我們至少會希望戰爭可以迅速終止，並以徹底的勝利終結。你不希望有數十年的佔領，或是造成資源消耗和基礎設施毀損的衝突。

所以免疫系統要盡可能讓你保持長久的健康，責任十分重大。即便這場戰鬥最終肯定會失敗，但對你而言，在今天、此時此刻，最重要的是能以必須的責任去打好這場戰鬥。

總而言之，免疫系統的核心是能區分自己和他者，體內恆定是免疫系統的目標，而這之間似乎有無窮盡的方法會產生許多的錯誤。

免疫系統之如此迷人，就在於這所有複雜奧妙的工作，必須是由無意識且個別而言有點愚蠢的部分去完成。然而，這些個別的部分能夠互相協調並對於活躍且快速發展中的狀況作出反應。想像一下二戰正在進行，但是在十倍大的規模，而且是在沒有任何將領領導的狀態下。只有無意識的免疫士兵在戰場上試圖弄清楚是否需要調派坦克車或戰鬥機，以及它們需要去哪裡？而且這一切都發生在幾天之內。對你而言，即便只是對抗普通感冒也是這樣。

所以現在讓我們去探索一下免疫系統。等到下一次你進入淋浴間，因為感覺

到感冒的症狀而惱火時，至少可以暫停片刻，感激一下在體內所發生的事情，再回復到感覺惱火。

2 需要捍衛什麼？

What Is There to Defend?

在真正瞭解錯綜複雜的防禦系統之前，我們應該看看需要保護捍衛的東西，即你的身體。在某種意義上，這相當直接了當——身體包含了皮膚和它下面的整個區域。很簡單，對吧？但就像在太空中觀看行星一樣，你永遠無法在運行的軌道上看見任何接近事物全貌的景象。

所以在做任何其他事情之前，我們首先需要一起去旅行，進入一個奇怪而陌生的世界，那裡比深海或外星人的星球更奇怪。那是一個甚至沒有任何生物知道它存在的世界。在那裡，怪物是每天要面對的現實，但是沒有人在乎。一個存在數十億年的世界，存在於你的體內，存在於每個人和事物之中，存在於周圍的一切中，它無所不在卻又是無形的。這裡是屬於微小事物的世界，在這裡生與死之間的界線變得模糊。在這裡，生物化學因為我們仍然不瞭解的原因形成了生命。讓我們進入這個世界看一看——進入器官之中，穿過組織，到達生命最基礎的構成要素，你的細胞。

細胞是極其微小的生物，是地球上具有生命的最小單位之一。對於一個細胞來說，身體就像是一個在充滿敵意的宇宙中漂流的星球。要瞭解身體的龐大尺寸，就需要從細胞的角度來看待它。以細胞的規模來看，身體是個巨大無比的管道結構，像山一樣寬廣，如海洋般充滿了液體，急流滲入其錯綜複雜的洞穴系統中，延伸至整個國度。除了骨頭中的結晶和堅硬部分，整個環境以及世界的一切，對一個細胞來說，真的是充滿了生命力。一個細胞可以禮貌地要求一面牆讓它通過，然後擠過一個會在它後面關閉的微小縫隙。它可以游過水道，也可以爬

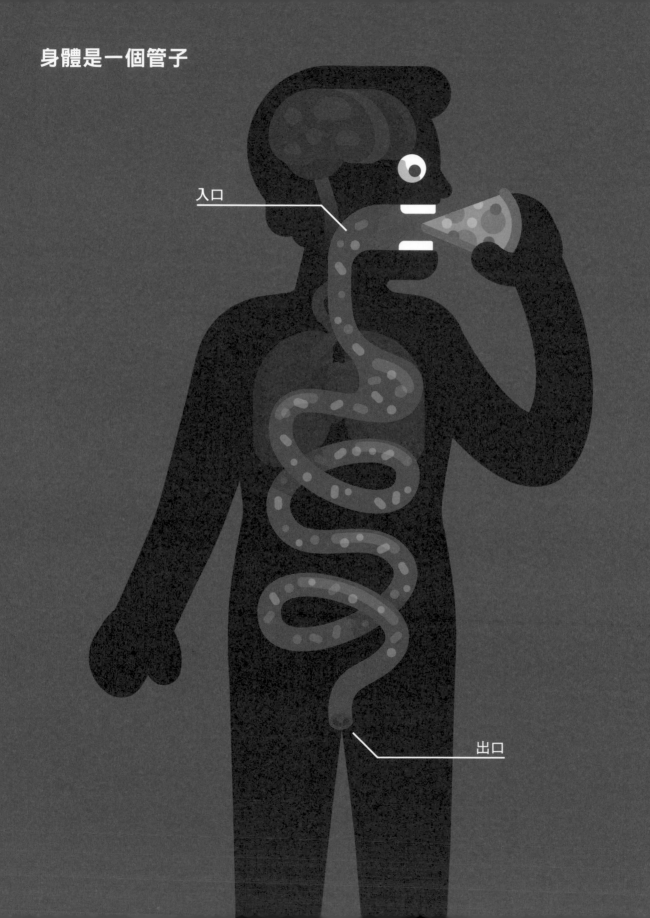

身體是一個管子

入口

出口

過肉山，到達任何需要去的地方。

　　如果你是一個細胞的大小，那麼一個人的身體大概是十五到二十座聖母峰堆疊在一起。它將是一座至少有一百公里高的肉山，向太空延展著。如果你剛好在窗戶附近，請花一秒鐘的時間看看天空。試著想像一下，一個龐大到客機會撞到它小腿上的巨人，它的頭離你上方好遠，根本無法看見。

　　免疫系統細胞的任務就是要保護**這**一切。特別是入侵者可以進入的虛弱處，主要是身體的邊界，也就是身體的**外部**。當想到**外部**時，首先想到的當然是皮膚。皮膚的總表面積大約是二平方公尺（大約是半個撞球桌的大小）。幸運的是這並不難防守，因為它大部分是由堅硬而厚實的屏障所組成，並被自己的防禦系統覆蓋著。雖然皮膚摸起來很柔軟，但是完好無損時是非常難突破的。

　　你被感染的**真正**破綻是在黏膜（mucous membranes）——覆蓋在氣管和肺、眼瞼、嘴巴和鼻子、胃和腸，以及生殖道和膀胱的表面。黏膜的總表面積很難估算，因為這個數字會因為個人而有相當大的差異。一個健康的成年人平均有大約二百平方公尺的黏膜（大約等同於一個網球場的大小），大部分存在於肺和消化道中。

　　你可能會誤將黏膜視為屬於你的體內。但這並不正確——黏膜是屬於體外的。如果認真檢視一下你是什麼，在某種意義上，你只不過是一個複雜的管子。理所當然地，它是一個兩端可以關閉的管子。而且非常地濕潤、黏稠又噁心。

　　生殖器官、鼻孔和耳朵是身體的其他孔洞——進入穿透你的大型隧道和其他洞穴系統的入口。這些地方全都是身體直接與外界接觸的邊界和連接點。身體只是包裹在其上。這些存在於你體內的體外，代表著每天有數百萬的入侵者試圖進入你的表面。如果你只是一個細胞的大小，這代表有很多需要防守的地方。黏膜的表面積對細胞來說，就像是中歐或美國中部對於你而言那麼地大。在邊界建造圍牆沒有太大的用途，因為需要守衛的不止有邊界，而是**整個表面**！入侵者不只是試圖從邊界進入，它們還類似用降落傘降落。所以細胞需要保護整個大陸。

所有活著的人類　　～ 78 億

身體裡的細胞　　～ 40 兆

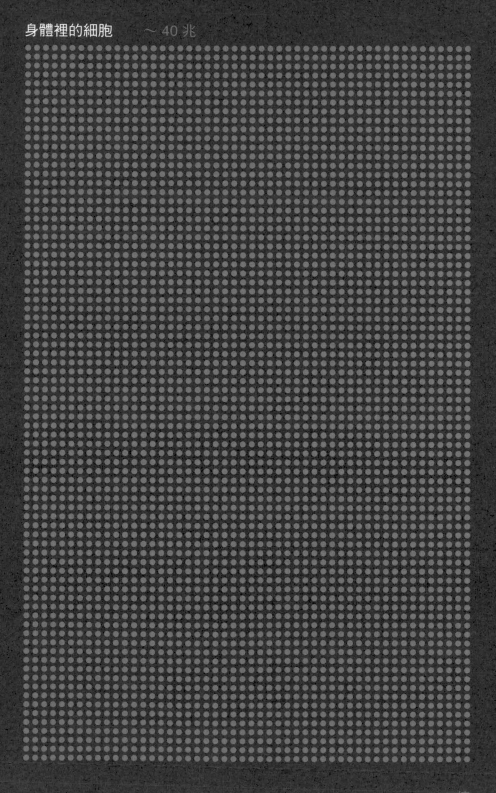

● ＝ 100 億

所有的一切。

　　儘管如此，在這其中的任何一處捕捉敵人還是要比在其他地方容易得多——例如，若將身體的血管和微血管取出並連成一條線，它將會是令人困擾的一萬六千公里長——是地球圓周長的三倍，以及大約一千二百平方公尺的面積。因此最好是在明顯較小的邊界上捕獲敵人，因為那裡比較容易防守。但比較容易也不是真的就那麼容易。

　　讓我們做一個有趣的實驗，想像一下你要按照比例去建造一個人類的身體。但是使用的單位卻是真實尺寸的人，即像是你這個活著並且會呼吸的人。看看會產生什麼樣的瘋狂尺寸。

　　首先，需要有很多的人。平均來說，人體是由大約四十兆個細胞所組成的。**兆！**四十兆是 40,000,000,000,000。多麼讓人印象深刻的數字！如果用人代表細胞，那麼會需要超過人類二十五萬年歷史中所有存在過的人類總數乘以一百倍。試著想像一下，目前全世界大約有七十八億人。如果讓他們肩並著肩，讓人訝異的是這可能只會涵蓋大約一千八百平方公里的面積。這大概是比倫敦的表面積還要大一些。要達到四十兆的人口，需要將現有的人口數乘以一百二十倍。*

　　好的。所以現在有四十兆人肩並肩地站在一起。這片人海可以將整個英國覆蓋，包括每一個角落、湖和山脈。用代表細胞的個人按比例製作成一個人體時，需要將它們堆疊起來，直到數兆的人站在彼此之上，彼此手牽著手、臂挽著臂，

---

* 這只是故事的一半，因為身體還包含了你生存所需要的細菌。有多少細菌呢？在身體內四十兆個細胞中的每一個，都分配到一個細菌（就尺寸而言，這樣的比喻滿合適的；如果你是一個普通的體細胞大小，一個細菌大約是一隻兔子的大小）。將細菌想像成小兔子來思考就不會那麼可怕。這些可愛的兔子大都住在腸道裡。在這個巨大的洞穴中，三十六兆隻的兔子過著自己的生活，不斷地死亡和繁殖，分解像摩天大樓一樣大塊的食物，因此可以分配給構成肉體大陸的所有人。其他四兆隻的兔子在皮膚上爬行、在肺裡、在牙齒和舌頭上跳來跳去、在眼睛的液體中游動和在耳朵裡爬進爬出。我們稍後會再多加介紹它們，但現在想像一下自己被這些可愛的兔子朋友所覆蓋，而且它們一心一意惦記著你的最大利益。

形成生命的結構。一個由人肉組成的巨人向上高聳一百公里至天空,直達太空的邊際。這個巨人是由像小國一樣寬闊的洞穴所組成,骨骼如山一般厚實和寬廣,裡面布滿著錯綜複雜的洞穴和隧道。動脈充滿了液體的海洋,還有負責將食物和氧氣罐送到每個角落的人們。如果你是一個紅血球,或者在這裡你是個「紅血人」,你會在溪流中被像一座城市般龐大的心臟推動著,每分鐘往返巴黎和羅馬一次。事情可能會很美好。每個人都將共同努力去維持這座肉山,也連帶地讓自己存活著。

　　但是擁有非常豐富的資源、食物以及充滿濕氣和溫暖的空間,真的是太有吸引力了。這個巨人不僅對其居民來說是個大陸,對不受歡迎的遊客也是如此。實際上,真的有數十億隻寄生蟲正試圖進入肉體巨人的體內。有些像大象或藍鯨一樣地巨大,想將巨大的卵產下,這樣它們的幼兒就可以大啖這些形成身體組織的可憐人類。其他寄生蟲則像浣熊或老鼠一樣大,想要偷走食物並將巨人變成永久生存的家,在此持續地養育後代。它們可能無意傷害組成身體的人類,但卻因為在四處排便而造成這樣的結果,讓生存變得淒慘。肉體巨人每天不得不面對的最噁心的害蟲,是數十億隻想要進入代表細胞人的嘴或耳朵,並在受害者胃裡繁殖的蜘蛛。對於一個由數兆人所構成的巨人,東缺一塊,西缺一角並不會構成真正的危險。但如果讓害蟲任意繁殖,可能就會導致巨人的終結。這個想法是不是很可怕?

　　這就是細胞每天從早到晚都要處理的事情,從出生一直到死亡的那一天為止。活著不應該被視為是一件理所當然的事。但請不要因為這些被攻擊的想法而感到非常苦惱。你不只是一座等待被征服的肉山而已。謝天謝地!現在我們已經知道在這場生存戰中,我們有一個偉大的盟友——免疫系統;只是你不夠珍惜它,也沒有給予它應得到的讚揚。

　　免疫系統讓你成為一座堡壘。更有甚者,這座堡壘充滿數十億個宇宙中最有效率也最凶猛的士兵。它們有無數的武器可以使用,也毫不留情地使用這些武

器。免疫系統軍隊已經殺死了數十億個出現在你生命中的敵人和寄生蟲，也已經準備好再殺死數十億或者數兆個。

3 細胞是什麼？
What Are Your Cells?

到目前為止，我們已經談論了很多關於細胞的事情，而且在本書其餘的部分會有更多的討論。為了瞭解身體、免疫系統以及它所對抗的疾病，從癌症到流行性感冒，需要對它的構成要素有基本的理解。而細胞可能是生物學中最迷人的部分，正好有助於這種理解。在本章之後，我們將再度回到免疫系統，並認真地認識它。

那麼細胞究竟是什麼，它是如何運作的呢？

正如之前所說，細胞是生命最小的單位；一個可以明確地被辨認為具有生命的東西。生命的定義本身是一件龐大、複雜、令人絞盡腦汁的事情。在看到它的時候，會知道那是什麼，但卻非常難定義清楚。一般來說，我們給予細胞一些特質——將自己與周圍的宇宙分隔的一個生命體。它有代謝的功能，這代表它可以從外面吸收營養，並清除內部的垃圾。它會對刺激作出反應。它會成長並製造更多的自己。細胞可以進行這所有的事情。而你幾乎完全是由它們所組成。肌肉、器官、皮膚和頭髮都是由細胞組成的。血液裡充滿了細胞。它們如此地小，沒有意識、沒有自由意志、感覺和目標，或無法積極地做決定。簡而言之，細胞完全是由無數生化反應所驅動的生物機器人，由組成它們的更微小零件引導著。

細胞具有稱為胞器的「器官」，像是細胞核（nucleus），細胞的資訊中心——是一個相當大的結構，有著自己的邊界保護牆，裡面存放著遺傳密碼去氧核糖核酸（DNA）。還有粒線體，是將食物和氧氣轉化為化學能的發電機，讓細胞維持運轉。也有專門的運輸網絡、包裝中心、消化和回收部門，以及施工中心。在

學習關於細胞時，它們通常被描繪為像是裝滿胞器的空袋子。但是，這寫照讓我們誤以為細胞正忙碌地進行複雜的活動。現在，環顧一下你目前所坐的房間吧。*

　　想像一下，房間從上到下都裝滿了東西。有幾百萬顆沙粒、幾百萬粒米，還有幾千個蘋果、桃子和十幾個大西瓜。這大概是細胞內部看起來的樣子。這在現實中代表著什麼呢？

　　一個人的細胞裡裝滿了數千萬個個別的分子。其中一半是水分子，在我們的比喻中是以沙粒做代表。水分子使得細胞內部具有像軟果凍般的濃稠度，讓其他東西可以輕鬆地移動。因為在這個規模上，水已不再是稀薄的液體，而是像蜂蜜般黏稠。†

　　細胞內部的另一半主要是由數百萬個蛋白質（Protein）所組成，有介於一千到一萬種不同的種類——取決於細胞的功能以及其所需完成的工作。在房間的例子中，它們是米粒和大部分的水果。西瓜是總在細胞圖片中看到的胞器。所以細胞主要是由蛋白質所組成，並被它填滿。

　　我們需要簡短地談談**蛋白質**，因為它們對於瞭解免疫系統、細胞以及它們所生存的微觀世界極為重要，重要到甚至可以將細胞稱為蛋白質機器人。大部分的時間，你可能是在討論食物時聽過蛋白質——你甚至可能正在進行高蛋白飲食，尤其是如果你經常健身，並且努力地鍛鍊肌肉。這是有道理的，因為身體中固體而無脂肪的部分，大部分是由蛋白質所組成（甚至骨頭也是蛋白質和鈣的混合物所組成）。但是，蛋白質不僅對肌肉有益，也是這個星球上所有生物最基本的有機構成要素和工具。它們是如此地有用和多樣化，以至於細胞基本上可以將蛋白

---

*　如果你在外面讀到這個，嗯，這不是一個很恰當的比喻，可不是嗎？那就請你假裝是在某個室內環境。

†　你可能會問為什麼會這樣。好的，我們可以花很多時間來討論這個實際上非常迷人的問題，但同時也開啟了一大堆新的問題。所以我們就說你有多大是很重要的。對你來說，在人類的尺度上，水就是一種有均勻實體的物質。如果你是蛋白質大小，單一個水分子相當地大，像是一個真的可以撞擊你的東西。因此，也會發現在水中游泳要困難許多。

紅血球細胞

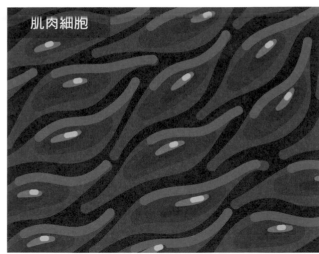

肌肉細胞

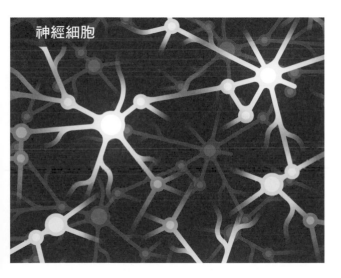

神經細胞

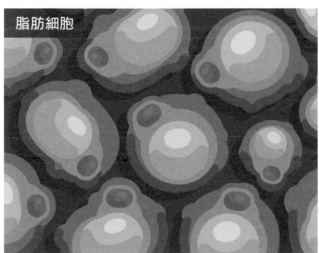

脂肪細胞

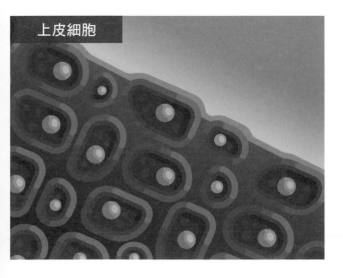

上皮細胞

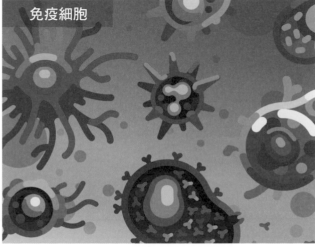

免疫細胞

質用於所有的事情上，從發送信號到建構簡單的牆壁、結構，一直到成為複雜的微型機器。

　　蛋白質是由胺基酸（amino acid）鏈組成的；而胺基酸是二十個不同種類微小的有機構成單位。你只需要按照喜歡的順序把它們串成一條鏈子，看！這就形成了一個蛋白質。這個原則讓生命能夠建構出讓人讚嘆的許多種不同東西。例如，如果想以一串含有十個胺基酸的鏈子去製造簡單的蛋白質，而有二十個不同的胺基酸可以選擇，就會驚人地帶來 10,240,000,000,000（十兆二千四百億）種不同可能的蛋白質。

　　想像一下，一個賭場的吃角子老虎機裡有二十個不同的符號和十個不同的捲軸。要在具有三個捲軸的機台上得到相同的符號已經夠難了——想像一下，蛋白質吃角子老虎機可以有多少種可能的組合。一個典型的蛋白質通常由五十到二千個胺基酸所組成（相當於一台具有五十到二千個捲軸的吃角子老虎機），至今所知最長的蛋白質是由多達三萬個胺基酸所組成。細胞可以製造出數十億個潛在有用的蛋白質。

　　當然，這些可能的蛋白質大多都是無用的。根據一些估計，只有數百萬到十億分之一可能的胺基酸組合會產生真正有用的蛋白質。但既然有這麼多可能的蛋白質，十億分之一仍然相當足夠！細胞要怎麼知道如何排列胺基酸順序，以製造它需要的蛋白質呢？

　　好的，這就是生命密碼 DNA 的工作，是生物之所以能成為生物所需的一長串指令序列。這代表大約有 1% 的 DNA 序列組成是建構蛋白質時所要遵循的操作手冊，稱為**基因**（gene）。其餘的 DNA 則是用來調節哪些蛋白質在何時要被建構，需要多少數量以及建構的方法。因為蛋白質對生物來說是如此地重要，生命密碼基本上是建構它們的說明書。但這是如何運作的呢？好的，因為這對於稍後討論到病毒時很重要，在此先概略地說明一下：簡而言之，DNA 上的指令會經過一個含有兩步驟的過程被轉化為蛋白質。首先，具有特殊功能的蛋白質先

蛋白質

蛋白質是細胞中最常見的建築材料。
但它們也發送或傳達訊息。細胞基本
上可以使用蛋白質去建構一切。

胃蛋白酶

抗體

肌動蛋白

麩胺合成酶

血紅素

10 奈米

讀取 DNA 串上的訊息，並將其轉化成一種特殊的傳訊分子，稱為傳訊核糖核酸（mRNA）—— mRNA 基本上是 DNA 用於傳達指令所使用的語言。

接著，mRNA 分子從細胞核被轉運到另一種被稱為核醣體（ribosome）的胞器中，它是蛋白質的生產機器。在此，mRNA 分子被讀取並轉譯（translated）成胺基酸，然後按照上面所編寫的順序排放在一起。看！細胞依照 DNA 指令製造了一個蛋白質。所以 DNA 基本上是一堆密碼，其中有一部分片段是基因，即細胞機器建構蛋白質時的規則手冊。而這也真的轉化為你之所以身為你所擁有的一切特徵——身高、眼睛的顏色、感染某些疾病的難易度，或是否為捲髮。DNA 不會告訴你的身體「去做捲髮！」——它會告訴細胞「去做這些蛋白質」。簡單來說，所有你個人的特徵都是如此表現出來的。

你有許多這樣的遺傳密碼——如果要將**一個**細胞裡的 DNA 解開，它大約有兩公尺的長度。沒錯，每一個細胞內 DNA 的長度很可能都比你的身高還要長。如果將身體所有的 DNA 取出並連成一條長繩，它會從地球到達冥王星再返回地球。而這些密碼全都只是為了製造胺基酸長鏈！ *

隨著這些胺基酸鏈的形成，它們將從一串 2D 的長鏈轉換為一個 3D 立體結構。這代表著它們將自己以非常複雜的方式折疊，但目前我們尚未完全瞭解這些過程。胺基酸長鏈會依據其所含有的胺基酸組成和組合在一起的順序進行折疊，形成特定的形狀。

在蛋白質的世界裡，形狀決定了它能夠或不能夠做什麼。形狀決定了一切。在某種程度上，可以把蛋白質想像成非常複雜的 3D 立體拼圖塊。依據蛋白質的

---

* 有些人現在可以做一些運算，然後得到一些更瘋狂的數字。四十兆個細胞乘以二公尺大約是 80,000,000,000,000（八十兆）公尺，實際上是往返冥王星到地球距離的五倍。但是有一個小問題是之前在介紹身體時沒被提起的：絕大多數的細胞實際上是沒有 DNA 的。尤其像是構成細胞總數量 80% 的紅血球細胞，它們沒有細胞核，因為它們從頭到腳都被運送氧氣的鐵分子所填滿。所以你只好將就接受 DNA 的長度只能往返冥王星一次。

形狀，它成為終極的工具和建築材料。細胞基本上可以使用蛋白質來建構所有一切的事物。但蛋白質的魔力不僅僅是被當作建築材料。蛋白質也可以作為傳遞訊息的使者——可以接收或發送指使自己改變形狀的訊號，並觸發極其複雜的連鎖反應。對細胞而言，蛋白質就是一切。回想一下裝滿米粒、桃子和蘋果的房間。這裡所有蛋白質的形狀實際上並不都像球體一般，而更像是混雜著各種齒輪、輪子、開關和骨牌，其複雜程度超乎我們的想像。

只要細胞還活著，就會一直在移動和調動。輪子旋轉將骨牌推倒，而使得骨牌推動開關並拉動槓桿，而讓彈珠在軌道上擺動，然後使得更多的輪子旋轉，等等。如果你想要抽象一點，細胞機器人的靈魂是蛋白質，同時也是指引它們的化學反應。

一些最常見的蛋白質在細胞內非常充沛，可以有多達五十萬個的副本。其他具有特定功能的蛋白質，最多不會有超過十個副本。但蛋白質不只是隨意漂浮做自己的事，這些在細胞內的所有微小蛋白質拼圖塊和結構，以許多非常酷和複雜的方式相互作用。這是如何執行的呢？它以非常快的速度四處蠕動著。蛋白質非常小，重量非常輕，基本上與人類巨大的等級在完全不同的規模上，以至於它的行為和人類相比非常奇特。對於這種規模的事物，萬有引力是無關緊要的力量。因此在室溫下，理論上一般的蛋白質每秒可以移動大約五公尺。也許這聽起來並不快，直到你想起蛋白質平均只比指尖小一百萬倍。如果在你的世界裡可以跑得像蛋白質一樣快，那就等於像噴射機一樣快，而且會因為撞上某個東西而可怕地死去。

實際上，蛋白質並不能在細胞內快速地移動，因為一路上還有很多其他分子阻擋著。所以它們不斷地與四面八方的水分子和其他蛋白質碰撞。每一個分子不斷地往四處推擠也被推擠著。這個過程稱為**布朗運動**（Brownian motion），它描述了分子在氣體或液體中隨機運動的狀態。這就是水之所以對細胞如此重要的原因——因為它讓其他的分子能夠輕鬆地四處移動。儘管如此，也或許是因為隨機

運動所造成的混亂加上蛋白質拼圖塊移動的速度,細胞內該做的所有事情都得以完成。*

　　讓我們試著簡化一點。想像一下細胞把東西放在一起時所使用的基本原則,三明治是一個很好的比喻。如果在一個細胞內,想製作一個果醬三明治,最好的方法是將吐司和果醬扔到空中,然後等待幾秒鐘。因為這些東西可以快速地碰撞在一起,然後自然地聚集而形成一個可以直接從空氣中抓取的完整三明治。†

　　在微觀的世界裡,分子不同的形狀決定了哪些分子可以彼此相互吸引或排斥。因此,細胞內蛋白質的形狀決定了哪些蛋白質相互吸引或排斥,以及如何交互作用(而不同類型蛋白質的數量決定了這些交互作用發生的頻率)。這些交互作用創造了構成地球上所有細胞的生化反應。這些交互作用在根本上對於生物學是很重要的,被稱為**生物路徑**(biological pathways)。路徑是一個很花俏的詞彙,描述了個別的不同事物之間一系列的交互作用,進而導致細胞產生某種變化。這可能代表著組成新的特殊蛋白質或其他分子;它們可以打開和關閉基因,改變細胞能做和不能做的事情。或者可以促使一個細胞行動,讓細胞產生我們稱為**行為**(behavior)的事情,像是在面對危險時做出離開的動作。

　　好。前面這幾頁中提供了相當多的訊息。但我們還沒講完關於細胞的事,但差不多了!讓我們快速總結一下目前學到的東西:

　　細胞被蛋白質填滿。蛋白質是 3D 立體拼圖塊。因為特殊的形狀使它們能夠以特定的方式結合在一起,或與其他蛋白質交互作用。這些交互作用的順序,稱為路徑,會指引細胞去做事情。當我們說細胞是受生化反應所指引的蛋白質機器

---

*　這並不是說複雜的人體細胞是完全依賴隨機行事。細胞有很多複雜而奇妙的機制,可以準確地把東西送到需要去的地方,但在這裡我們會忽略它。但如果你在乎的話——有些運輸蛋白沿著細胞的支架移動。它們最棒的地方在於,看起來像巨大又可笑的腳,以魔力向前跳躍著。如果你有時間可以分心一下,應該在 YouTube 上看看關於它們的影片。

†　實際上,更像是往空中拋擲數千片吐司和數千罐果醬。一個果醬三明治對細胞來說用處不大,它們需要大量的每一樣東西來完成事情。

人，就是這個意思。笨拙和無生命的蛋白質之間複雜的交互作用，產生了一種較不笨拙和較有生命的細胞，而這些有點笨拙和些微有生命的細胞之間複雜的交互作用，創造了非常聰明的免疫系統。

就像在這裡大部分的狀況，我們偶然碰到了一個大的議題，並且還有無盡的未知值得討論。在這裡，我們偶然瞭解到許多無意識的事物，如何能夠、而且為什麼能夠創造出比它的個別部分加總起來更加聰明的事物。這部分在解釋免疫系統時通常不會被討論，但在我們繼續下去之前卻值得花一分鐘的時間來瞭解，因為這讓免疫系統和細胞多增添了一層奧妙，是我們在度過流行性感冒或是觀察傷口癒合時從沒有真正考慮過的。

但由於這一切會快速地變得抽象，因此我們還需要另一個比喻。就讓我們很快地聊一下螞蟻吧。螞蟻和細胞有一些共同特性，最重要的：它們都很笨。這不是刻意對螞蟻苛刻。如果取來一隻螞蟻並將牠隔離，牠只會漫無目的地遊走，毫無用處，也無法做任何有意義的事情。但如果把很多螞蟻放在一起，牠們可以彼此交換訊息和互動，齊心協力完成令人驚奇的事情。許多螞蟻可以一起建構複雜的結構，裡面包含了專門的區域，像是育嬰室、專用垃圾場或是複雜的通風系統去控制氣體流通。螞蟻會自動將自己組織成不同的階級和職責，從覓食到保衛以及照護。這不是隨機的結果，而是按照比例做出對整體生存最有用的配置。或許因為飢餓的食蟻獸路過，將其中某一類別的螞蟻消滅，剩下的一些螞蟻便會調換工作，進而恢復到正確的分工比例。儘管單獨一隻的螞蟻很笨拙，牠們卻能一起完成這所有的事情。當牠們聚集時，會變得更加優越，而且能夠比單一個體做出更讓人驚嘆的事。這種現象遍及自然界，稱為**湧現**（emergence）。這個現象是一個實體擁有其個別部分所沒有的特質和能力。因此，整體的蟻群可以完成複雜的事情，而個別的螞蟻不能。

這大概就是身體裡所有事物的運作方式。細胞只不過是一袋受化學反應引導的蛋白質。但這些蛋白質集合起來形成了一個可以完成很多非常複雜事情的生

物。儘管如此，細胞分開來仍是無意識的機器人，甚至比螞蟻還要笨拙。但許多細胞一起行動，就可以做到它們個別所無法完成的事情。像是形成特化的組織和器官系統，例如產生心跳的肌肉，以及讓你思考和閱讀這個句子的腦細胞。許多笨拙的部分和細胞共同組成了免疫系統——透過複雜地互動，最終創造出非常聰明的東西。

好的，我們必須繼續往前。希望從這個岔開的話題中你集結到以下的內容：細胞是生命中極其複雜的機器。它們大多是由數量驚人的不同蛋白質所產生的拼圖塊所組成和填滿，而且完全由生化反應引導。不知何故，這一切創造了一個對環境有感覺並與環境互動的生物。細胞在沒有情感或目的的情況下完成工作。但它們做得非常好，為此值得我們感謝和關注。在接下來的章節中，我們會時不時將這些微小的機器人細胞擬人化。

我們會談論細胞想要什麼和它們試圖實現的目標，以及它們的思想、希望和夢想。這給了細胞一點個性，也讓解釋某些事情變得更容易，即使它不是真的。儘管細胞讓人讚嘆，但請記住：細胞什麼都不想要。細胞感覺不到任何事物。它們從不會感到悲傷或快樂。細胞就只是在現在存在著。它們有著像石頭、椅子或是中子星一般的意識。細胞機器人遵循著數十億年來不斷進化和變化的密碼；如果你現在能夠舒適地坐下來閱讀這本書，就代表這一切的結果還不錯。儘管如此，將細胞視為小夥伴可能會讓我們給予它們更多的尊重和理解，也讓這本書閱讀起來更有趣。這看來似乎是一個不錯的藉口。

現在，你可能會問：如果這個龐大的肉體大陸是由數十億個機器人聚集而成的聰明生命體，但在個別的規模上，這些機器人內部複雜卻又相當笨拙——那麼，它們到底是如何保護身體的？

好——

4 免疫系統裡的帝國與王國
The Empires and Kingdoms of the Immune System

　　想像一下，你是免疫系統的偉大建築師。你的工作是要組織防禦機制去抵抗數百萬想要掌控它的入侵者。你可以建立任何喜好的防禦機制，但會計師會提醒你身體的能量預算很緊，沒有多餘的資源可以運用，並懇請你不要太浪費。你要如何處理這項艱鉅的任務呢？應該要將什麼當作第一線的防禦機制，又將什麼當作後備資源？如何確認在面對突然的入侵時，免疫系統可以做出強烈的反應，但同時也防止軍隊快速地消耗自己？要如何處理自己規模龐大的身體，並同時考慮到要面對的數百萬不同敵人？幸運的是，免疫系統替這些問題找到了許多美麗而高雅的解決方法。

　　正如在上一章中所提到的，免疫系統不是單一個事物，而是由許多不同的事物組合而成。這包括了數百個微小的和一些較大的器官、一個血管網絡和許多組織、數十億個細胞擁有著幾十種特化功能，以及千億個自由流動的蛋白質。*

　　所有的這些部分形成了不同而且彼此交錯的分層和系統。在這裡，可以試著將它們想像成一些帝國和王國，同心協力捍衛著你這個身體大陸。可以將這些帝國和王國組織成兩個非常不同的領域，兩者一起代表了大自然為保衛肉體大陸而

---

* 你可能聽說過你擁有白血球細胞，它們是免疫細胞或類似的話。好的，雖然這個名稱在正確的背景下具有意義，但通常它的意思是「免疫系統的細胞」。我不認為免疫學使用這樣的名稱對自己有任何幫助。「白血球細胞」代表了許多不同種類的細胞，各自做著許多不同的事情。如果想要瞭解在這裡到底發生了什麼事，這樣的名稱毫無用處。所以你可以再次將「白血球細胞」忘掉，因為我們不打算使用它。

免疫系統最重要的成員

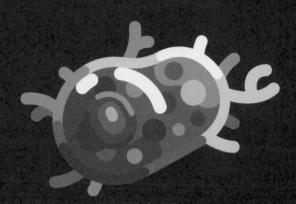

巨噬細胞

樹突細胞

嗜中性球

補體

自然殺手細胞

T 淋巴球

B 淋巴球

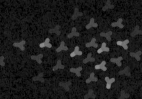

抗體

嗜鹼性球

嗜酸性球

肥大細胞

建立起最強大和最巧妙的原則——**先天免疫系統**（Innate Immune ystem）領域和**後天免疫系統**（Adaptive Immune System）領域。*

先天免疫系統領域包含了所有與生俱來的防禦機制，並且可以在遭受侵犯後幾秒鐘內立刻動用。這些可追溯到地球上第一個多細胞動物的基本防禦機制，對於生存絕對至關重要。其中一個最核心的特點是它是免疫系統頗聰明的部分，具有分辨**自己**與**他者**的能力。一旦偵測到**他者**，它就會立即採取行動。然而，先天免疫系統的武器並不是針對任何特定敵人量身打造的，而是試圖有效地防禦一個廣大範圍內常見的敵人，例如沒有針對某種特定種類**大腸桿菌**（*E. coli*）的特殊武器，而是擁有可以對付一般細菌的武器。先天免疫系統的設計是為了盡可能達到廣泛的有效力。可以將它想像成你擁有的入門套件組——裡面包含了所有的基本元件，而不是高級套件組中含有的特殊元件。但沒有基本元件，特殊元件也毫無用處。

沒有先天免疫系統，你在幾天或幾週內就會被微生物擊潰而死亡。先天免疫系統完成了所有繁重的粗活和大部分實際的戰鬥。你所擁有的數千億士兵和警衛細胞，絕大多數都是先天免疫系統的一部分。這些細胞是相當粗魯的傢伙，喜歡直接地猛烈攻擊更勝於去溝通和思考。在你毫無察覺之下，大多數成功入侵的微生物都已被先天免疫系統殺死。由於先天免疫系統是免疫的第一道防線，不僅負責將士兵送入險境中，還必須做出關鍵的決定——入侵情況有多危險？什麼樣的敵人在進行攻擊？是否需要更多的重型武器？

這些決定相當重要，因為這些會影響整個免疫系統要派遣哪些武器。對付細菌入侵需要和對付病毒入侵截然不同的反應機制。所以當戰鬥進行時，先天免疫系統會進行情報和數據的收集，然後在許多情況下做出主宰命運的決定。如果先天免疫系統認為攻擊相當地嚴重，它有能力啟動並召喚第二道防禦機制動員起

---

* 亦可稱為「固有免疫系統」和「適應性免疫系統」。

來，共同加入戰鬥。

後天免疫系統領域，則包含協調和支援第一道防禦機制的特化超級細胞。這包括了生產重量級蛋白質武器的工廠，以及在病毒感染時獵殺受感染身體細胞的特化細胞。它的明確特徵就是它是**特定的**。真正令人難以置信的特定。後天免疫系統「知道」每一個可能的入侵者；它的名字、早餐吃的東西、最喜歡的顏色，以及最私密的希望和夢想。後天免疫系統對於現在可能存在於這個星球上的每一種微生物都有一個特定的應對方法——也包括任何一個未來可能演化出來的微生物。想想看這實際上多麼地令人毛骨悚然。假設你是細菌，想要的只是進入人體尋找一個可以生孩子的地方。但突然有個全副武裝的特務人員，知道你的名字、你的臉、個人歷史，以及所有最私密的祕密。

這一種獨特而令人嘆為觀止的防禦機制及其運作方式，會是未來章節中關注的焦點。但現在，只要記住後天免疫系統擁有已知宇宙中最大的圖書館，裡面有關於每一個當前和未來潛在敵人的紀錄。但不僅如此，對於曾經出現一次的敵人，也能記住關於它的一切。也正因為如此，大多數疾病在你的一生中只會出現一次。但這些知識和複雜度也有不利之處。

與先天免疫系統相比，後天免疫系統在你出生時還沒有準備好。它需要經過許多年的訓練和琢磨。它開始時像是一片空白，逐漸變得更強大，然後隨著年齡的增長再次變得虛弱。幼小和年老的人因為薄弱的後天免疫系統，比起中年人更容易死於疾病。一位母親真的可以透過母乳給予新生嬰兒些許的後天免疫力，幫助他們生存和增加一點保護！

雖然我們很容易將後天免疫系統視為更尖端的防禦機制，但事實上它其中一個最重要的工作，是透過激勵先天免疫士兵細胞更努力和更有效地戰鬥，使得先天防禦系統更加強大（在稍後會有更多的說明）。

現在，讓我們總結一下：免疫系統由兩個主要領域組成——先天和後天免疫系統。我們甫一出生，先天免疫系統即準備好戰鬥，並能識別任何非**自己**而是**他**

者的敵人。它進行骯髒的肉搏戰，但也會判定敵人屬於哪一種廣泛的類別以及有多麼危險。最後它有能力啟動免疫的第二道防線——後天免疫系統。後天免疫系統需要幾年的時間才能準備好有效的部署。它是**特定**的，並能從一個令人難以置信的大型圖書館中汲取謀略，使用強大的超級武器，去對抗大自然有可能丟給你的每一個敵人。雖然很強大，但它最重要的工作是使先天免疫系統更強大。

這兩個領域以一種深奧而複雜的方式相互交錯著。換言之，在這兩個系統的交互作用中，存在一些免疫系統的魔力和美妙。

為了探索這兩種不同的領域，並給予各自足夠的關注，本書將其餘的章節分為三個主要部分。在第二部中，我們將會體驗細菌藉由穿透皮膚造成的侵略。在第三部中，我們將見證病毒鬼鬼祟祟地對黏膜進行突襲。接著在第四部中，我們會看到這一切是如何結合在一起，並討論特定的失調異常和疾病，從自體免疫疾病到癌症。

所以現在讓我們看看，如果身體的邊界被破壞會發生什麼事。

災難性的破壞

Catastrophic Damage

5 認識敵人
Meet Your Enemies

要瞭解你的防禦機制，先瞭解誰在進行攻擊是相當重要的。正如先前所提到的，對於大多數生物來說，你不只是一個人而已，而是一片被森林、沼澤和海洋所覆蓋的山水，擁有豐富的資源和充裕的空間，可以成家和安居立命。你是一個星球，一個家園。

大多數意外進入身體內部的微生物，都會迅速被處置，因為它們根本沒有做好充分的準備去面對身體嚴酷的防禦機制。所以，在你周圍大部分的生物對於免疫系統都感到有點惱火。

你真正的敵人是一支菁英部隊。它們已經找到可以更有效克服人體防禦機制的方法。有些甚至專精於獵殺人類，或者把你當作它們生命週期中一個重要的環節——像是麻疹病毒（measles virus）之類的敵人，已經決定給我們製造很大的麻煩。又或者是結核桿菌（*Mycobacterium tuberculosis*），早在七萬年前可能就與我們一起共同進化，但每年仍會殺死大約二百萬人。其他，像是導致 COVID-19 的新型冠狀病毒，碰巧遇到了我們，而不敢相信這意外的好運。

在現今的現代化世界當中，當我們想到會引起疾病的東西時，主要都是在講細菌和病毒。儘管在發展中國家，原生動物（protozoa）這類單細胞「動物」所造成的疾病如瘧疾（malaria）等，每年會導致多達五十萬人死亡，依舊是一個嚴重的問題。

任何想要嘗試挑戰免疫系統的入侵者，都被稱為**病原體**（pathogen）——恰好代表「痛苦製造者」的意思。因此，每一種引起疾病的微生物都是一個病原體，

嗜中性球
10 微米

巨噬細胞
21 微米

金黃色葡萄球菌
1 微米

大腸桿菌
2 微米

狂犬病病毒
0.18 微米

冠狀病毒
0.1 微米

人類免疫缺乏病毒
0.13 微米

IgG 抗體
0.015 微米

紅血球細胞
7.5 微米

鼻病毒
0.03 微米

伊波拉病毒
0.97 微米

1 微米

無論它是什麼物種和大小。幾乎所有的東西在適當的情況下都可以成為病原體。例如，生活在皮膚上普通的老細菌可能完全不會打擾你，但如果你正在接受化療並且免疫功能不全，它就可以很輕易地侵犯你。所以當你讀到「病原體」時，只要記住它的意思是「讓你生病的東西」即可。

免疫系統「意識到」有非常多不同種類的病原體，都必須使用非常不同的因應方法來消除它們。因此，免疫系統發展出許多不同的武器系統和應對方法，去對抗任何類型的入侵者。要一次將所有一切討論完畢會有點困難，而且會讓原本已經很複雜的免疫系統變得更加難以理解。為了簡單起見，我們將在敵人的幫助下，解釋這些複雜的防禦機制。一次一個，一個接著一個。稍後你將瞭解一些特定的疾病，以及它們如何使你的生活變得悲慘。最後我們將研究自己身體內存在的危險，例如癌症、過敏和自體免疫疾病。

在本書的第二部中，我們將討論免疫系統必須處理的一些眾所周知的微生物——**細菌**。細菌是這個星球上其中一種最古老的生物，也已經歡渡了數十億年。它們是在不需絞盡腦汁之下就可以輕易想到的最小生命體。如果像我們之前想像的，一個細胞有如一個人那麼大，那麼一個普通細菌像是一隻小兔子般的大小。細菌就像細胞一樣，是各種不同形狀和大小的單細胞蛋白質機器人，受化學和遺傳密碼所指引。它們通常被誤解為比較原始，只因它們的細胞比我們的小，也比較不複雜。

但是細菌已經進化了很久，而且其複雜程度完全符合自身的需求。它們在地球上超級成功！細菌是生存高手，基本上只要在有養份的地方都能找得到它們。在找不到養份的地方，有時它們會開始自行製造養份，並想辦法吃輻射或其他之前難以消化的東西。細菌充滿在你行走的土壤中、桌子的表面，也漂浮在空氣中。它們也在你此刻閱讀的書本頁面上。有些細菌在最惡劣的環境中孳生，例如海洋表面下數千英尺的熱液噴口，而其他則選擇了像眼瞼這種比較宜人的環境。

關於地球上所有細菌的總生物質（biomass）有多大，一直有些爭議。但即使

根據最保守的估計，細菌的質量至少是所有動物總和的十倍以上。在一公克的土壤中，有多達五千萬個細菌在做自己的事。牙齒上一公克的牙菌斑中，有比目前地球上所有人類總數更多的細菌生活著（如果需要一個既可以激勵小朋友去刷牙，又可以讓他們作噩夢的故事，就是這個了）。

在宜人的環境中，一個細菌每二十到三十分鐘可以繁殖一次，分裂成兩個細菌。所以，在經過四小時的分裂後，足足會有八千個細菌。再過幾個小時就會達到數百萬個細菌。經過幾天，就會有足夠的細菌去填滿整個世界的海洋。幸運的是，這個數學運算在現實中不太行得通。因為既沒有足夠的空間也沒有充裕的養份。而且並不是所有種類的細菌都能如此快速地複製，不過就技術上而言這是可行的。

其中的關鍵是，細菌潛在來說極快速的繁殖週期，對你的免疫系統來說是一個巨大的挑戰。因為它們在這個星球上無所不在，無論何時你絕對是完全被細菌覆蓋著，並且連一丁點擺脫它們的機會都沒有。所以身體必需適應這一切，並且充分地利用它。生命中是不可能沒有細菌的。確實，大多數細菌不僅無害，而且與我們的祖先達成了相當不錯的交易，實際上甚至對我們有益。有數兆個細菌扮演著友好鄰居兼死黨的角色，會驅離不友善的細菌來幫助你生存，並替你分解某部分的食物。這為它們換取了一個可以稱為家的空間和免費的食物做為回報。然而，這不是這本書中讓我們擔心的細菌。

有很多不友善的病原菌試圖侵入身體，讓你生病。它們會引起各種各樣可怕的疾病，從腹瀉和各種腸道不適，到肺結核（tuberculosis）、肺炎（pneumonia），或像是黑死病（black plague）、麻瘋病（leprosy）或梅毒（syphilis）等非常可怕的東西。如果逮到機會，在你受傷時，它們也會利用任何時機感染你的身體，並讓身體內部暴露於它們無所不在的環境中。在抗生素出現之前，即使是小傷口都可能導致嚴重的疾病甚至是死亡。*

---

* 讓我們給這簡短的一句話多一點點份量，並提醒大家：我們祖父母的生活確實比較艱難。根據

大腸桿菌：

線毛

鞭毛

核醣體

莢膜

細胞壁

DNA

質體

細胞膜

細胞質

細菌型態：

球菌

桿菌

螺旋菌

　　即便在今天擁有現代醫學所有的魔力，細菌感染仍是每年造成很大一部分死亡的主因。換句話說，它們是瞭解免疫系統的完美起點！讓我們看看當一些細菌成功進入身體時會發生什麼事！但在這之前，細菌首先需要克服一個強大的屏障——皮膚沙漠王國。

　　1941 年波士頓一家醫院的數據，有 82% 的血液細菌感染會導致死亡。我們幾乎無法想像這個數字所代表的恐懼——一個刮傷和一點點汙垢，實際上可能代表著你的生命即將結束。今天在已開發國家中，這類感染只有不到 1% 會致命。現在我們不需要花太多心思去思考這些事，足以顯示人類的遺忘並繼續前行的速度有多麼快。還有，可以活在現在而不是過去，是多麼令人開心的事。

6 皮膚沙漠王國
The Desert Kingdom of the Skin

　　皮膚是身體內部的套膜，幾乎覆蓋了所有被認為是身體外部的部分。它是身體的所有部位中，最直接與世界接觸的地方。因此，一個非常好的皮膚邊界牆相當地重要，它可以保護你免受各種微生物的侵害。不只如此，僅僅在活著的過程中，皮膚也會不斷地受到毀損和傷害，所以需要不斷地再生。幸運的是，皮膚沙漠王國非常擅長這一切！它運用了許多巧妙的策略，讓入侵者幾乎無法攻破。第一個是持續地死去。與其將皮膚想像成一堵牆，不如說它更像是一條死亡輸送帶。要瞭解為何如此，需要深入瞭解皮膚是在哪裡被創造和生產的。

　　皮膚細胞的生命開始於皮下大約一公厘深的地方。皮膚工業園區坐落於此。在皮膚的基底層（basal layer），幹細胞只是靜靜繁殖著，其他什麼事都不做。它們日日夜夜進行自我複製，產生的新細胞則展開了一個由身體內部到外部的旅程。在這裡生成的細胞很特別，因為它們有一份強硬的工作要做。是實際上真的非常強硬，而不只是打個比方。皮膚細胞會產生大量的角質蛋白（keratin）——一種非常強韌的蛋白質，構成皮膚、指甲和頭髮堅硬的部分。所以皮膚細胞是堅韌的傢伙，充滿了特殊材料，使它們難以被破壞。

　　皮膚細胞一出生，就需要離開家。皮膚的幹細胞不斷製造新的皮膚細胞，每一個新的世代都會將前一世代更進一步地往上推擠。所以皮膚細胞會被下方新生成的細胞不斷往上推。越接近表面，就越需要準備好成為真正的捍衛者。當皮膚細胞成熟後，會長出長長的棘（spike），與周圍的其他細胞相互聯鎖在一起，形成一堵緊密而無法穿透的牆。接下來，皮膚細胞開始製造板狀體（lamellar bodies），這些小袋子會噴出脂肪，以形成防水和不透水的防護套，覆蓋著細胞和它們之間剩餘的些微空間。

　　這個防護套會做三件事情：充當另一個極難通過的物理邊界；讓之後清理死皮細胞更容易；充滿天然的抗生素**防禦素**（defensins），可獨自直截了當地殺死敵人。皮膚在這一公厘之間的史詩級旅程中，由新生嬰兒細胞轉變成訓練有素的防守者。*

　　隨著皮膚細胞更進一步地被推向表面，它們開始為最後的工作——死亡——做準備。它們變得更扁平、更大，並開始更加緊密地黏在一起，直到彼此融合成不可分割的團塊。然後開始脫落並自殺。

　　細胞在身體裡自殺並不是什麼特別的事，每一秒都至少有百萬個細胞在身體中進行某種形式的受到控管的自殺。通常，當細胞自殺時，會以一種讓之後清理屍體比較方便的形式進行。但對皮膚細胞而言，它們的屍體實際上非常有用。甚至可以說，皮膚活著的目的就是在正確的地方死亡，成為排列整齊的屍體。死去的皮膚細胞屍體融合成一道牆，不斷被向上推。多達五十層的死皮細胞彼此融合堆疊在一起，形成皮膚死去的部分，理想地包覆著整個身體。

　　當你照鏡子時，真正看到的是一層包覆著身體活著部分的死亡薄膜。死皮膚層在你活著的過程中被損壞和消耗，它們不斷地脫落，並且被由深處幹細胞向上推移的新細胞所取代。在不同的年齡階段，皮膚可以在三十到五十天之間徹底翻新。在每一秒中，有大約四萬個死皮細胞脫落。所以身體外部的邊界牆不斷地被製造、產生，然後被丟棄。想一想這是多麼巧妙和驚人的防禦機制。不只皮膚

---

* 防禦素是非常有趣的野獸。它們分成幾個子類，大多是由身體的邊界細胞和某些戰鬥中的免疫細胞產生的。它們是做什麼的呢？嗯，在東西上挖出小洞。可以將它們想像成針對像是細菌或真菌（fungi）等特定入侵者的小針。如果這些小針碰巧遇到一個微生物，就會將自己注入其中並形成一個孔洞。就只是一個小傷口，讓受害者稍微流點血。雖然這一針並不足以將細菌殺死，但幾十針可以。由於防禦素的對象非常特定，因此對人體細胞完全無害，但卻可以完全獨自地殺死微生物。

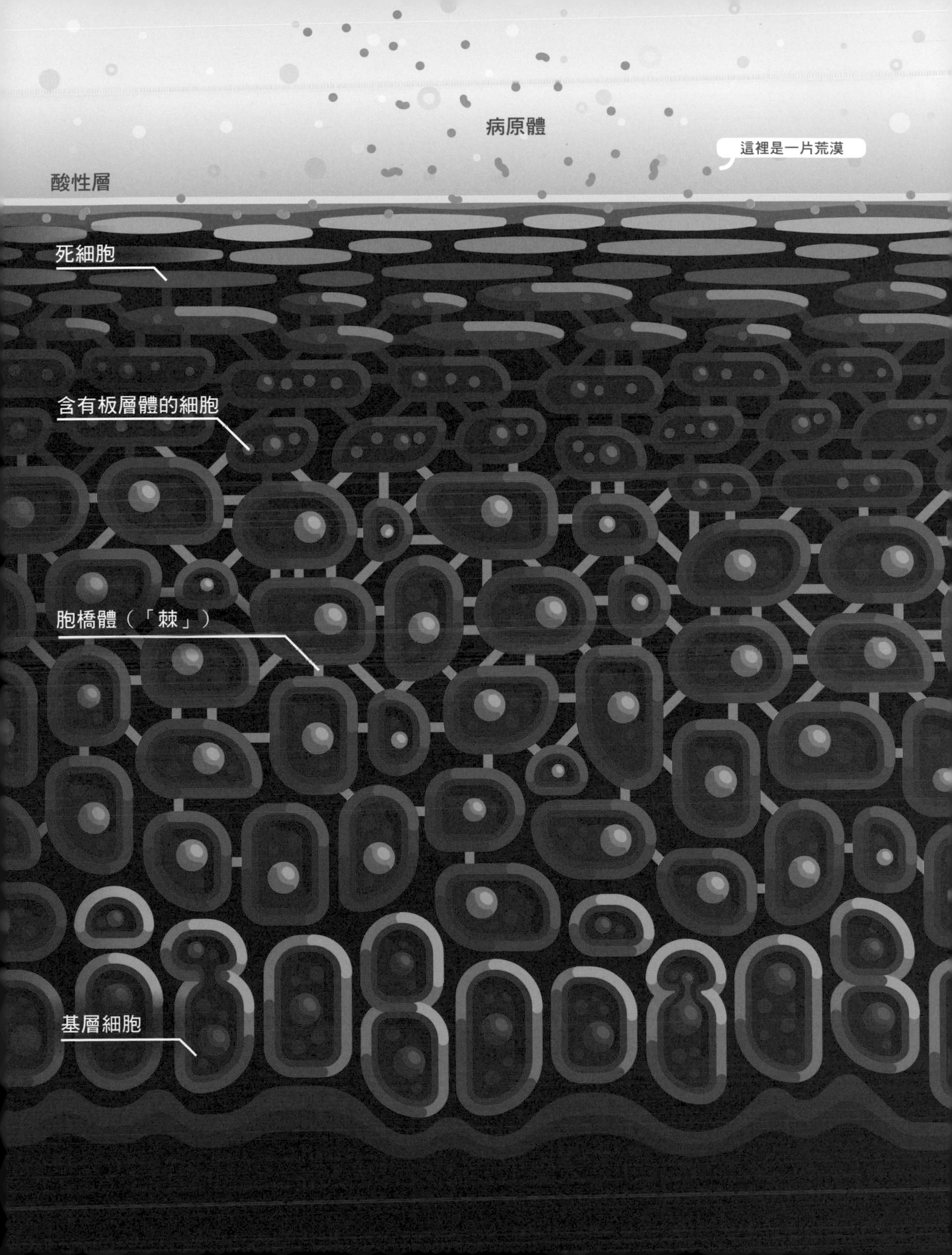
病原體
這裡是一片荒漠
酸性層
死細胞
含有板層體的細胞
胞橋體（「棘」）
基層細胞

邊界王國的牆壁會不斷地更換和修補，當它們向上推移時，還會被包裹在一層由被動且天然的抗生素所組成的脂肪層中。即使敵人找到了安家之處，並開始吃掉死皮細胞，也會不斷地從身體上脫落，使得要在皮膚上取得立足點變得更加困難。[*]

天氣暖和時，人類會大量出汗。這會讓身體冷卻，同時也將大量的鹽份輸送到皮膚表層。大部分的鹽份會被重新吸收，但有些會殘留下來。總體而言，這會使皮膚變得非常鹹，許多微生物並不喜歡這樣。不只如此，汗液中含有更多可以被動殺死微生物的天然抗生素。

所以，你的皮膚竭盡所能地讓自己成為一個真正像地獄的地方。從細菌的角度來看，這是一片乾燥而鹹的沙漠，到處充滿著會噴出有毒液體而將敵人沖走的噴泉。

但這還不是全部。皮膚另一個偉大的被動防禦機制，是被一層酸性的薄膜所覆蓋，可適當稱為**酸性皮脂膜**（ *acid mantle* ），是汗液和皮下腺體的其他分泌物之混合物。酸性皮脂膜的性質並不那麼強烈，所以不會對你造成傷害。它只是代表皮膚的 pH 值略低，是微酸性的，是很多微生物不喜歡的環境。想像一下你的床上灑滿了電池的酸液。也許你可以熬過一個晚上，但會遭受化學灼傷，因此對這個狀況不會感到開心。而這正是細菌的感受。[†,‡]

---

[*] 我們將在本書的第三部中更詳細地討論病毒，但既然已經談到這了，就應該提一下因為皮膚建構的方式，使得它對於病毒幾乎具有免疫力。因為這些小寄生蟲只能感染活細胞，而皮膚表面只有死細胞，在這裡沒有什麼可被感染的！只有極少數的病毒進化出感染皮膚的方法。因此，對於皮膚來說，細菌和真菌是更值得擔憂的。

[†] pH 值——酸和鹼：pH 值通常是一個無法正確被解釋或在解釋後很快就被遺忘的東西。但僅此一次，科學家給了一個很好的名字——pH 是氫離子濃度（POWER OF HYDROGEN）的縮寫，令人興奮且易於記憶。但後來科學家決定將它縮寫。要說這相當令人失望並不為過。在此無需太深入地瞭解，只要知道氫離子濃度是一個敘述以水為基底的溶液中存在著多少氫離子的度量。

[‡] 等等，注腳中還有注腳？這是被允許的嗎？我只是要延伸一下「力量」（power）的概念。力量，在這種情況下，並不代表氫離子特別強大或是與這類似的概念。我們要在此沉浸於美妙的數學世界中。這裡指的是「數學的乘方」（math power），應該正確地稱為指數（exponential）。因此，將 pH 值增加一個指數，代表氫離子的濃度減少為十分之一。將 pH 值增加六個指數，代表著

　　針對細菌，酸性覆蓋層還有另一個極佳的被動效果——讓身體的內部和外部具有不同的 pH 值。因此，如果細菌已經適應了皮膚的酸性環境，一旦獲得機會進入血流，像是經由開放性傷口，它將會遇到一個問題——血液的 pH 值比較高。於是，細菌突然發現自己處於一個無法適應的環境中，也幾乎沒有時間去適應調整。這對於某些物種來說是個相當大的挑戰。

　　好的。所以皮膚就像是被酸、鹽和防禦素覆蓋的沙漠，其地表是死亡細胞的墓地，這些死細胞會伴隨著不幸坐在其上的束西一起不斷地脫落。在瞭解這一切後，我們可能認為微生物不可能在皮膚上存活。但是這遠非事實。在微觀世界無盡的宇宙中，沒有什麼比無人居住的空間更棒的了。所有的一切都是免費的房地產，無論那裡有多麼嚴酷。但是你的身體找到了善加利用這事實的方法，並讓其防禦機制更加嚴密。腸道基本上是為了受到你身體邀請而進入的細菌所製造的，並且由它們來統治；皮膚則是身體中排名第二，布滿最多不是你邀請、卻真的受歡迎的客人。一個健康個體的皮膚最多可以容納四十種不同的皮膚細菌種類，因為不同區域的皮膚是截然不同的環境，具有各自特定的氣候和溫度。腋窩、手、臉和臀部是完全不同的所在，居住著不同的客人。總而言之，平均一平方公分的皮膚大約是一百萬個細菌的家。現在，總共有大約一百億個友好細菌布滿在你的身體外部。你可能不喜歡這樣想，但你需要它們！

　　可以把這些細菌想像成在大門前的一群野蠻人。身體築起了巨大的邊界牆，並請野蠻部落在外面安頓下來。如果它們尊重這個邊界，就可以靠這片土地為

氫離子減少為一百萬分之一（為什麼指數增加，卻代表離子數減少呢？因為度量是倒置的——可以讓事情更加複雜，為何要讓它變得簡單呢？哈）。

具有大量的氫離子代表一個東西是酸性的——想想美味的檸檬，還有不是那麼美味的電池酸液。低數量的氫離子代表一個東西是鹼性的，例如肥皂或漂白劑，兩者都不是很美味。一般來說，你不希望有太多或太少的氫離子在液體中，因為這得要接受或捐出一些質子（protons）。這在弱酸的情況下還好，比如將檸檬擠在食物上可以讓味道更美好，但如果某種物質太鹼或太酸，都會造成身體的腐蝕。腐蝕代表這會破壞和分解細胞的結構並導致化學灼傷。氫離子濃度細微的差異，會對微生物的世界產生極大的影響。

生，享受免費的資源和空間。只要維持著平衡狀態，邊界王國和部落不僅能和諧相處，甚至可以共生。但若邊界因受傷而毀損，這些野蠻人試圖闖入，免疫系統的士兵就會毫不留情地攻擊並殺死它們。那麼，這數十億的野蠻細菌為你做了什麼呢？最重要的就只是佔有空間。如果一個房子已經有人居住其中，就很難被其他東西盤據。

皮膚的微生物群對於生存的環境非常滿意，而且不打算與陌生人共享。它們不僅消耗可用的資源、實際佔據空間，還會與邊界王國及在邊界另一邊的免疫細胞直接交流、調節和互動。例如，有一些的細菌監護人會產生傷害不受歡迎來客的物質。這些細菌似乎能更進一步地調節皮膚下的免疫細胞，告訴它們應該生產哪些具傷害性的物質以及其數量。

你一旦進入成年，皮膚上微生物的組成將在你的餘生中維持一個相對穩定的狀態。這代表著蠻族部落和身體找到了一個平衡點，並且能和平共處。這是一個每個人都想維持的安排。科學家還不完全瞭解這協議是如何達成的，免疫系統是如何決定誰可以定居下來，或者細菌如何教導免疫系統瞭解其意圖？但我們知道，這種關係存在著，而且非常重要。

儘管擁有驚人的防禦機制，皮膚王國還是有可能被攻破。皮膚細胞可能很堅固，但這個世界更艱難，總有細菌已經準備好抓住難得的機會。讓我們見證免疫系統第一次真正的行動。

在深入瞭解這個故事之前，先簡短地說明一下——我們描述感染和免疫系統反應的方式是一個理想化的例子。在此，所有事情明確地按順序發生，一層層地升級，每個層級都清楚地經由前一個層級觸發。所以請記著——現實比這更複雜。我們將事情簡化但並不刪除過多的細節，同時會以一種非常直截了當的方式組織事物。好，這件事已交代完畢，讓我們摧毀皮膚，挑戰一下免疫系統。

7 傷口
The Cut

一個小動作可能會造成嚴重的後果。簡單的錯誤可能會導致災難性的結局。在巨人的規模上一點小小煩人的事物，在細胞規模上卻是全面的緊急狀況。

想像一下，你在一個愉快的夏日漫步在樹林間。天氣很熱而且很潮濕，你只穿了輕便時尚的鞋子，而不是適合在大自然步行的靴子。因為這裡是樹林，並不是叢林，而且你是個可以自己做決定的成年人！當你爬上一座小山丘時，突然感到一陣劇烈的疼痛。你低頭看到自己踩到了一塊曾被釘在樹上的腐朽木板，而現在它成了一個死亡陷阱。一根生鏽的長釘穿透你的鞋底。你將它拔出來並對整個世界詛咒和抱怨了一番，特別是自己殘酷的命運。沒有人能預見這件事的發生，但這其實並沒有很痛。你將鞋子和襪子脫下看看，傷口並不特別嚴重，只流了一點點的血。所以你繼續爬山，並在呼吸下喃喃自語著。

於此同時，細胞卻有完全不同的體驗。當釘子穿透鞋底時，它的頂端刺進你的大腳趾。它像一塊尖尖的金屬會造成的那樣撕裂了你的皮膚。對於細胞來說，這本該是普通的一天；直到突然之間，世界爆炸了。從它們的角度來看，一個大型金屬行星剛剛將世界扯開了一個洞。更糟的是，它被土壤和泥土以及成千上萬的細菌覆蓋著。這些細菌突然發現自己跨越了原本無法穿透的皮膚邊界牆的大門。而現在，這已經變成一個事態嚴重的狀況。

細菌馬上在無助細胞之間的溫暖洞穴中蔓延開來，準備消耗營養並進行一點探索。這裡比土壤好太多了！有食物和水，溫暖舒適，而且周圍只有看起來像是無助孩子的受害者。細菌無意再次離開。土壤細菌並不是唯一不受歡迎的遊客。

在皮膚表面和潮濕襪子上數以千計做著自己事情的細菌，現在也決定去查看一下這個憑空出現的天堂。多麼美好和幸運的一天！

身體禮貌性地否定了這樣的評估。數十萬的平民細胞已經死了，它們被突如其來劃破天際的異物撕裂。其他則受了傷並苦惱著。就像在人類規模的災難中，平民驚恐尖叫著，向每個準備好收訊的人發送警報和恐慌的訊息。這些恐慌訊號、死細胞的五臟六腑以及成千上萬細菌的惡臭，被帶進周圍的組織中，拉起了緊急警報。

先天免疫系統會立刻做出反應。哨兵細胞最先出現——在撞擊剛發生時，它們正平靜地在周圍巡邏，但被墜落現場的尖叫聲和碎屑所吸引而迅速向事發現場前進。這些細胞被稱為**巨噬細胞**（Macrophages），是身體所能提供的最大免疫細胞。形體上，巨噬細胞會讓人留下相當深刻的印象。如果一個普通細胞是人類的大小，巨噬細胞的體積會是黑犀牛一般的大小。就像黑犀牛一樣，最好不要惹怒它們。巨噬細胞的目的就是吞噬死細胞和活的敵人，協調各種防禦機制並幫助治癒傷口。現在因為細菌正堅定地迅速增殖，對於巨噬細胞這些工作的需求量也隨之大增——因為在細菌真正穩固其存在之前，要迅速地制止它們。

這些混亂的狀況使巨噬細胞陷入從未經歷過的憤怒當中。在幾秒鐘內，它們與細菌交戰，並將自己的身體猛烈地向細菌衝撞並進行攻擊——想像一頭野生犀牛試圖將驚慌失措的兔子踩死。然而兔子們顯然不想被踩死，它們逃跑並試圖逃離這個強大細胞的控制。但逃跑的計畫將是徒勞無功的，因為巨噬細胞能將自己的一部分伸展開來，有點像是章魚的手臂，並受到細菌驚慌失措時散發的氣味所引導。當它們設法抓住其中一個細菌時，命運已經注定了。巨噬細胞的抓力太強大，抵抗是無用的。它把倒霉的細菌拉進去，整個吞下，然後活生生地將細菌消化掉。

儘管巨噬細胞效率很高，也費盡強大的心力，然而傷口太大，受的傷害太深，暴露的表面太多。當巨噬細胞將敵人一個接一個地吞噬，它們意識到最多只能減

緩細菌入侵的速度，卻無法阻止入侵。於是它們開始呼救，發出緊急警報訊號，並開始為即將快速到來的援兵準備好戰場。幸運的是，後援已經在路上了。血液中數以千計的**嗜中性球**（Neutrophils）聽到了求救的呼聲並聞到了死亡的氣味，因此開始移動。到達感染的部位後，它們離開奔騰的血海、進入戰場中。就像巨噬細胞一樣，恐慌和警報訊號活化了它們，將它們從相當冷靜的傢伙蛻變成瘋狂的殺人魔。

　　嗜中性球立即開始狩獵並吞噬一整個細菌，對周遭的環境卻漠不關心。它們的時間緊迫；一旦活動起來，只要幾個小時的時間就會因為筋疲力盡而死去，因為它們的武器不會再生。所以它們應局勢所趨任意地使用武器——不僅殺死敵人，同時對於原則上應該受到保護的身體組織也造成了真正的傷害。但嗜中性球所造成的附帶損害不是現在或其他任何時候要顧忌的；因為細菌在全身蔓延造成的危險太嚴重了，也就無法考慮到平民了。嗜中性球不止會戰鬥，也會自我犧牲——其中的一些會爆炸，並在這個過程中向四周撒下寬闊而有毒的網。這些網子中點綴著危險的化學物質，可以封鎖戰場、捕獲並殺死細菌，也讓它們更難離開和躲藏。

　　回到人類的世界，你再坐下來看看自己的傷口。小傷口已經被一層薄殼所覆蓋。至此，傷口表面已經閉合，數以百萬計來自血液的特化細胞——血小板，湧入戰場。這種血液細胞，主要作為閉合傷口的緊急工作人員。它們會產生一種黏稠的大網，將自己和不幸的紅血球凝聚在一起結成團塊，形成一個阻隔外界的緊急屏障。因此能夠相當快速地遏止失血，並阻止更多的入侵者進入。新鮮的皮膚細胞因此能開始慢慢關閉這世界的巨大漏洞。*

---

*　好，準備好聽一個瘋狂的故事！血小板實際上不是細胞，而是來自另一個稱為巨核細胞（megakaryocyte）的細胞碎片。這是個巨大的傢伙，比一般的細胞大六倍左右，並且生活在骨髓中。巨核細胞有很長的章魚狀手臂，可以將其推入血管中並開始生長。當其中一隻奇怪的手臂長得夠長時，有一小部分會脫落。這些具有功能的細胞微小部分會被血液帶走。這些包裹就

生鏽的釘子

臭襪子

血管

表皮

細菌

傷口

釘子撕裂皮膚和血管。數十萬的平民細胞死去,其他則受傷和感到苦惱。細菌立即蔓延到無助細胞之間的溫暖洞穴中,準備消耗營養並讓自己過得舒舒服服的。

總而言之，你的腳趾已經有點腫脹，感覺溫熱和輕微的疼痛。這肯定令人懊惱，但沒什麼大不了的。你詛咒自己的粗心並準備好帶著跛腳繼續前行。至少你是這麼認為的。你所經歷的輕微腫脹是免疫系統有目的性的反應。在感染部位戰鬥的細胞開啟了相當重要的防禦過程——**發炎**（inflammation）。

這代表著免疫系統命令血管擴張並讓溫暖的液體注入戰場中，就像一個向山谷敞開的水壩。這可以造成一些事情——第一，刺激和擠壓對於自身處境深感不滿的神經細胞，使其向大腦發送疼痛的信號。這使得人類意識到有些事情不對勁，而且已經造成了傷害。

儘管如此，這件事對數十萬的敵人來說無濟於事，因為它們已經長驅直入了。幸運的是，因發炎而湧入的液體將一個沉默的殺手帶入了戰場。許多細菌被嚇壞了或是開始抽搐，因為有幾十個小傷口神祕地出現在它們的表面上，讓自己的內部滲出。這件事相當嚴重，並且會將它們置於死地。稍後我們將更深刻地瞭解這個沉默殺手。

隨著激烈的戰鬥越演越烈，越來越多的細菌被殺死，第一批的免疫士兵也開始不行了。它們已經付出了一切，現在只想睡覺。數以百萬計的士兵細胞持續湧入，並在自己死去之前盡可能地多攻擊一些敵人。我們來到了一個十字路口。戰鬥現在可以有幾種不同的結局。在大多數的情況下，如果事情順利，這差不多就是損害的最大程度。所有的細菌都被殺死，免疫系統會幫助平民細胞癒合。到頭來，這只是一個小小的傷口，那種你經常碰到卻不用太費力去思考的傷口。

但在這個故事中，事情並不順利。入侵者中有一個病原體，一種土壤細菌，有辦法對付免疫反應，並迅速增殖。細菌是生物體，能因應不同的情況而做出反應。的確如此，細菌觸動了自身的防禦機制，使它們更難被殺死，或是可以抵抗

是血小板，每次割傷或受傷時，它們都會將傷口關閉。一個單一的巨核細胞從骨頭延伸到血液的手臂，在其生命週期中會產生大約一萬個這樣的血小板。身體真的太奇怪也太驚人了。

免疫系統的武器。先天免疫系統最能做的，就是盡量地控制它們。

所以，另外一種免疫細胞現在做出了一個嚴肅的決定。當戰鬥展開時，它一直在後台悄悄監視戰場上的狀況。現在，在災難發生後數小時和感染發生的同時，它們大顯身手的時刻終於到來了。

樹突細胞（Dendritic Cell），不只是看著災難發生，而是先天免疫系統強大的傳訊使者和情報官。它們駐紮在邊界王國任何可能被滲透的地方。驚慌失措的**樹突細胞**開始緊急採集戰場上的樣本。它們與巨噬細胞類似，有著長長的觸鬚可以捕捉入侵者，並將其撕成碎片。但樹突細胞的目標不是吞噬細菌——不！樹突細胞將死去的入侵者製成樣本，並將這些發現提供給免疫系統的情報中心。經過幾個小時的採樣之後，樹突細胞開始行動，離開後方的戰場去尋求後天免疫系統的幫助。它們需要大約一天的時間才能到達目的地。當找到它們要找的東西，或者更好的說法是，找到它們要找的人，一頭野獸就會從睡夢中醒來，而且開啟地獄之門。

讓我們在這裡暫停片刻，想一想身體為這次的緊急情況做了多少準備。生鏽和尖銳物品造成的割傷、瘀傷和刺痛，並不足以讓我們真正擔憂。這只是人生一件時不時會發生的傷害，幾乎永遠不會超出稍微讓人苦惱的程度。如果感染不能被阻止，抗生素療程通常可以解決這個問題。但是在人類歷史上絕大多數的時候，這種強大的藥物並不存在，輕微的傷害實際上是可能致命的！

所以當邊界王國無可避免地受到威脅時，身體演化出殘忍而且可以迅速粉碎入侵者的方法。而且，天啊！先天免疫系統還真的是擅長這些工作。我們只是很簡短地認識第一道防線的這些細胞——巨噬細胞、嗜中性球和樹突細胞，但它們實際上還可以做更多的事！還有那些殺死並震驚入侵者的神祕隱形力量，我們還沒有提到它們的名字或描述它們呢！

8 先天免疫系統的士兵：
巨噬細胞和嗜中性球
The Soldiers of the Innate Immune System:
Macrophages and Neutrophils

　　正如在前一章中所見證的，巨噬細胞和嗜中性球是免疫系統的傷害處理者。它們同屬一個稱為**吞噬細胞**（phagocyte）的特殊類別。這並非免疫學中最糟糕的名字，因為它的意思是「會吃東西的細胞」。而且它們真的很能吃。**巨噬細胞**的意思是偉大的吃食者，這名稱非常恰當。由於細胞沒有微小的嘴巴，所以「吃」在這個層次一定有其他的意思。

　　想像一下，你沒有嘴巴，卻想跟吞噬細胞一樣地吃東西，看起來應該會像這樣──拿起一個三明治，把它放在皮膚上。放在哪裡並不重要，在身上的任何一個地方都可以。皮膚會折疊起來把三明治拉進你的內部，並將它困在一個會漂浮到胃裡的皮膚袋子中。皮膚袋子會與胃融合，然後將三明治倒進胃酸中。

　　這在人類的世界中很令人不安，但在細胞的世界中卻非常地實用。這個過程其實非常迷人。當一個吞噬細胞，像是巨噬細胞想要吞下一個敵人時，它將手伸出緊緊抓住敵人。一旦牢固地抓緊，它就會將受害者拉進去，把細胞膜的一部分折疊進自己裡面。受害者被吞沒，並被困在一個像是巨噬細胞裡面的迷你監獄裡。在某種意義上，巨噬細胞外部的一部分變成了一個被拉進內部的密封垃圾袋。巨噬細胞裡備有相當充足的隔間，裡面充滿了相當於胃酸的液體──能溶解物質的東西。這些隔間接著會與小監獄融合，將致命的內容物倒在受害者的全身上，將其溶解成其組成成分，變成胺基酸、糖和脂肪這些不僅無害、甚至還滿有

吞噬作用

1. 吞噬細胞抓住病原體。

2. 將細胞膜折疊進去，並將敵人困在迷你監獄裡。

3. 迷你監獄與一個充滿酸的隔間融合。

4. 酸液分解病原體為基本的成分。

5. 吞噬細胞將可以吃的部分吃掉，把剩下的部分吐出來給其他細胞吃。

1.

2.

3.

4.

5.

用的成分。其中一些成分成為巨噬細胞自身的食物，另一些則被吐出，以便其他的細胞也可以有一頓飯吃。生命最討厭的就是資源浪費。

　　這個過程非常重要，因為這是身體擺脫整個入侵軍隊和它們的垃圾的主要方式。確實，無論戰鬥與否，巨噬細胞的主要工作就是吃和吞下身體不想要的東西。

　　有趣的是，巨噬細胞主要吃的東西實際上是你的一部分。身體大多數的細胞都處於一個有限的生命週期中，這樣能避免出現缺陷並變成像是癌症這樣不好的東西。所以生命中的每一秒，大約有一百萬個細胞會死於受到調控的細胞自殺，稱為**細胞凋亡**（apoptosis，這過程會在本書中出現幾次，因為這非常重要）。當細胞覺得時機已到，就會釋出讓其他人知道它們「不幹了」的特殊訊號，然後透過細胞凋亡摧毀自己。這代表它們將自行分裂成一堆小而整齊的細胞垃圾。受到這些訊號吸引的巨噬細胞會拾取死細胞的碎片，並回收再利用這些部分。

　　巨噬細胞可能是免疫系統中極古老的一個發明，甚至可能是第一種專職防禦的細胞，因為幾乎所有的多細胞動物都具有某種類似巨噬細胞的細胞。在某個層面上，它們有點像單細胞生物。主要的工作是巡邏邊界和處理垃圾的單位，但也幫助協調其他的細胞，透過引起發炎來準備戰場以及在受傷後促進傷口癒合。另外還有一個它們沒有要求的額外工作——如果你有紋身，很多墨水可能儲存在這些巨噬細胞中。*

---

*　你有沒有問過自己為什麼身體可以接受大量的墨水在皮膚下面？一般來說，免疫系統無法接受任何不是自我或是沒有拿到特殊許可證的東西在身體中遊蕩。但不知何故，你可以用一根快速移動的針頭，將墨水推入皮膚的第二層，並讓墨水在那裡保存多年。雖然身體不會因為皮膚下有墨水而感到開心，但如果刺青師傅將有品味的藝術正確地刺在你的肉體上，也不是特別地有害。儘管如此，在附近的免疫系統對於這樣的入侵感到不滿。所以皮膚會腫脹，一些墨水顆粒會被帶走，不過大多數的墨水都留在組織中——但這並不是因為巨噬細胞不嘗試將其吞噬。大多數的墨水金屬顆粒因為太大而無法被吞噬，因此就留在原地。但是，那些小到可以被吞噬的墨水金屬顆粒就會被吃掉。
　　雖然巨噬細胞非常擅長分解細菌和其他的細胞垃圾，但它無法破壞墨水。所以只是把墨水放在

巨噬細胞可以存活數個月。有數十億個巨噬細胞就只是在皮膚下面遊蕩，巡邏像是肺和腸道等周邊組織的表面。還有數十億個在整個身體中閒逛，等候差遣。在肝臟和脾臟中，巨噬細胞會捕獲老的紅血球細胞，並將它整個吃掉，以回收紅血球所攜帶寶貴的鐵。在大腦中，巨噬細胞佔了所有細胞總數的 15%。它們非常平靜，因此不會意外地破壞不可替代的神經細胞。你需要這些神經細胞去做像是思考電影或呼吸空氣這些重要的事！

巨噬細胞並沒有很精彩刺激的生活。它們在負責的區域中閒逛、四處走動、撿拾垃圾和死細胞。但如果它們生氣了，就會變成非常可怕的戰士。一個被活化的憤怒巨噬細胞在死亡之前可以吞噬多達一百個細菌。有很長一段時間，人們認為它們就只是這個樣子，是個好鬥的清潔人員——但事實證明，巨噬細胞實際上扮演了許多不同的角色，並和許多不同的細胞交互作用，去完成各種工作。

所以最好把巨噬細胞當作是先天免疫系統中區域性的隊長——在戰鬥中，它們會告訴其他細胞該做什麼，並通知其他細胞是否要持續戰鬥下去。

最後，當一個感染被處理完之後，巨噬細胞實際上可以減緩、甚至關閉戰鬥現場的免疫反應，以防止更進一步的損害。持續進行的免疫反應對你不利，因為免疫細胞通常會給身體帶來壓力，並浪費大量的能量和資源。因此，隨著戰鬥平息，一些巨噬細胞將戰場變成友善的建築工地，並真的開始吃掉剩下的士兵。

自己裡面並儲存起來。如果你有紋身，當你看到它時，請記住它有一部分是被困在免疫系統中。如果在數年後你發現原來刺上去的漢字意思是「湯」而不再覺得那麼有品味，並想將它移除時，很不幸地，免疫系統也讓擺脫紋身變得困難。

最常見的紋身去除過程是一種特殊的雷射，它會穿透皮膚並將墨水顆粒的某一面加熱到非常高的溫度，導致墨水顆粒因張力而分解成較小的碎片。其中有些碎片會漂走，其他則是被巨噬細胞吃掉。這讓移除紋身非常困難，因為即使是充滿墨水的老舊巨噬細胞在某個時刻也會死去，年輕的替代者則會來到，並將死去前輩的殘骸連同它們裡面的墨水一起吞下。同樣地，年輕的巨噬細胞無法銷毀墨水，只是將墨水儲存起來，並忽略它們的存在。因此紋身就這樣的維持多年。隨著時間的推移，隨著每個新的替換週期，一些墨水會流失並在這個過程中被帶走，或者一些新的巨噬細胞會將一小部分搬動。所以紋身會逐漸褪色而且邊緣變得模糊。

然後它們會釋放化學物質，幫助平民細胞再生，並重建像是血管等的受損結構，從而使傷口更快癒合。在這裡要再說一次，免疫系統討厭浪費任何東西。

嗜中性球是一個簡單的傢伙。它的存在是為了戰鬥和為群體而死。它是免疫系統中瘋狂自殺的斯巴達戰士。或者，如果繼續用動物做比喻，嗜中性球是吸毒的黑猩猩，擁有壞脾氣和機關槍。它像是一種多用途的武器系統，用來快速對付身體最常見的敵人──尤其是細菌。它是到目前為止在血液中數量最多的免疫細胞，而且毫無疑問地，是最有效力的細胞。嗜中性球危險到備有死亡開關。它們擁有的時間不多，在不被需要後只能存活幾天，之後就會進行受到調控的自殺行動。

但即使在戰鬥中，嗜中性球的生命也很短暫，只能持續幾個小時。它們對身體的基礎設施造成嚴重破壞的風險實在太高，所以每天有一千億個嗜中性球自願放棄生命進行自殺。而每天也有大約一千億個嗜中性球出生，準備好在必要時為你而戰。[*]

儘管嗜中性球會對身體構成危險，在日常生存中卻是不可或缺的。如果沒有它們，身體的防禦機制將會嚴重受損。在戰鬥中，嗜中性球除了活吃敵人之外，還有兩種額外的武器系統。它們可以向敵人投擲酸液，並透過自殺來製造致命的陷阱。嗜中性球充滿密密麻麻的**顆粒**（granules），基本上是裝滿致命內容物的小包裹。可以將這些顆粒想像成用來切割並削弱入侵者的小刀和剪刀。因此，如果嗜中性球在某處遇到一堆細菌，就會像細菌噴灑能撕裂其外部的顆粒。這種方法的問題在於它並不超級特定專一，因此會擊中任何不幸阻擋在中間的東西。通常這代表的是健康的平民細胞。這也是身體有點敬畏嗜中性球的原因。它們非常有效率地從事殺害，但如果太興奮就可能會導致弊大於利的更多傷害。[†]

---

[*]　實際上，每兩磅（一公斤）的體重，會產生大約十億個嗜中性球；你可以計算一下這代表著什麼。

[†]　嗜中性球在造成附帶損害上確實非常粗心，以至於巨噬細胞會試圖隱藏受損的細胞不被嗜中性

　　但嗜中性球在戰鬥中最令人難以置信的部分是，在這個過程中犧牲自己去製造致命的 DNA 網絡。想像一下這是什麼意思。假設你是一個竊賊，晚上想闖入一個博物館偷東西，並讓同夥進去開一個偷東西的派對。一切順利地進行著，你避開了攝影機和安全系統，進入收藏貴重物品的保險庫。「事情進行得太完美了！」當你開始將畫作往背包裡塞時是這麼想的。

　　但是，你突然看到一個警衛衝著你尖叫——而你準備好去戰鬥。但是守衛沒有向你揮拳，而是撕開了他的胸口，將肋骨劈成無數銳利的碎片，同時掏出腸子。在你感到困惑之前，他開始揮舞著內臟，用鋒利的骨頭碎片刺向你，就像是世界上最噁心的鞭子一般。當他無情的打擊對你造成很深的傷口時，你痛苦而困惑地哭泣起來。你目瞪口呆，無法逃跑。接著他拍打你的臉。「這並沒有如預期那般進行。」在他開始活吃你時，你這麼想著。

　　這就是嗜中性球產生**嗜中性球胞外陷阱**（Neutrophil Extracellular Trap，簡稱 NET）時所做的事。如果嗜中性球認為需要採取嚴厲的措施，就會進行這種瘋狂的自殺行為。首先，它們的細胞核會開始溶解，釋放出 DNA。當 DNA 填滿細胞時，無數的蛋白質和酶會附著其上——這是前面小故事中尖銳的骨頭碎片。然後嗜中性球真的向自己周圍吐出全部的 DNA，就像一張巨大的網。這張網不僅可以將敵人困在原地並傷害它們，還會形成物理屏障，使細菌或病毒更難逃逸也更難深入體內。很明顯地，通常勇敢的嗜中性球會因為這樣做而死去。

　　有時候，即使嗜中性球吐出了自己的 DNA，這些勇敢的戰士仍會持續戰鬥，向敵人投擲酸液或將它們整個吞下，並在最終因疲憊而死去之前完成嗜中性

球發現！每天因為各種不同的原因，有些細胞在器官中以不自然的方式死去，舉例來說，也許是因為你正看著手機而撞到路牌。但這些損害通常相當輕微，而且不需要免疫系統強烈的反應，我們稍後會詳細地瞭解這些。但死細胞會吸引嗜中性球，如果它們發現一個死細胞，就會使情況升級並造成更多不必要的傷害。所以為了阻止嗜中性球，巨噬細胞有點像是用身體覆蓋住一個死細胞，幾乎是把細胞隱藏起來不被嗜中性球發現，所以嗜中性球會帶著困惑離開。

該做的事。在此我們可以提出一個問題：假設一個細胞拋棄了全部的遺傳物質，是否還算是活著的？無論如何，它只能持續一段時間，沒有 DNA 的細胞是沒辦法維持它內部的機制的。無論這細胞是什麼——一個活的實體，或者只是一個無意識聽從最後指令的殭屍——它仍然持續做著應該做的事情：為你戰鬥和死亡，讓你可以活下去。不管使用哪種武器系統，嗜中性球都是最凶猛的士兵。因此，無論是敵人或是自己的身體，理所當然地都會畏懼它。*

　　巨噬細胞、嗜中性球與免疫系統其他部分，還有另一項共同要分擔的重要工作——它們會引起發炎。因為這個過程對於你的防禦機制至關重要，在下一章會更詳細介紹。由於它對於防禦和健康非常重要，因此我們必須看看其中發生了什麼事。所以在回到戰場和保衛你的軍隊之前，我們會做個小旅行，去瞭解免疫系統在戰鬥中所使用非常吸引人又非常重要的一些機制。

---

* 　關於嗜中性球另一個巧妙的小細節是，當它們在追逐病原體時，通常會成群結隊並遵循著與一群昆蟲相同的數學規則。所以想像一下被一群如牛般大小的黃蜂獵殺，你會體驗到許多細菌在生命最後一刻所經歷到的相同壓力。

9 發炎：玩火
Inflammation: Playing with Fire

　　發炎可能是一個你從未認真思考過的事情，因為它很乏味。你受了傷，然後傷口腫脹並變紅一點，沒什麼大不了。誰在乎！但實際上，發炎對於生存和健康相當重要，它促使免疫系統去處理突發的傷口和感染。

　　發炎是免疫系統對於任何破口、損害或侵犯的普遍反應。不管是燙傷、割傷還是擦傷；不管是細菌還是病毒感染了鼻子、肺部或腸子；不論是一個年輕的腫瘤藉由竊取營養來殺死一些平民細胞，或是對於食物過敏，發炎就是對於這一切的反應。**破壞或危害——無論是感覺或真實，全都會引起發炎。**

　　發炎是在被昆蟲叮咬後出現的紅色腫脹和發癢，以及感冒時的喉嚨痛。

　　簡而言之，發炎的目的是將感染限制在某個區域內以防它擴散，同時排除受損和死亡的組織，並充當免疫細胞和攻擊蛋白質可以直達感染部位的高速公路！*

　　矛盾的是，如果演變成慢性發炎，這可能會是發生在你身上最不健康的事情之一。根據相當新的科學研究，每年有一半以上的死亡與慢性發炎有關，因為它是許多疾病的根本原因，包括各種癌症到中風，或是肝功能衰竭。是的，你沒看

---

* 發炎幫助免疫細胞抵達戰場的方式非常詭異和引人入勝。基本上是發炎產生的化學訊號觸發了感染部位附近的血管，以及受這些訊號活化的免疫細胞產生了變化。兩者都會延伸出許多像是魔術氈的特殊小黏著分子。正在加速通過血液的免疫細胞現在可以黏著在構成血管的細胞上，並在靠近感染部位處放慢速度。除此之外，發炎會使血管增加孔洞，使得免疫細胞更容易擠過微小的空間向戰場移動。

發炎

發炎是一種免疫系統為了迅速防禦傷害或感染所產生的複雜生物反應。血液淹沒組織導致發紅、發熱、腫脹、疼痛和功能喪失。

發炎的傷口

巨噬細胞

嗜中性球

戰場

上皮

血管

血管釋放血漿，使戰場被液體、蛋白質和新士兵淹沒。

錯——**今日每兩個死亡的人之中，至少有一人死亡的根本原因是慢性發炎**。儘管慢性發炎對身體造成如此沉重的負擔，但「正常」的發炎對於防禦機制來說仍是不可或缺的。

　　發炎是整個團隊共同的努力，是免疫系統可以快速抵禦傷害或感染的一種複雜生物反應。簡單地說，發炎是讓血管中的細胞改變形狀的過程，這樣血漿（plasma），也就是血液中液體的部分，就可以湧入受傷或受到感染的組織。你幾乎可以將這想像成閘門打開之後，充滿鹽份和各種特殊攻擊蛋白質的海水，如海嘯般迅速淹沒了細胞間的空隙，以至於像大都市規模般的組織膨脹了起來。當細胞懷疑某個地方發生了可疑的事情，它們會下令以發炎作為戲劇性的第一種反應。*

　　你可以透過五個指標來判斷自己是否有發炎：發紅、發熱、腫脹、疼痛和功能喪失。例如，在踩到銳利釘子的故事中，受傷的腳趾因為液體的湧入而腫脹起來，組織中因為含有多餘的血液而變成了紅色。

　　隨著血液帶來的額外體熱，受傷的腳趾會變熱。這個高溫對你而言是有用的——大多數微生物不喜歡高溫，所以讓傷口升溫會讓微生物變得遲緩，並且讓它們的生存充滿壓力。你會希望體內的病原體盡可能地受到生存壓力。反之，平民修復細胞非常喜歡這額外升高的溫度，因為這加速了它們的新陳代謝，讓傷口能更快地癒合。

　　接著是疼痛。發炎釋放的一些化學物質會讓神經末梢更容易受到疼痛的影響，透過腫脹的過程，對具有疼痛感受器的神經細胞施加壓力，從而激發它們向

---

* 與免疫系統有關的一切都有例外。身體有幾個被排除在這個規則之外的部分，例如大腦、脊髓、眼睛的某些部分，以及睪丸（假若你剛好有睪丸的話）。這些都是極其敏感的區域，發炎可能會造成立即且無法彌補的損害，因此這些區域是所謂的免疫豁免（immune privileged）區。這代表免疫系統的細胞被血液和組織間的屏障擋在外面，而那些被允許進入的細胞，則被超級特殊的命令要求保持良好的表現。

大腦發送抱怨訊號。在某種層面上，疼痛是一種非常有效的動力，因為我們寧願感受不到它的存在。

　　最後是功能喪失。這非常直截了當，如果手被燒傷了，發炎使它腫脹和疼痛，你將無法正常使用它。踩到釘子也是一樣，腳對於這個事件不是很開心。這種功能的喪失連同疼痛一起，確保你可以好好休息，不會給受傷的身體部位造成額外的負擔或壓力。它迫使你給自己時間來療癒。這些就是發炎的五個特徵。

　　就如本書將一遍又一遍地重述的，發炎對身體是非常嚴苛的，因為它會對受影響的組織造成壓力，並帶來像嗜中性球這樣激動且會造成傷害的免疫細胞。所以發炎有一些內建機制，會讓它恢復平靜。例如，引起發炎的化學訊號很快就會用完。所以免疫細胞需不斷地請求發炎，不然它就會自行消散。你可能會問，究竟是什麼引起了發炎？嗯，有各種不同的機制。

　　發炎開始的第一種方式是透過細胞死亡。令人驚訝的是，身體演化出一種可以辨識細胞是自然死亡還是死於暴力的方法。免疫系統必須假設細胞非自然死亡，這代表有嚴重的危險存在。因此，死亡是會導致發炎的一個訊號。

　　當一個細胞到達生命盡頭時，通常會藉由先前提過的細胞凋亡而死去。細胞凋亡基本上是一種平靜的自殺，能使細胞的內容物維持整齊與乾淨。但是當細胞以非自然的方式死亡，例如被銳利的釘子撕成碎片、被熱鍋燒死，或是被細菌感染的廢物毒死，平民細胞的內容物就會灑得到處都是。細胞內臟的某些部分，如 DNA 或 RNA，是免疫系統的高度警覺觸發器，能快速地引起發炎。*

　　這也是介紹一種非常特殊細胞的好時機，在對它瞭解更多之後，你可能會很討厭它。如果你曾經有過嚴重的過敏反應，像是身體爆炸性地膨脹，這種稱為**肥**

---

*　在學校裡你可能學到粒線體是細胞的發電廠，是古老細菌與細胞祖先融合而成的共生生物。現在它們是細胞內的胞器，為細胞提供有用的能量。儘管如此，免疫系統仍然將它們視為細菌，不應該存在的入侵者。因此，如果細胞破裂，免疫系統會偵測到漂浮在周圍的粒線體，免疫細胞會產生超級驚慌的反應。

大細胞（Mast Cell）的細胞，就非常可能介入其中。肥大細胞是大而臃腫的細胞，有如內部裝載含有極強化學物質的微型炸彈，能導致迅速而大量的局部發炎（例如，當被蚊子叮咬時所感覺到的發癢，很可能就是由肥大細胞釋放的化學物質所引起）。它們大多坐在皮膚下面做自己的事，還好並沒有特別多的事情要做。如果你遭受傷害並且組織受到破壞，導致它們死去或是變得非常激動，肥大細胞就會釋放出引起發炎的化學物質，並且極迅速地加快整個過程。

因此，在皮膚下的組織有一個緊急的發炎按鈕。此處可能很適合指出，部分的免疫學家認為，肥大細胞在免疫系統中可能扮演著更直接和核心的作用，儘管大多數教科書中並沒有提及這部分。科學的偉大就在於，證明某個既定想法的錯誤，對每個人來說都是一種勝利。所以再過幾年之後，我們就會知道肥大細胞是否值得更多的關愛。

下一個引起發炎的最佳方法是比較主動的決定：巨噬細胞和嗜中性細胞在參與場戰鬥時提出了發炎的要求。因此只要戰鬥還在進行中，它們就會釋放淹沒戰場的化學物質，並準備好接受新的後援。不過，這也是為什麼持續任何長時間的戰鬥都不是一件好事的原因。

例如，如果患有像是肺炎或COVID-19等肺部感染，發炎和受召喚進到肺組織中的液體，可以會讓你呼吸困難並產生類似溺水的感覺。這感覺在此情況下會非常可怕地準確，因為你實際上是在多餘的液體中淹死，只是液體來自身體的內部而不是外部。

好的，關於發炎已經談得夠多了。在這總結一下──如果細胞非自然地死亡、皮膚下方的肥大細胞遭到破壞或惹怒，或是免疫系統正與敵人作戰，它們就會釋放引起發炎的化學物質。這些惹惱敵人的大量液體和各種化學物質會吸引援軍，讓它們更容易進入受到感染的組織中。這一切都使得保衛戰場變得更容易。但發炎對身體很不利，在許多時候發炎會對身體健康造成真實的危害。

10 赤裸、失明和害怕：
細胞怎麼知道要去哪兒？
Naked, Blind, and Afraid:
How Do Cells Know Where to Go?

　　到目前為止，我們完全忽略了另一個相當重要的細節：細胞如何知道哪一條路是通往哪裡？還有，如何知道哪裡需要它們？當我們把細胞想像成人類，並想起它們正在巡邏近似歐洲大陸的區塊時，首先可能想到的問題是，它們怎麼可能知道正確的路徑？它們不會經常迷路嗎？此外，細胞是盲人這點，讓這一切更增加了一點挑戰性，因此想這些問題還滿合理的。

　　看見東西的過程需要有光波撞擊一個物體的表面，再從那個表面反彈回來，並擊中像是眼睛的感覺器官。眼睛裡有幾億個特化的細胞將光波轉化為電子信號，然後發送到大腦進行解讀。但這一切對單一個細胞來說，似乎是太大的投資。*

　　即使細胞確實有眼睛，但以它們的規模，「看見」也不是特別的有用。因為它們的世界真的非常非常小，對於一個細胞來說，光波是巨大而不切實際的。如果你只有一個細胞那麼大，可見光的光波會從你的腳趾到達肚臍！細菌已經小到即便使用光學顯微鏡也幾乎看不到，而且它們的影像也相當粗糙。病毒甚至更小，比光波小非常多。因此在任何層面上都無法被看見，除了使用電子顯微鏡等

---

* 是的，有些單細胞生物具有光受器（photoreceptors），讓這些細胞能夠察覺到黑暗與非黑暗之間的差異以及光的來源。但這並不是我們要在這裡談論的。

特殊工具。此外，體內大部分的地方都很黑暗。如果你的內部非常明亮，那可能是發生了什麼嚴重的錯誤。

同樣的原理也適用於聽覺，亦即可以探測氣體和液體壓力的變化，並將這些差異轉化成訊息的能力。這是另一個適合人類生存環境的特化器官，但對於細胞來說並不切實際。好的，人類習慣的「看見」和「聽見」在微觀世界並不是很好的選擇。那麼，細胞是如何體驗世界的呢？它們如何感覺並彼此相互交流呢？

嗯，在某種程度上，細胞是以嗅覺度過一生的。對細胞而言，訊息是一種實體的東西：**細胞激素**（Cytokines）。簡單來說，細胞激素是用來傳遞訊息的極小蛋白質。有數百種不同的細胞激素存在，它們對於在你體內所有正在進行的生物過程都很重要——從在母親子宮內的發育，到隨著年齡增長而經歷的退化。但與細胞激素最相關且重要的領域是免疫系統。細胞激素在疾病的發展以及細胞如何做出反應上扮演著非常關鍵的角色。在某種程度上，細胞激素是免疫細胞的語言。在本書中你將會遇見它們好幾次，所以讓我們瞭解一下細胞激素的作用：

假設一個巨噬細胞四處漂浮，然後偶然間遇到了敵人。這個發現需要與其他的免疫細胞夥伴們分享，因此它會釋放出帶有「**危險！附近有敵人！過來幫忙！**」訊息的細胞激素。接下來，這些細胞激素會四處漂流，純粹是被體液中的粒子隨機移動時攜帶著。在其他地方，另一個免疫細胞，也許是一個嗜中性球，嗅到這些細胞激素並「接收」到訊息。接收到的細胞激素越多，免疫細胞的反應就越強烈。

所以，當生鏽的釘子戳破皮膚並造成無法估量的死亡和毀損時，數以千計的細胞會齊聲尖叫，同時釋放出極大量的恐慌細胞激素。這些細胞激素被轉化為發生了一些可怕的事情，並且需要緊急救援的訊息，警告數以千計的細胞開始移動。但這還不是全部，細胞激素的氣味也可以作為細胞的導航系統。*

---

*　好的，實際上在這裡可以說明的更精確一點。有兩類的細胞激素與這相關：傳遞訊息的細胞激

細胞激素

細胞激素是非常微小且用於傳遞訊息的蛋白質。它們在疾病發展中以及細胞如何做出回應上扮演了重要的角色。在某種層面上,細胞激素可說是免疫細胞的語言。

　　細胞越接近氣味的來源，接收到的細胞激素也就越多。藉由量測周圍空間的細胞激素濃度，細胞可以精確定位出消息的來源，並開始朝那個方向前進。有點類似「聞到」哪裡的氣味最強烈，就將它帶到戰場。

　　要做到這一點，免疫細胞不只有一個鼻子，而是有數百萬個鼻子遍布全身，這數百萬的鼻子在各個方向上覆蓋著細胞膜。

　　為什麼有這麼多的鼻子？有兩個原因：第一，被眾多鼻子覆蓋，讓細胞擁有一個 360° 的嗅覺系統，進而可以非常準確地分辨出細胞激素來自於哪一個方向。這些鼻子非常敏銳，以致對於某些細胞而言，周圍細胞激素訊號濃度不到 1% 的差異（這是描述細胞的某一邊多了 1% 分子的花俏說法），就足以告訴它們該往哪裡去。細胞用這些訊息在空間中定位，然後朝目標移動，永遠跟隨著最大量細胞激素來源的路徑。細胞跨了一步，然後聞一下。接著又邁出一步，再聞一下。直到到達需要去的目的地。

　　擁有數百萬個鼻子的另一個好處是可以防止細胞犯錯。因為免疫細胞又瞎、又聾、又愚蠢，它們沒有辦法提問。免疫細胞不知道接收的訊號是否是真實的，或者是否有被正確地解讀。例如，嗜中性球可能會從已獲勝的戰鬥中，撿起一個遺留下來的細胞激素。錯誤的訊號會浪費資源或分散嗜中性球的注意力。解決這問題的方法是不要只依賴一個鼻子，而是同時依賴許多的鼻子。用一個鼻子聞東

素和趨化介素（chemokines）。趨化介素是細胞分泌的一類小細胞激素。它們名字指的是只「移動化學物質」，這非常貼切，因為它們主要的能力是激勵細胞向某個方向移動。趨化介素不只四處漂浮，有些平民細胞還可以撿起它們並用來「裝飾」自己，以充當免疫細胞的一種導航系統。所以簡單來說，趨化介素是引導或吸引免疫細胞到某處的細胞激素。當免疫學家談論「細胞激素」時，通常指的是可以提供訊息的細胞激素，比如感染中發生了什麼事、哪種病原體入侵了、需要哪種細胞來對抗它。好的等等，這越來越令人感到困惑。趨化介素是細胞激素，但細胞激素的作用又與趨化介素不同？嗯，歡迎來到免疫學的世界，在這裡文字會讓事情變得更難理解。這是我們在本書中解決這個問題的方法：只使用細胞激素這個詞。因為要理解這裡的基本原則，只需要知道一件事：細胞激素是一群多樣化且讓免疫細胞做很多不同事情的訊息蛋白。其中之一就是讓它們移動。

西不會產生任何反應；幾十個鼻子聞到某樣東西會讓免疫細胞輕微地興奮。但是有數百個、甚至數千個鼻子聞到東西，就會極強烈地激怒嗜中性球，並讓它做出驚人的暴力反應！

這個原則非常重要！訊號需要超過特定的臨界點，才能迫使細胞去做事情。這是免疫系統巧妙的調節機制。幾十個細菌引起的小感染，只會導致幾個免疫細胞發出幾個細胞激素，也因此只有少數幾個其他細胞會聞到這些信號。但如果感染規模大、危險性大增，就會發出很多訊號，促使很多細胞做出反應。而且因為周圍瀰漫很多的戰鬥「香水」，細胞就會做出果斷的反應。氣味的強度不僅可以調度更多的細胞提供援助，還確保免疫反應可以自行關閉。在這個戰場上的士兵越是成功，存活下來的敵人就越少，免疫細胞釋放的細胞激素也會越少。隨著時間推移，被徵召到戰場上的援軍也會越來越少。同時，在戰場上的戰鬥細胞也會隨時間自殺身亡。如果事情全都正確地進行，免疫系統就會自行關閉。

在某些情況下，整個系統可能會崩潰並產生可怕的後果。如果細胞激素過多，免疫系統可能失去所有的約束力，變得超級憤怒，並造成超級過度的反應——這會導致**細胞激素風暴**（cytokine storm），這個命名非常恰當。這無非就是即使沒有危險存在，卻有太多免疫細胞釋放了太多的細胞激素。細胞激素風暴的後果很可怕。被啟動的訊號洪流喚醒了全身的免疫細胞，然後可能會使它們釋放更多的細胞激素。發炎大幅地上升，而且不再局限於因感染而發炎的地方。免疫細胞充滿在受影響的器官上，並可能導致嚴重的損壞。全身血管變得易漏，使液體湧入組織和血管系統之外。在最壞的狀況下，血壓會將下降到危急的程度。器官將因無法獲得足夠的氧氣而失能，這可能會致命。幸運的是，在日常生活中不用過度擔心這個；細胞激素風暴只會在身體出現嚴重的錯誤時發生。

不過，我們有點優雅地跳過了一個問題：細胞激素究竟是如何傳遞訊息？而這又代表什麼意義呢？蛋白質如何告訴細胞該做什麼？正如之前所討論的，細胞是被生物化學所引導的蛋白質機器人。生命的化學作用會導致「**路徑**」

（pathways），亦即蛋白質之間交互作用的序列。路徑啟動後會導致行為。就細胞激素（免疫系統的訊息蛋白）而言，這是透過涉及細胞表面稱為**受體**（receptors）的特殊結構之路徑發生的。它們是細胞的鼻子。

　　簡單來說，受體是插在細胞膜上的蛋白質識別器。受體一部分在細胞外，另一部分在細胞內。實際上，細胞的表面大約有一半的面積被無數不同功能的受體覆蓋著──從攝取某些營養物質到與其他細胞交流，或作為各種行為的觸發器。簡而言之，受體是一種讓細胞內部知道外面發生了什麼事的感覺器官。因此，如果受體識別到一個細胞激素，就會觸發細胞內的路徑出現。經過一連串蛋白質的交互作用，最終告知細胞的基因要增加或減少活性。

　　簡單來說，蛋白質會與蛋白質經過幾次的交互作用，直到最終改變了細胞的行為。免疫系統實際上牽涉到的生物化學本身是一場噩夢，所以在這裡將跳過許多細節（即便學習這些很酷，而且你也很有耐心，並且對於很多複雜名稱有極高的耐心和容忍度）。

　　所以在這總結一下重點：細胞上有數百萬個稱為受體的外部鼻子。透過釋放攜帶訊息的細胞激素，細胞的蛋白質會進行交流。當細胞透過受體（鼻子）聞到細胞激素時，會觸發細胞內的路徑改變其基因的表現，以及細胞的行為。所以細胞可以在生命的生物化學指導下，對這些訊息做出反應，無需有意識或有思考的能力。這使細胞能做出非常聰明的事情，即便它們實際上非常愚蠢。有一些細胞激素也兼任導航系統的作用──免疫細胞可以聞到細胞激素來自哪裡，並可以真的跟隨著鼻子的指引抵達戰場。

　　既然我們已經瞭解細胞是如何去感覺環境，那麼在回到戰場前還有最後一個原則對於瞭解免疫系統非常重要，那就是細胞是如何「知道」什麼是細菌的氣味？為什麼細菌聞起來像是細菌？免疫系統是如何識別敵友的？

11 聞一聞生命的基本構成要素
Smelling the Building Blocks of Life

　　我們在本書中最先學到的一件事，就是先天免疫系統可以區分**自己**與**他者**。但是先天免疫系統是如何知道要去攻擊什麼和攻擊誰呢？誰是**自己**、誰是**他者**？更具體來說，士兵細胞如何知道細菌的氣味是什麼？正如之前所討論的，微生物與多細胞動物相比，最大的優勢就是能快速地改變並適應狀況。既然多細胞生物與微生物已競爭了幾億年，為什麼細菌沒有找到可以隱藏自己氣味的方法？答案就在於構成生命的物質結構。

　　地球上所有生命都是由幾種相同的基本分子類型，以不同的方式排列而成的。這些基本分子包括碳水化合物（carbohydrates）、脂質（lipids）、蛋白質和核酸。這些基本分子交互作用並結合在一起，形成地球上所有生命的基本構成要素。我們已對最重要的構成要素——蛋白質，做了相當多的討論。因此為了簡單起見，我們在此將以蛋白質為主，因為它們佔了大部分的構成要素。不過，這並不代表其他的構成要素不重要，但其中的基本原則是相同的；有時候專注在一件事上是很有幫助的。

　　正如之前所說，蛋白質的形狀決定了它可以做什麼、它如何與其他的蛋白質交互作用、可以建構什麼樣的結構，以及可以傳達怎樣的訊息。每一個蛋白質的形狀都有點像是一塊 3D 拼圖塊，可與其他的拼圖塊一起構成完整的拼圖。拼圖塊是用來想像蛋白質形狀的一個好方法，這也同時讓其他的事情變得更清楚：只有特定的形狀，才能與其他某些特定的形狀相結合。若是這樣，就可以讓蛋白質完美而很牢固地結合在一起。蛋白質的形狀有數十億種不同的可能，生命想要

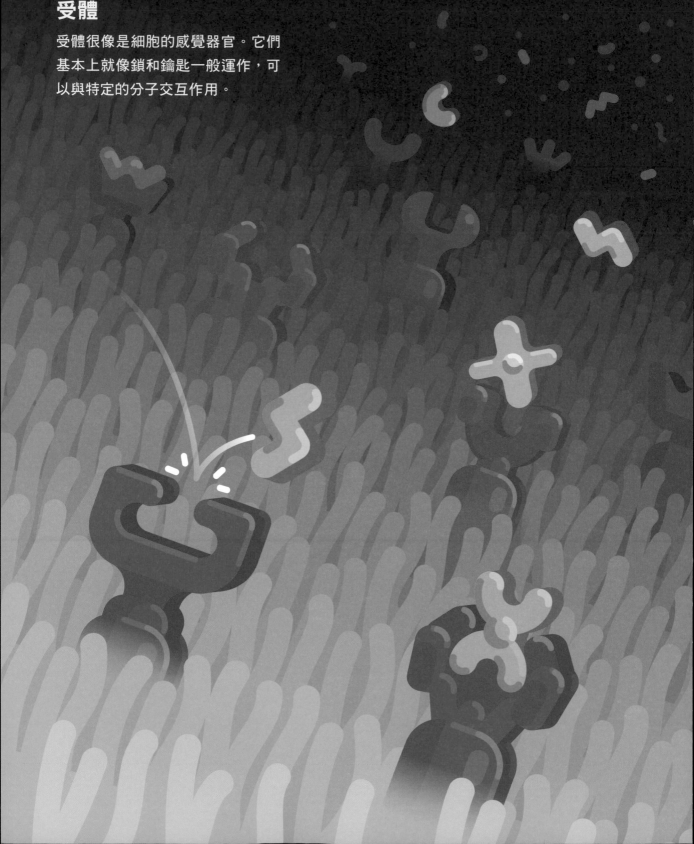

受體

受體很像是細胞的感覺器官。它們基本上就像鎖和鑰匙一般運作，可以與特定的分子交互作用。

建造一個新的生物時——例如，一種細菌，可以有很多的拼圖塊去做選擇。你可以由生命提供的蛋白質拼圖塊組成很多不同種的細菌。但實際上，這種自由仍有一定的限制。

為了某些特定的工作，生命中的蛋白質拼圖塊是無法改變的，而且必須維持著它們的功能。不管細菌有多少的突變（mutate）或者想出了什麼新的、聰明的蛋白質組合——如果想成為細菌，就不得不使用某些蛋白質。例如，你可以製作許多款不同形式和顏色的汽車，但如果最終要做出一輛車，無法迴避的事實就是你必須要使用輪子和螺絲。細菌也是如此。免疫系統便是利用這個事實來識別事物是**自己**還是**他者**。那麼這實際上又是怎麼運作的呢？

鞭毛就是一個很好的例子。鞭毛是某些細菌和微生物用於移動的微型機器。它們附著在細菌的小屁股上，是長長的蛋白質螺懸槳，藉由快速旋轉推動這些微小的生物前進。然而，不是所有的細菌都有鞭毛，但很多都有。在微觀世界中，這是一種可以巧妙地四處移動的方式，尤其是在陳腐的淺水中生活時。至於人體細胞，是完全不使用鞭毛的。[*]

因此，如果免疫細胞辨識出一個具有鞭毛的東西，就知道這東西百分之百是**他者**，必須把它殺死。所以經過了數億年的進化，許多動物的先天免疫系統保存

---

[*] 好的，不，這其實並不正確！精子細胞確實使用長而強大的鞭毛向前推進（但這基本上和細菌鞭毛是不同的結構，而且以不同的方式運作，它們只是有著相同的名稱。因為，嘿，顯然生物學還不夠混亂）。但無論如何，精子是一個很吸引人的例子。想一想，女人的身體為什麼不會將精子細胞視為他者並馬上消滅它們？嗯，實際上確實是如此的！這是你需要大約二億個精子讓一個卵子受精的原因！精子進入陰道後，馬上面臨著必須應付一個惡劣的環境。陰道對於訪客而言是個非常酸和致命的地方，因此精子細胞會盡可能快速地移動以逃離此地。大多數的精子在幾分鐘內會到達子宮頸和子宮。

儘管在這裡，迎接精子的是巨噬細胞和嗜中性球的猛攻，它們殺死了大多數只是試圖完成任務的友好訪客。精子細胞至少有些許能力去對付充滿敵意的免疫系統（想一想精子有點像是特化的病原體）。它們釋放一些分子和物質，去抑制周圍憤怒的免疫細胞，為自己爭取一點時間。實際上，精子可能與排列在子宮內的細胞進行交流，讓它們知道自己是友好訪客，因此可能讓發炎減弱。但在這些交互作用中，讓人驚訝的是仍有相當多尚未完全被理解的事情。無論如何，數百萬個進入體內的精子細胞中，只有幾百個可以進入輸卵管，並有機會讓卵子受精。

了只有像是細菌敵人才會使用的拼圖形狀。免疫細胞已經「知道」（在這沒有更貼切的形容了）某些拼圖塊總是代表著麻煩。當然，免疫細胞其實什麼都不知道，因為它們是愚蠢的。但它們有受體！先天免疫細胞剛好有受體，能識別出組成鞭毛蛋白質的拼圖塊形狀，並令免疫細胞清除它們。

　　構成細菌鞭毛的蛋白質拼圖塊能與免疫士兵上的受體配對。當巨噬細胞受體與合適的細菌蛋白連結時，會發生兩件事：巨噬細胞緊緊地抓住細菌，並觸發細胞內的級聯反應（cascade），讓自己知道已找到應該吞噬的敵人！這種基本機制是先天免疫系統知道誰是敵人的核心機制。

　　鞭毛蛋白並不是免疫士兵能辨識的唯一蛋白質拼圖塊。先天免疫系統雖然只有少數受體，卻可以識別許多種蛋白質。就像細胞激素一樣，這些特殊受體的工作方式有點像感覺器官，像是蛋白質識別機器。這個機制非常簡單：受體本身就是一個特殊的拼圖塊，能與另一個拼圖塊連結——在這裡代表著鞭毛蛋白的形狀。如果可以與巨噬細胞相連結，巨噬細胞就會進入殺人模式。

　　這就是先天免疫細胞識別細菌的方式，即便它們以前從未遇過任何特定的細菌種類。每一種細菌都有一些它們無法擺脫的蛋白質。先天免疫細胞則配備了一組非常特殊的受體，能夠識別敵人身上最常見的拼圖塊：

　　類鐸受體（Toll-Like Receptors）——這個發現的價值讓它獲得了兩次諾貝爾獎。「TOLL」在德語中的意思是「偉大的」或「驚人的」，這個名稱非常適合這極驚人的訊息設備。所有動物的免疫系統都有一些類似類鐸受體的變體，這也讓它成為免疫系統最古老的部分，可能經歷了超過五億年的演化。有些類鐸受體可以識別鞭毛的形狀，其他的則能識別病毒上特定的邊角和縫隙，同樣地，還有一些可以識別危險和混亂的標記，像是自由漂流的 DNA。

　　不管是細菌、病毒、原生動物和真菌無論做什麼，都無法完全躲避這些受體。有的類鐸受體甚至不必直接接觸敵人。正如在本章節開頭所說的，細菌很臭。微生物只要自顧自地活著，就會排出能被免疫細胞受體接收的蛋白質和其他垃圾，

也因此洩露了它們的存在和身分。儘管細菌不這樣做也很好，但卻無法完全避免它。先天免疫系統和細菌一起進化了數億年，已經學會如何嗅探這些特定的細菌拼圖塊。這種機制使得嗜中性求和巨噬細胞能夠偵測到它們，即使不知道是哪種細菌進入了身體。類鐸受體只是辨認出敵人的氣味，並知道需要用頭去撞擊這些敵人。

細胞使用在其表面的感覺受體去識別敵人拼圖塊的原則，叫做**微生物模式識別**（microbial pattern recognition），這在之後對於後天免疫系統將更加重要，基本上使用的是相同的機制，但是是以更巧妙的方式。

好！

原則已解釋的差不多了。有了這些知識，我們可以重新造訪戰場，認識先天免疫系統另一個極其強大而殘酷的武器。即使它對於細胞和細菌而言，都是相當小的武器。

記得先前徒步旅行踩到釘子時，伴隨血液在發炎時淹沒戰場的隱形軍隊是如何出現，並立刻開始殘害和殺死敵人的嗎？嗯，該是瞭解這是什麼的時候了。不幸的是，它背負著免疫學最糟糕的名字——補體系統。

12 隱形殺手軍隊：補體系統
The Invisible Killer Army: The Complement System

　　補體系統是免疫系統中最重要、但你從未聽說過的部分。這很奇怪，因為大部分的免疫系統都會與補體系統相互作用，如果它沒有正常地運作，就會對健康造成巨大而可怕的後果。

　　補體系統是免疫系統中最古老的一部分，因為有證據證明，它是在超過五億年前，在地球上最古老的多細胞動物體內演化來的。在某種層面上，補體系統是所有動物最基本的免疫反應，但卻非常有效。演化不喜歡保留無用的東西，所以補體系統存在了這麼久，卻沒有太大的變化，顯示了它對於生存來說有多麼寶貴。隨著生物體變得更加複雜，補體系統不僅**沒有**遭到替換，反而是免疫系統其他的防禦機制經過微調，讓補體系統變得更加強大。

　　補體系統有很大一部分仍是未知，其中一個原因在於它不是很直觀，而且複雜的程度令人瞠目結舌、讓人頭腦爆炸。就連那些在大學裡需要深入瞭解補體系統的人，對於其中不同的過程和交互作用想要得到一個清晰的概念，都可能會遇到困難。免疫學沒有任何一個部分像補體系統一樣不幸地擁有這麼糟糕又難記的名字。幸運的是，對於不需學習高等免疫學的人而言，完全沒有必要去理解並記住這一切。所以我們將快速瀏覽許多細節，只因為我們可以這麼做，而且生命太短暫了，不應該用在這裡！如果你是那種想知道細節的人，這裡有提供補體系統所有正確名稱和機制的圖表。

　　好的，酷，那什麼是補體系統呢？

　　基本上，補體系統是一支由三十多種不同蛋白質（不是細胞！）組成的軍隊，

補體蛋白質

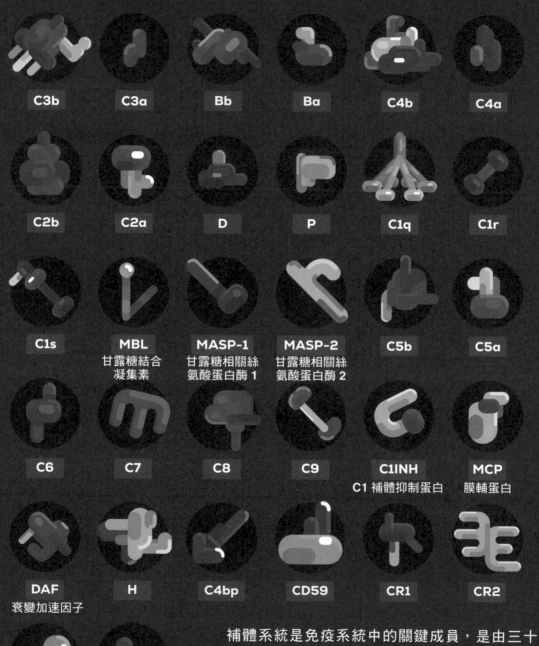

C3b C3a Bb Ba C4b C4a

C2b C2a D P C1q C1r

C1s MBL MASP-1 MASP-2 C5b C5a
甘露糖結合 甘露糖相關絲 甘露糖相關絲
凝集素 氨酸蛋白酶 1 氨酸蛋白酶 2

C6 C7 C8 C9 C1INH MCP
C1 補體抑制蛋白 膜輔蛋白

DAF H C4bp CD59 CR1 CR2
衰變加速因子

CR3 CR4

補體系統是免疫系統中的關鍵成員，是由三十多種不同蛋白質組成的軍隊，共同以一種複雜而優雅的舞蹈來阻止入侵者。簡單來說，補體系統會做三件事──削弱敵人、啟動免疫系統，並將東西撕裂直到它們死去。

它們一起以優雅的舞蹈去阻止陌生人在身體裡享受一段美好的時光。總而言之，大約有**一·五兆**個補體蛋白正飽和地存在於身體的每一種體液中。補體蛋白很微小，而且無處不在。即使是病毒在它們旁邊看起來都相當地大。如果一個細胞有人類那麼大，那麼補體蛋白幾乎不到一個果蠅的卵那麼大。補體的思考和決策能力甚至不如細胞，完全是由化學反應所引導。然而，它們卻能完成各種不同的目標。

簡而言之，補體系統會做三件事：

• 削弱敵人，使它們的生活變得悲慘和無趣。
• 啟動免疫細胞並將它們引導至入侵者存在的地方，以便能殺死敵人。
• 在物體上挖洞，直到它們死去。

但這是怎麼做到的呢？畢竟，它們只是很多無意識的蛋白質，隨機且毫無意志或方向地漂流著。實際上，這是戰略的一部分。補體蛋白是以被動的模式漂流著。它們平常什麼都不做，直到被活化為止。可以將補體蛋白想像為數百萬支堆在一起的火柴。如果一支火柴著火了，就會點燃周圍的火柴，然後點燃更多的火柴，於是突然之間燃起一場大火。

在補體蛋白的世界裡，著火代表補體的形狀會改變。正如之前所說，蛋白質的形狀決定了它能夠和不能夠做什麼、可以與什麼互動以及以什麼方式互動。被動形狀的補體蛋白什麼都不做。然而，在活躍的形狀下，補體蛋白可以改變其他補體蛋白的形狀，並且活化它們。

這種簡單的機制可以引發自我執行的級聯反應。一個蛋白質可以活化另一個蛋白質。這兩個蛋白質接著可以活化四個，然後活化八個，然後活化十六個。很快地，就會有數千個活化的蛋白質。正如之前談到細胞時我們已快速瞭解的，蛋白質移動的速度非常快。所以在數秒內，補體蛋白可以從完全無用轉變為活躍

且勢不可擋的武器，並且爆炸性地蔓延開來。

　　看看這在現實中看起來是什麼樣子。回想一下戰場，來自釘子的傷害造成了巨大的破壞。巨噬細胞和嗜中性球發出了發炎指令，促使血管向戰場釋放液體。這種液體攜帶數以百萬計的補體蛋白，迅速在傷口中飽和。現在只需要點燃第一支火柴。

　　實際上，這代表一個特定而且非常重要的補體蛋白需要改變形狀。它有一個非常無意義的名字「C3」。C3 到底是如何改變它的形狀並活化其他補體，過程非常複雜而無聊，並且在這裡並不重要，所以讓我們假裝它是隨機發生的，純粹是因為機緣。[*],[†]

　　你只需知道，C3 大概是最重要的補體，是第一個需要被點燃、然後啟動級聯反應的火柴。當它發生後，會分解成兩個具不同形狀而且已經活化的較小蛋白質。此時第一支火柴被點燃了！

　　C3 的其中一部分，非常有創意地被稱為 C3b，就像一個導引彈。它只有幾分之一秒的時間來找到受害者，否則就會被中和並自我關閉。如果它確實找到了目標，比如說一個細菌，它就會將自己緊緊地錨定在細菌表面，絕不放手。這樣一來，C3b 蛋白再次改變形狀，而這賦予它新的威力和能力（某方面來說，補體蛋白就像迷你的蛋白變形金剛）。C3b 能以新的形狀去抓住其他補體蛋白，改變它們的形狀，並跟它們融合。經過幾個步驟之後，C3b 已將自己變成一個招募平台。

　　這個平台是啟動更多 C3 補體蛋白的專家，可以重新開始整套循環。一個放大的循環開始了。C3 補體蛋白的活化週期和新形狀不斷地再被活化。越來越多

---

[*]　補體隨機地被活化，純屬好運，這實際上是它發生的一種方式。還有其他更複雜的補體活化方式，但請自己去看一下精美的圖表吧！

[†]　另外，即使周圍沒有敵人，這種隨機的活化也會發生嗎？的確如此！細胞對於自己的補體系統有防禦機制，防止隨機的補體蛋白意外攻擊自己。

替代路徑

C3

C3a

C3b

B

Ba

P

C3 轉化酶

細菌細胞壁

1. C3 一分為二,成為蛋白質 C3a 和 C3b。

2. C3a 的蛋白大量流走,並警告免疫細胞。

3. C3b 緊緊錨定在細菌上。

4. C3b 現在可以抓取其他補體蛋白並改變其形狀。

5. 經過一些步驟,C3b 已變成 C3 招募平台。

6. 這個平台可以活化更多 C3 蛋白,而且這個循環不斷地持續著。

7. 幾秒鐘內,成千的補體蛋白覆蓋著細菌。

新活化的 C3b 附著在細菌上，創建新的招募平台，並活化更多的 C3。在第一個補體蛋白活化的幾秒鐘內，成千上萬的蛋白質覆蓋了整個細菌。

對於細菌來說，這是非常糟糕的。想像你在做自己的事，度過了一天。突然間有數十萬隻蒼蠅，不約而同地從頭到腳覆蓋著你的全身。這將是一次可怕的經歷，而且無法只是忽略它的存在。對於細菌來說，這個過程能夠削弱它，並讓它殘廢，使它變得無助而且大幅減慢速度。

不只如此——還記得 C3 斷開的另一個部分嗎？它叫做 C3a，有何不可？我想。它就像是一個求救的燈塔，類似我們在兩章之前討論過的細胞激素。這是一個訊息，一個警報訊號。數以千計的 C3a 從戰場上湧出，尖叫著去引起注意。被動的免疫細胞，像是巨噬細胞或嗜中性球開始聞到 C3a，用特殊的受體撿起它們，然後從睡眠中醒來，跟隨蛋白質的軌跡到達被感染的部位。免疫細胞遇到的警報補體蛋白越活躍，攻擊性就越大，因為活躍的補體總是代表有不好的事情觸動了它們。C3a 補體的蹤跡將細胞準確地引導到最需要它們的地方。在這種情況下，補體正好與細胞激素的作用相同，但是是被動形成的，不像細胞激素那樣是由細胞產生的。

到目前為止，補體已經減緩了入侵者的速度（C3b 蒼蠅覆蓋在細菌的皮膚上）並尋求幫助（C3a 求救訊號）。現在補體系統開始主動幫忙擊殺敵人。如同之前所討論的，這裡的士兵細胞是吞噬細胞，可以將敵人整個吞下。但是要吞噬敵人，需要先抓住它。這並不像我們說的那麼容易，因為細菌不喜歡被抓住，會試圖溜走。

即使細菌不奮力嘗試著不被殺死，大概也會遇到一個物理問題：細胞和細菌的膜都帶著負電荷——正如我們從玩磁鐵中學到的，同樣的電性會互相排斥。這裡的電荷沒有那麼強，是吞噬細胞可以克服的，但確實會使免疫細胞更難抓住細菌。

可是！

先天免疫系統 101：

物理阻隔　　巨噬細胞　　嗜中性球　　補體

1. 邊界牆（皮膚）被破壞。

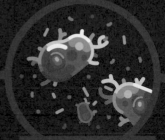

2. 巨噬細胞進行吞噬和殺害。

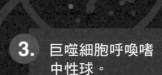

3. 巨噬細胞呼喚嗜中性球。

4. 免疫細胞下令發炎。

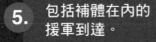

5. 包括補體在內的援軍到達。

6. 補體標記、傷害和殺戮。

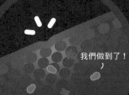

我們做到了！

7. 入侵者被擊敗。

補體是帶正電荷的。所以當補體蛋白將自己固定在細菌上，它們就像一種強力膠。或者更貼切的形容是，補體像是一個小把手，能讓免疫細胞更容易牢牢抓住受害者。被補體覆蓋的細菌很容易就成為士兵免疫細胞的獵物，而且在某種程度上，更加地美味！這個過程被稱為**調理作用**（opsonization），它來自一個古希臘詞，意思是「美味的配菜」。意指敵人經過調理之後會變得更美味。

但還有更精彩的。再一次想像你被蒼蠅覆蓋。現在想像一下蒼蠅在轉眼之間變成了黃蜂。另一個級聯反應即將展開，而且這將是致命的。細菌表面的 C3 招募平台再次變身，並開始活化另一群補體蛋白。它們共同開始建造一座更大的結構：一個**膜攻擊複合體**（membrane attack complex），我保證，這是補體系統中唯一的好名詞。新的補體蛋白一塊接著一塊，像長矛一樣深深錨定在細菌表面，無法輕易被移除。它們伸展和擠壓，直到撕開一個裂口，一個無法再次關閉的裂口。這是一個真實的傷口。液體湧入細菌中，使其內部溢出，然後細菌很快地死去。

雖然補體讓細菌不太開心，但補體實際上最能有效對抗的敵人就是病毒。病毒有個問題，它們是微小的漂浮物，需要從一個細胞漫遊到另一個細胞。在細胞外，病毒基本上希望可以隨機碰到正確的細胞，然後純屬偶然地感染它。這也讓病毒在漂流時幾乎沒有任何防禦能力。在這裡，補體可以攔截並削弱病毒，使它們變得無害。如果沒有補體，病毒感染會更加致命。稍後會更詳細地介紹病毒。

回到釘子造成的傷口，數百萬的補體蛋白已傷害或殺死了數百個細菌，使得嗜中性球和巨噬細胞可以更容易去清理它們。補體蛋白發現可以附著的細菌越少，被活化的補體也就越少。所以，補體作用再次緩慢下來。當周圍沒有敵人時，補體又變回被動的隱形武器。補體系統是個很好的例子，用以說明許多無意識的事物在一起，可以共同做出聰明的事情。還有，免疫系統不同防禦層級之間相互合作的重要性。

好。就原始殘酷的戰鬥力而言，我們已經瞭解身體最重要的士兵，也瞭解了

一些讓它們繼續前進並發揮作用的核心原則。在繼續下去之前，先簡要地總結一下，到目前為止我們對於先天免疫系統的瞭解。

身體被包裹在一個極難穿越又可以巧妙地自我修復的邊界牆中，而這面牆非常有效地保護著你。如果它遭到破壞，先天免疫系統會立即做出反應。首先是黑犀牛——巨噬細胞，吞噬整個敵人的巨大細胞，會出現並造成死亡。如果它們感覺到有太多的敵人，就會使用細胞激素——訊息蛋白，來呼喚擁有機關槍的黑猩猩嗜中性球——免疫系統的瘋狂自殺戰士。嗜中性球的壽命不長，而且它們的戰鬥對身體有害，因為它們會殺死平民細胞。這兩種細胞會引起發炎，將液體和支援帶到感染的部位，讓戰場腫脹起來。其中一個後援是補體蛋白，這支軍隊是由數百萬個被動支援免疫細胞的微小蛋白質組成。它們在戰鬥中幫助標記、附著、傷害和清除敵人。這些強大的團隊加總在一起，足以應付絕大多數的小傷口和你所遇到的感染。

但是，如果這一切還不夠呢？畢竟，我們只是假設這所有都是可行的。可悲的現實是，很多時候事實並非如此。細菌不是任人宰割的，而且還發展了許多策略去隱藏或避開免疫的第一道防線。如果感染沒有得到遏制和消除，小傷口也可以是死刑。

所以讓我們將戰況升級。

13 情報員細胞：樹突細胞
Cell Intelligence: The Dendritic Cell

在生鏽釘子所造成的傷口裡，事情開始變得無法收拾。儘管巨噬細胞和嗜中性球勇敢地戰鬥了幾個小時，並殺死了數十萬個敵人，仍然無法將感染全數消除。侵入傷口的不同種細菌當中，除了一種以外，其他確實被傷害、屠殺和吞食了。但那種特別的細菌並不覺得防禦機制有什麼了不起，因而進行頑固的抵抗。[*]

受感染傷口中的土壤病原菌會採取防禦機制，迅速繁殖並取得了真正的立足點。它們取用了原本給予平民細胞的資源滋養自己，並開始隨地大小便，釋放出化學物質造成傷害或殺死細胞，包括平民細胞和捍衛細胞。隨著血液湧入的第一波液體中含有的補體蛋白已被大量消耗，有越來越多戰鬥了數小時和數天的免疫細胞開始放棄，並因疲憊而死亡。

雖然新鮮的嗜中性球仍然不斷地到來，但它們魯莽地戰鬥卻越來越成為負擔。它們要求更多的發炎，以振興補體的抵抗，但也讓越來越多的組織腫脹起來。附帶的損害正在迅速增加。此時，越來越多的平民細胞因為免疫系統的作用而死亡，數目甚至勝過因細菌的行動而死的。四面八方的死亡數迅速地上升，

---

* 嘿，你知道什麼可能是很有趣的嗎？來舉一個細菌如何抵抗免疫防禦機制的例子如何？比如，許多病原菌其實不太在乎補體系統。雖然補體對大多數細菌來說可能超級致命，但真正的病原體對這些愚蠢的小蛋白質卻一笑置之，自顧自地在身體裡做自己的事，小心地避開補體。一個非常吸引人的例子是**克雷伯氏肺炎桿菌**（Klebsiella Pneumoniae），這種病原體會導致一些可怕的事情，包括像是肺炎。它透過將自身隱藏在一個稱為莢膜的黏糊糊構造後面，可以迴避整個補體系統。莢膜實際上就是一種細菌產生的黏稠糖衣，可以覆蓋著能被免疫系統識別的分子。簡單而有效，就像是細菌的除臭劑。

而且毫無止盡。

　　而現在，在人類的規模上，你真正開始留意它了。你有點惱火地完成了徒步旅行，回到家洗了個澡，在傷口上貼上繃帶。但是第二天，走路時還是有一點不舒服。腳趾明顯地腫脹，而且是紅色的，還可以感覺到它在跳動。即使不施加壓力，腳趾也會疼痛。當你檢查並捏擠它，結痂的傷口爆裂開來，一滴黃色的膿液滲了出來。

　　在被感染後的一兩天內，這種氣味奇怪的物質會從傷口中溢出來。膿是數百萬為了你戰鬥而死的嗜中性球屍體，混雜著被撕裂的平民細胞殘骸、死去的敵人和使用過的抗菌物質。當然，這有一點點噁心，但也證明了免疫系統無私且努力的細胞如何為了生命而戰，直到以死亡告終。沒有嗜中性球的犧牲，感染可能已經蔓延開來。入侵者或許會進入血流中，進而有進入整個身體的機會，那將是非常非常糟糕的。

　　但希望還在。雖然戰鬥一直激烈地進行著，但先天免疫系統的情報單位一直在背後默默完成它的工作——樹突細胞正在前來的路上。

　　長期以來，樹突細胞並沒有真正受到重視。看一看它們就可以理解，它們看起來就很荒謬。大大的細胞擁有海星般四處擺動的長臂，不斷地喝水和嘔吐。但事實證明，樹突細胞擁有整個免疫系統中最重要的兩個工作：辨識出什麼樣的敵人正在感染你，是一種細菌、病毒或寄生蟲？還有，做出決定去啟動下一階段的防禦機制，即後天免疫細胞。如果先天免疫系統有被抑制的可能危險，就需要使用重量級的特化武器。

　　樹突細胞是非常謹慎而放鬆的前哨細胞。它們坐落在幾乎任何部位的皮膚和黏膜下面，也存在於所有的免疫基地，你的淋巴結之中。它們的工作就只有要喝醉。樹突細胞就像一個鑑賞家，細心品味著流動在細胞間的體液。某種程度上，樹突細胞將體液視為獨家品酒活動中昂貴的葡萄酒。小酌一口，讓體液在想像的嘴裡移動，以全面瞭解它所有不同的味道和成分，然後再將它吐出。平常的每一

樹突細胞

樹突細胞是細心的體液鑑賞家，以它軟軟的手
臂不斷地吞嚥然後吐出周圍的液體。只要品嚐
到病毒或細菌成分的味道、死亡平民細胞的成
分或警報細胞激素，就會立即停止嘔吐，並開
始吞嚥和儲存樣品。接著它會離開戰場，進入
淋巴系統去啟動後天免疫系統。

天，樹突細胞會吞入並吐出自己體積數倍的液體。

　　樹突細胞總是在尋找一些非常特定的味道——細菌或病毒的味道、垂死平民細胞的味道，或者戰鬥免疫細胞釋放的警告細胞激素。當它啜飲一口並認出其中任何一種味道時，就知道危險已經存在，便會進入更積極的採樣模式。現在樹突細胞停止嘔吐並開始吞嚥。樹突細胞只有有限的時間來採樣，因此決定好好運用每一秒鐘。就像巨噬細胞一樣，它開始吞噬作用，抓住並吞下任何在戰場上漂流的垃圾或敵人。但它與巨噬細胞有一個主要的差別——樹突細胞不會試圖消化任何敵人。樹突細胞同樣會將敵人分解成碎片，但這樣做是為了收集樣本並辨識敵人。樹突細胞不只能夠分辨敵人，例如細菌，還可以區分不同種類的細菌，並知道需要使用什麼樣的防禦機制來對付它們。

　　在被感染的腳趾上，樹突細胞在幾個小時內做了這些事情——它稍微地四處漂浮，盡可能地吞下自身長而怪異的觸手所抓到的樣品。它收集、分析和儲存所有可以取得的各種化學物質和敵人屍體。經過幾個小時之後，它的內部計時器停止。樹突細胞突然停止採樣。它已經擁有一切需要的訊息，而且因為戰鬥聞起來仍然非常活躍而猛烈，它開始移動起來。樹突細胞啟程離開戰場——它的目的地是偉大的聚集地，有數百萬個潛在的夥伴在情報中心等待著。

　　一旦樹突細胞在路上，它就像是一個在特定時間點上戰況的即時快拍。它是一個活生生的訊息載體，會將採樣時感染部位發生的事情傳遞出去。稍後我們將會瞭解更多。但簡單來說，樹突細胞為後天免疫系統提供了**整體情勢**。如果在運輸途中繼續採樣，可能會導致兩個問題：在戰場上收集的樣本會被旅途中採集的樣品給稀釋，使得危險程度不如快拍中那麼明顯。其次，如果細胞在戰場外採樣，它可能會拾取身體中的無害物質並意外引起自體免疫疾病。但是，現在你並不需要瞭解這是如何或者為什麼會發生。我們之後將會討論這些可怕而迷人的疾病。

　　無論如何，戰場的快拍，活的訊息載體，需要被送至淋巴結。要到達那裡，

樹突細胞必須進入免疫系統的高速公路——**淋巴系統**。這是一個很棒的機會，讓你瞭解身體偉大的內部管道！

14 高速公路和超級城市
Superhighways and Megacities

再回頭想一下肉體大陸,以細胞的角度來看人類龐大的規模。對於一個細胞而言,你是一座巨大的肉山,是珠穆朗瑪峰高度的十幾倍。然而,你不只是堆疊整齊的肉體,而是被組織成許多不同的國家,去執行多樣化的工作。除了是可以傳輸大腦思路國家的命令和指令的高壓電線網絡,還有胃的酸海和腸道聯合國,可以將原始資源處理並轉化成整齊的包裝食品,然後藉由充滿液體與送貨泳者的海洋散發到四處。

所有的系統和國家中,都有免疫系統的超級城市和高速公路網絡——**淋巴系統**。它在教科書中並沒有得到很多的關注,因為它的用途不像有血管的心臟,或有電路的大腦那樣清楚和明顯,也不像肝臟一樣具有巨大的中央器官,而是擁有數百個微小的器官。但就像心血管系統一樣,它有廣闊蔓延的管路網絡和自身特殊的液體。如果沒有淋巴系統,我們就會像沒有心臟一樣地死亡。讓我們快速探索一下。

淋巴管網絡長達數英里,並且遍布在整個身體。它很像是血管和血液的一種夥伴系統。血液的主要工作是將氧氣等資源運送到身體的每一個細胞。要做到這一點,一部分血液實際上需要離開血管,流入組織和器官中,將貨物直接輸送到細胞(如果思考一下,就會知道這完全合理,但還是會覺得有點奇怪)。接著,大部分的血液會被血管重新吸收,但其中有部分的液體仍會留在細胞間的組織中,並且必需被輸送回循環系統。淋巴系統就是負責這項工作。它會不斷地排出身體和組織中多餘的液體,並將這些液體輸送回血液。在那裡,這些液體可以再

淋巴系統

免疫系統有自己的高速公路
系統和數百個基地。

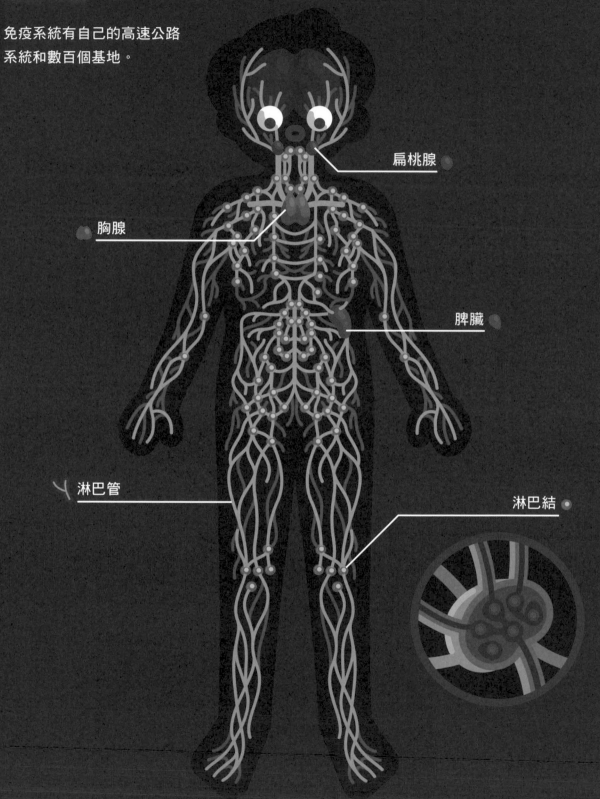

扁桃腺

胸腺

脾臟

淋巴管

淋巴結

次進入血液循環中——如果沒有這樣，隨著時間推移，你會像氣球一樣膨脹。

　　淋巴系統是從一個緊密而複雜的毛細管網絡開始，遍布在組織中。這些管路的體積龐大但不規則。它們像一系列的單向閥——水可以從組織中進入但不能倒流，只有單一方向。小淋巴管逐步合併成大的淋巴管，然後繼續合併成更大的淋巴管。由於淋巴系統沒有真正的心臟，水流速度非常緩慢。如果一個細胞有人類那麼大，血液就像是湍急的溪流，移動速度比音速快上好幾倍。相反地，在淋巴管流動就像是悠閒地乘坐觀光遊輪，一點也不趕時間。

　　心臟每一天把接近二千加侖（大約九公升）的血液打出並輸送到身體各處，而淋巴系統只從組織中將大約三夸脫（大約二‧八公升）的體液運送到血液中。這種緩慢的動作是透過負壓和圍繞在淋巴管絡周圍一層非常薄的肌肉完成的。可以把它想像成一個延展開來、像幫浦一樣並且非常薄的假心臟，覆蓋著整個身體，每四到六分鐘只跳動一次。*

　　淋巴系統運輸的液體稱為**淋巴液**（lymph）。如果你覺得血液有點噁心，那你也不會喜歡淋巴液。它大部分的時候是清晰的，但在某些地方，比如腸道區域，它可能是黃白色而且看起來像是過期的噁心牛奶。它會呈現這種顏色是因為它不只是運輸水分，同時也是廢物管理系統和警報系統。當淋巴系統排除細胞之間多餘的液體時，也會吸收各種碎屑和垃圾——受損和被破壞的身體細胞、死的或甚至有時是活的細菌或其他入侵者，以及各種化學信號和在四周遊蕩的東西。

　　這一點對於被感染的你尤其重要，因為淋巴液在戰場四周擷取了漂浮的化學物質樣本，並將它們直接運送到淋巴結——免疫系統的情報中心，進而在那裡進行過濾和分析。†

---

* 雖然「跳動」不是個好的描述方式，因為這些「跳動」並非同步——更像是一千管的牙膏，各自被擠到你身上。

† 這很有趣也很奇怪，所以不得不提一下，淋巴系統也是脂肪的運輸系統。它會吸收腸道周圍食物的脂肪，並將脂肪傾倒到血流中，等待進一步的分發。

　　但是，雖然淋巴液攜帶了許多不同的東西，它最重要的工作可能是充當免疫細胞的高速公路。生命中的每一秒，數十億的淋巴球穿梭在淋巴液中找尋著工作。這些工作是被分配在免疫系統的超級城市中，而淋巴液必須通過這些城市才能再次成為血液的一部分——豆子形狀的**淋巴結**超級城市是免疫系統的器官。大約有六百多個淋巴結遍布於全身。

　　淋巴結大多數分布在腸道周圍，或在腋窩、頸部和頭部的區域，腹股溝附近也有。現在可以嘗試觸摸它們一下。將頭小心地往後仰，仔細感受存在下巴角落下方柔軟區域的淋巴結。若是它們太小而無法感覺到，當你喉嚨痛或感冒時，就絕對可以感覺到這些腫脹而且感覺奇怪的硬塊。淋巴結超級城市就像巨大的約會平台，是後天免疫系統與先天免疫系統火熱約會的地方。或者是更好的，淋巴結像是後天免疫細胞尋找理想伴侶的地方。經過一天放鬆的旅程，移動中的樹突細胞會從戰場上來到這裡。

旁白：脾臟和扁桃腺
——超級淋巴結好朋友

　　淋巴系統的基礎設施中，有一個特別的小器官儘管非常重要，卻是大多數人沒有真正意識到的部分——**脾臟**像是某種大淋巴結，大約是一顆桃子大小，但形狀像是一顆豆子。脾臟和淋巴結一樣，是個過濾器，但規模更大一些。在一方面，脾臟將身體裡 90% 生命已經結束的老血球細胞加以過濾並且回收。但更重要的是，脾臟儲存了大約一杯份量的緊急儲備血液，如果發生了不好的事情讓身體亟需使用一些額外的血液，這個儲備是非常寶貴的。這還不是全部。25 至 30% 的紅血球細胞和 25% 的血小板（還記得嗎？可以閉合傷口的細胞碎片）被存放在此，以備不時之需。

　　但脾臟不僅是受傷時的緊急儲血器，也是士兵細胞的聚集中心，是有如軍營

的存在。這是另一種之前尚未提到（儘管它在割傷過程中確實提供了協助）的免疫細胞——單核球（monocytes）的家。單核球基本上是可以轉化為巨噬細胞和樹突狀細胞的後援細胞。有一半的單核球現在正在血液中巡邏，它們是在心血管系統中漂浮的最大單細胞。如果受傷和感染消耗並殺死了大量的巨噬細胞，單核球就會作為後備支援。一旦進入感染部位，它們不再是單核球，而是會轉化為新鮮的巨噬細胞。如此一來，即使在激烈的戰鬥中失去大量的巨噬細胞，你仍然會有源源不絕的新巨噬細胞。

另一半的單核球位於脾臟中，作為儲備用的緊急部隊。雖然單核球很容易被視為巨噬細胞的替代品，但有另外一類的單核球具有更專業的工作——像是作為發炎的超級充電器，或在心臟病發作時被召喚去幫助心臟組織進行自我癒合。

除了充當警急儲備庫和軍營之外，脾臟真的只是一個過濾血液的巨大淋巴結（而不是過濾淋巴液，就像一般的淋巴結那樣），執行所有淋巴結應該做的事情。所以當我們更詳細討論淋巴結的功能時，請記住，脾臟做同樣的事情，只是換成血液！

人們常常失去脾臟，像是在交通事故中軀幹下方遭受強烈撞擊時，會造成這小器官的嚴重破裂，因而必須將它移除。令人驚訝地，這並不像想像中的那麼致命。其他像是肝臟、一般的淋巴結和骨髓等器官，可以接管脾臟大部分的工作。大約 30% 的人碰巧有第二個很小的脾臟。如果他們的第一個脾臟被移除，小脾臟就會長大並接管第一個脾臟的工作。

但失去脾臟並不是什麼好事。你可能已經想到了，體內大多數器官的存在都有其原因。失去脾臟的病人通常更容易感染某些疾病，像是肺炎。在最壞的情況下，這可能是致命的。因此，雖然失去這個微小而奇怪的器官並沒有被判處死刑，但如果可以的話，請盡量保留它！

人們只知道**扁桃腺**是在喉嚨後面的奇怪塊狀物，而且在某些時候需要透過手術將孩童的扁桃腺切除。但扁桃腺其實不只是一個令人討厭的無用組織。扁桃腺

就像是嘴巴裡面免疫系統的知識中心。我們將在本書中瞭解的許多不同免疫細胞在這裡如何維持你的健康。為了提供樣品給免疫細胞，扁桃腺有很深的山谷，小塊食物可能會卡在裡面。微皺折細胞（Microfold Cells）這種很好奇的細胞，會從嘴中抓取各種東西，並將其拉入組織深處。在那裡，這些東西會被呈現給其餘的免疫細胞進行檢驗。

基本上，這有兩種很實用的用途——在年幼時，可以訓練免疫系統去辨識吃進的哪些食物種類是無害的，不應對它們作出對抗反應。還有，如果找到入侵者的話，可以生產出武器來對付它們。我們將在本書其餘部分詳細解說這些機制，所以不用在此涉入太深。如果扁桃腺太過積極和過度努力工作，可能會造成長期發炎而腫脹，並導致各種不愉快的症狀。有時候必需要用手術將扁桃腺切除，但這取決於實際的狀況。如果患者年齡超過七歲並擁有強大的免疫系統，這通常不會是什麼大問題。簡而言之，關於扁桃腺你真正需要知道的是——它們是免疫基地，可以積極地將進入身體的東西進行採樣。*

好，是該回到戰場的時候了！讓我們暫時保持神祕一下。後天免疫系統開始緩緩地甦醒，像是個在日出前被母親喚醒的少年，邊伸展邊呻吟著，慢慢地從床上滑下來，並凝聚力量。

而被感染的部位，迫切地需要扁桃腺的存在。

---

* 　在扁桃腺被完整理解之前，遭受感染時將它移除是很常見的標準程序，有時甚至是一種預防措施。現在如果要將它們移除會經過更審慎的評估，因為它們確實是有功能的。仔細想想這真是太神奇了，人類多麼輕易就同意移除一個活器官，只因為它們很煩人而且沒那麼有用。

15 超級武器的到來
The Arrival of the Superweapons

　　回到生鏽釘子的戰場。第一個武裝的樹枝狀傳訊者幾天前就已經帶著快拍和訊息離開，在細胞的時間尺度裡這就像是永恆。先天免疫系統的士兵一直在與猛力侵入組織的土壤病原細菌戰鬥。到目前為止，它們一定已經殺死了數以百萬計的細菌。樹突細胞一遍又一遍地將細菌擊退，卻導致讓細菌擴散到更多周圍組織去，再組以新部隊進行攻擊。戰場一片混亂，到處都是死去的平民和士兵細胞、由嗜中性球設置的 NETS（你知道的，就是那些看起來像網狀的自殺陷阱）、細菌的毒素和糞便、警報信號，以及被消耗的補體蛋白。死亡無所不在。數以百萬計的免疫細胞奮戰而死。總之，最終先天免疫系統可能還是會贏得這場戰鬥，但這可能還需要數週的時間，而且距離最終的勝利還有一段距離，因為免疫系統仍然有可能會被打敗而入侵者將深入肉體巨人，導致更多的混亂和破壞。

　　在看似沒完沒了的戰爭中，一個疲憊的巨噬細胞被搞得精疲力竭。它在戰場上緩緩移動，尋找要殺死的細菌。但它快要不行了。這一個巨噬細胞真的非常疲憊。它現在想做的就是停止戰鬥和放棄，擁抱死亡的甜蜜之吻，然後永遠沉睡。它即將如此做，卻注意到了一些事。數以千計的新細胞抵達了戰場，迅速擴散開來。但這些不是士兵。

　　這些是輔助 T 細胞（Helper T cells）！

　　為了因應這場特殊的戰鬥，這些來自後天免疫系統的專業細胞特地組成軍隊，它們的存在只是為了打擊帶給士兵細胞大麻煩的特殊土壤細菌！其中一個輔助 T 細胞四處移動，嗅探並熟悉環境。它似乎沉靜了片刻，然後直接向疲倦的

巨噬細胞移動，並用特殊的細胞激素傳達它的訊息，講了一些悄悄話。突然，一股能量貫穿巨噬細胞臃腫的身體。一瞬間，它的精神又回來了，變得精力充沛。但還有別的，它變得炙熱而憤怒。巨噬細胞知道它需要做什麼了：立即殺滅細菌！它振奮地撲向敵人，將敵人撕成碎片。在整個戰場上這漸次地發生，輔助 T 細胞向疲憊的士兵低聲耳語了一些魔咒，激勵它們重新振作，並比之前更暴力地再次與細菌戰鬥。

還不止這樣。奇怪的事情正在發生。另一支微小軍隊——這次是由後天免疫系統直接打造的——也加入了戰鬥行列。數以萬計，淹沒了戰場，衝向敵人。專業抗體部隊已經到達！雖然它們像補體一樣是由蛋白質製成的，抗體卻大不相同。

如果補體像是用棍棒和爪子戰鬥的戰士，抗體就像是帶著狙擊步槍的刺客。在這種情況下，抗體的目的是殘害和解除目前存在於感染部位中某種特定類型的細菌的武裝。這下它們逃不掉了。隱藏在細胞後面或嘗試逃跑的細菌會被成千上萬的抗體淹沒並附著，身體開始抽搐。更糟的是，許多細菌黏在一起，更難以移動或逃跑。

在抗體的幫助下，士兵突然可以更清楚地看到細菌。它們現在看起來比以前好吃多了，因為細菌已經被調理（opsonized）過了。

補體系統現在看起來似乎也比之前更加猛烈，再次展開攻擊，並在受害者身上挖洞。幾天以來，看似絕望和殘酷的戰鬥現在很快變成了單方面進行的屠殺。病原細菌無法對抗免疫系統協調整合的策略，一步一步毫不留情地遭到根除和消滅。

在某個時刻，最後一個恐慌的細菌會被一度疲憊不堪的巨噬細胞整個吞噬。戰鬥勝利了。現在 T 細胞的細胞激素耳語慢慢消退，巨噬細胞又開始感到疲倦。它周圍的士兵，主要是勇敢戰鬥的嗜中性球，也相繼開始自殺。它們知道自己的存在已非必要，再下去的話會弊大於利。新鮮年輕的巨噬細胞將它們的屍骸清理

超級武器的到來

當後天免疫系統到達戰場，
入侵者很快遭到清除。

嗜中性球 NET

被激怒的巨噬細胞

輔助 T 細胞

被調理過和聚集
在一起的病原體

抗體

乾淨，並成為新的守護者。

　　接下來的首要任務是幫助平民細胞治癒傷口。巨噬細胞透過散播鼓勵的訊息，激勵平民細胞進行重建。大多數的輔助 T 細胞加入受到調控的集體自殺，有些則留在先前受感染的地方並安頓下來，保護組織免受未來的攻擊。

　　發炎開始消退、血管再次收縮，至於多餘的液體透過淋巴管離開現在的戰場。腫脹的組織慢慢收縮到原來的狀態。受損的組織已經開始再生，年輕的平民細胞取代了犧牲先烈的位置。再生正在進行中。

　　回到人類規模上，在不幸遇到生鏽釘子的幾天後，你醒來發現腳趾好多了。腫脹已經消失，傷口已經重生，除了一個淡紅色的標記外，沒有任何其他的東西。一切照常。傷口癒合了，沒什麼大不了的。你完全沒有意識到細胞必須處理的戲劇性事件。對你來說，整個磨難是一點輕微的煩惱，但對於數百萬細胞來說，這是一場攸關生死的危機戰。它們盡職盡責，獻出生命來保護你。

　　這裡發生了什麼？來自後天免疫系統的援助，如何大規模且決定性地改變了戰鬥的局勢、徹底消滅了細菌？雖然你確實不想抱怨，但免疫系統為什麼花了這麼久的時間才達成任務？

16 宇宙最大的圖書館
The Largest Library in the Universe

後天免疫系統的出現，讓絕望的戰鬥變成了一場殘酷而血腥的屠殺，摧毀了入侵的細菌。但這絕不是一場巧合。細菌從來就沒有機會，因為支援細胞和抗體的誕生就是專門為了對抗它們。現在，後天免疫系統擁有對付宇宙中所有可能敵人的特定武器。它們會針對過去曾經存在過的每一次感染、現在世界上所有的病原菌，甚至目前還不存在、但未來有可能會出現的病原菌，就像是宇宙中最大的圖書館。

等等。什麼？這是如何做到的？為什麼？好的，因為這是必要的。

與肉體巨人相比，微生物有著巨大的優勢。想一想，你需要付出多少力氣才能複製一個自己和其中數兆個細胞。要繁殖，首先需要找到另一個覺得你很可愛的肉體巨人。然後兩人需要一起跳一支複雜的舞蹈，希望這樣能讓來自你們彼此的兩個細胞相互融合。

然後還需要再等待好幾個月，讓融合的細胞一遍又一遍地增生，直到變成幾兆個細胞。接著，它會被釋放到這個世界上，理想上是個健康的人類。即便如此，你實際上只生產了一個脆弱的小人兒。在他變得有用之前，還需要經過許多年的關注和照顧。這個後代還需要更多年才能重複那個舞蹈，並且再次繁殖。對於適應任何新問題，演化都是以非常低的效率和緩慢的方式進行的。

一個細菌由一個細胞組成。而且它可以在大約半小時內就產生另一個完全成熟的細菌。與你相比，這不僅代表細菌可以以指數級更快地繁殖，還代表它可以以指數級更快地改變。對於細菌來說，你不是一個人，而是一個施加篩選壓力

的惡劣生態系統。免疫系統可以消滅成千上萬的細菌,但有時候在純粹偶然的機會下,會有一個細菌能夠適應這些防禦機制而成為病原體——像是先前在戰鬥中能引起疾病的微生物。更糟糕的是,即使在持續感染的情況下,入侵者的遺傳密碼也會發生變化,讓殺死它們更加困難。細菌有很多特性,但脆弱不是其中之一——多年來,最危險的細菌已演化出巧妙避開防禦機制的方法。如果有機會的話,它們還會更加精進。所以要對抗來自微生物世界的強大敵人,身為一座巨大細胞山的你,根本無法只依靠先天的防禦機制。

因此,為了在數億種千變萬化的敵人中生存下來,你要有能夠**適應**(adapt)新入侵者的東西。某些**特定**的東西,即為每一個不同的敵人準備一個特定武器。奇怪的是,免疫系統真的就是這樣。但這看起來不太可能。緩慢的肉體大陸如何能夠適應,並為數百萬種不同微生物中的任何一個,甚至包含那些還不存在的微生物,創造出特定的防禦武器呢?

答案既簡單又令人費解:免疫系統並不是適應新的入侵者,而是在你出生時就已經先適應好了。它預備了數億種不同的免疫細胞——為這個宇宙中你可能遇到的每一種可能的威脅準備了幾個免疫細胞。現在你體內至少有一個細胞,是針對黑死病、任何變種的流行性感冒、冠狀病毒和百年後火星上一座城市將會出現的第一個病原菌的特定武器。你已經為這個宇宙中每一種可能的微生物做好了準備。

你即將學到的可能是免疫系統最令人震驚的一面。我們將花費幾個章節,不僅介紹讓你生存的驚人原則,還有最好的防禦細胞以及像是抗體這些經常在媒體上看到的東西,尤其是在新冠狀病毒爆發之後。

17 烹飪美味受體的食譜
Cooking Tasty Receptor Recipes

要瞭解後天免疫細胞如何能辨識宇宙中每一個可能的敵人，讓我們回到第十一章：「聞一聞生命的基本構成要素。」稍微恢復一下記憶，因為在那裡學到的原則對於理解接下來的部分相當重要。

正如之前所討論的，地球上所有生物都是由相同的基本成分所組成，但是是以蛋白質為主。蛋白質可以有無數種不同形狀，可以將它想像為 3D 拼圖塊。要識別細菌並抓住它，免疫細胞需要連接到細菌上的蛋白質拼圖塊。

先天免疫系統能夠以先前討論過，稱為**類鐸受體**的特殊受體，與某些敵人共同使用的蛋白質拼圖塊結合，以此辨識其身份。但這在一定程度上限制了先天免疫系統，因為它只能識別可與類鐸受體連結的細菌，不多也不少。

雖然微生物不能完全避免使用一些常見的蛋白質，但仍有大量其他的蛋白質可以作為建築材料。在免疫學的術語中，一個可被免疫系統辨識的蛋白質片段稱為**抗原**。而有數億種可能的**抗原**是無法被先天免疫系統辨識的，並且透過演化的魔力，未來總是會有新的抗原被創造出來。抗原是一個與這本書剩餘部分非常相關且重要的概念。所以最後再強調一次讓你更容易記住：**抗原是敵人可以被免疫系統辨識的部分。**

世界上有數億種潛在的抗原，以及數億種不同的潛在蛋白質。後天免疫系統為了這個問題提供了一個巧妙的解決方法。現在在你的身體裡，至少有一個免疫細胞，它所擁有的某種**受體**，可以識別宇宙中存在的數百萬種不同抗原中的一種。讓我們重複一遍：**對於宇宙中可能存在的每一種抗原，如今在你體內有潛力**

可以識別它。

　　沉思一下。這是個很容易遭到忽略，而且沒有被給予適當欽佩的事實。多麼奇怪的策略，更奇怪的是它竟然有用。

　　但請稍等一下。正如早些時候所討論的，受體是由蛋白質製成，基因則是建構一種蛋白質的密碼。如果宇宙中有數十億種不同形狀的潛在蛋白質，就會有幾十億個不同的受體，那麼你會有幾十億個屬於免疫細胞受體的基因嗎？嗯，不。人類基因組只有大約二萬到二萬五千個蛋白質編碼基因。等一下。如果遺傳密碼這麼少，如何能得到種類繁多的受體呢？而且更有趣的是，這二萬到二萬五千個含有蛋白質編碼的基因，大部分都在做其他與免疫系統無關的事——像是製造維持細胞生命的蛋白質。為了形成宇宙中已知的最大圖書館，演化只提供了免疫系統少量的基因片段，甚至不是整個基因，就只是片段而已。這怎麼可能？答案是：這些片段可以任意地混合和搭配，創造出驚人的多樣性。讓我們試著瞭解這為什麼可行。

　　想像一下，你是宇宙中最夢幻晚宴的廚師。有幾億個可能的客人。這些客人非常挑剔又煩人。每個人的晚餐都需要一份獨一無二和特定的食譜。如果不如所願，他們會生氣並試著殺了你。更難的是，你不知道哪些客人會提前來到晚宴。所以需要你的發揮創造力。

　　你翻遍了廚房，總共只找到八十三種不同的食材，分為三類：蔬菜、肉類和碳水化合物。如果你現在感到很迷惘，這些食材代表著基因片段！但無論如何，你決定開始混合食材來創造不同的食譜。

　　首先，有五十種不同的蔬菜——番茄、櫛瓜、洋蔥、胡椒、胡蘿蔔、茄子、青花椰菜等。你選擇了其中一種。接著繼續選擇肉類，這很簡單，因為只有六個選項——牛肉、豬肉、雞肉、羊肉、鮪魚或螃蟹。你選擇了其中之一。最後，你從二十七種不同的碳水化合物中選擇一種——米飯、義大利麵、薯條、麵包、烤馬鈴薯等。有三種不同類別的食材，而且每個類別都有著許多選項，可以得到

像這樣的食譜：

番茄、雞肉、米飯

番茄、雞肉、薯條

番茄、雞肉、麵包

櫛瓜、牛肉、義大利麵

櫛瓜、雞肉、義大利麵

櫛瓜、羊肉、水管麵

洋蔥、豬肉、烤馬鈴薯

洋蔥、鮪魚、薯條

洋蔥、豬肉、薯條

等等

以此類推。你明白的。總而言之，只是從八十三種不同的食材，透過各種可能的排列組合，就可以得到八千二百六十二獨特的主菜食譜！這很多，但不足以為每一位可能出現的潛在客人提供一份獨特的主菜！

因此，你決定添加一道甜點。再次重複同樣的事情，這次的成分比較少，但適用同樣的原則：

巧克力、肉桂、櫻桃

焦糖、肉桂、櫻桃

棉花糖、肉荳蔻、草莓

等等

依此類推，直到透過不同甜食和香料的排列組合，又獲得另外四百三十三

種甜點！你可以將甜點與主菜隨機搭配以獲得更多不一樣的組合。因此，將八千二百六十二種主菜與四百三十三種甜點相乘，你為客人提供了三百五十七萬七千四百四十六種獨特的晚餐組合！既然已擁有數百萬的菜餚，你決定放肆一下，以它們做為晚宴的基底。你隨機添加或刪除部分的食材，例如對於某些食譜，減掉半個洋蔥，而對其他食譜，多加一個番茄。每一個可能的動作都會讓不同可能的菜餚數量爆增。最終產生的其中一個食譜可能如下：

主菜：番茄、雞肉、米飯、半個洋蔥
甜點：棉花糖、胡椒、草莓和四分之一個香蕉

經過一整天的烹飪和隨機的組合或減去食材，至少可以得到**數十億**份獨特的套餐，這就足以應付那一億個可能的晚餐客人。他們大多口味奇特。但目標只是為複雜的客人提供多樣性的套餐，美味與否則不是重點。

原則上，這就是後天免疫細胞利用基因片段做的事情。基因片段被擷取並隨機組合，然後再次重覆，接著隨機抽取或加入部分，以創造十億個不同的受體。有三組不同的基因片段，從每一組中隨機選擇一個片段並將它們放在一起，這是主菜。然後再次這樣做，但甜點的片段少一些。完成後，接著隨機刪除或添加部分。這樣，後天免疫細胞至少會產生幾十億個**獨特的受體**。

每一個獨特的受體都搭配一位可能前來晚宴的客人，這代表著可能侵入身體的**微生物抗原**。所以經過受到控制的基因重組，免疫系統已準備好對付敵人所能製造的每一種潛在抗原。但有一個問題——以這巧妙的方式創造出如此驚人的種類，讓後天免疫細胞對身體極為危險。因為，是什麼阻止了它們發展出能識別出**自己人**，即你自己身體部分的受體呢？嗯，是它們所接受的教育。

最後讓我們來談談一個你從未聽過、但卻最重要的器官。

18 胸腺謀殺大學
The Murder University of the Thymus

夫上學或上大學可能相當不愉快而煩人的。有課表、考試和表現良好的壓力、其他同學，以及需要早起。而這一切發生在你十幾歲這個人類生命週期中最糟糕的階段。理想上，在這個階段，你要從一個青少年轉變成一個有用的人。

但與後天免疫細胞必須從**胸腺謀殺大學**（the Murder University of the Thymus）畢業相較，人類的學校是輕鬆無害甚至可笑的。胸腺對於生存而言相當重要，而且在某種程度上，它將決定你會在什麼年紀死去，所以你可能會認為它應該與肝臟、肺或心臟一樣廣為人知。但奇怪的是，大多數的人甚至不知道自己有這個器官。也許是因為它還滿醜的。

胸腺是由一些沒有吸引力而且無趣的組織組合而成，看起來有點像從中間縫在一起的兩塊老雞胸肉。儘管它很醜陋，卻是最重要的免疫細胞大學之一（其他還包括了訓練 B 細胞的骨髓，但在這裡先暫時忽略它，因為稍後會有介紹它的章節）。你擁有的一些最強大、最關鍵的後天免疫細胞——**T 細胞**（T cell），就是在這裡接受教育和訓練。*

雖然我們還沒開始探索 T 細胞所有的特質，但在其中一種 T 細胞快速來到戰場加入戰鬥的時候，我們曾短暫與它相遇。它們可以做各種各樣的事情，從協調其他的免疫細胞到成為對抗病毒的超級武器，還有殺死癌細胞等等。之後我

---

* T 細胞的名字實際上來自於胸腺，因為它們是在這裡上學的！想一下，這其實是一個奇怪的命名法。想像你被稱為「NW Human」，而你的姐姐叫做「B Human」，只因為你去上西北大學，而姐姐去上布朗大學。

們將對這個神奇的細胞以及它所做的所有令人興奮的事情做更詳細的討論，現在只需記住——沒有 T 細胞，你就死定了。它們可能是你擁有的後天免疫細胞中最重要的一個。但在它們可以為你奮戰之前，需要通過在胸腺中極危險的課程。在這裡考試不及格不代表成績不好。在這裡，失敗意味著死亡。

只有最優秀的學生才能避免這種命運。正如在上一章所討論的：**後天免疫系統利用混合基因片段，產生了驚人數量的不同種受體。這些受體可以與宇宙中每一種可能的蛋白質（在此稱為抗原）做連結。這代表每一個個別的 T 細胞天生具有一種特定的受體，能夠識別一種特定的抗原**。但是這有個嚴重的缺陷——擁有這麼多不同的受體，保證了有大量的 T 細胞所帶有的受體會和自己細胞的蛋白質相連結。這不是理論上的危險，而是會造成非常真實和嚴重的疾病的原因，目前有數百萬人正因自體免疫疾病而受苦。

例如，假設有個 **T 細胞受體**（T cell receptor）可以連結到皮膚細胞表面的一個蛋白質，它不會瞭解這是和朋友做連結，而只會試圖將皮膚細胞給殺死。或者更糟糕的，因為人體內有相當多的皮膚細胞，它會認為一場大規模的攻擊正在進行，而且敵人無處不在。這會提醒免疫系統其餘的部分進入攻擊模式，進而引起發炎和各種混亂。更糟糕的是，這也可能影響心臟細胞或神經細胞，導致更危急的狀況。

至少有 7% 的美國人患有自體免疫疾病，稍後會更詳細瞭解這些疾病。簡單來說，自體免疫疾病是後天免疫系統誤認自己的細胞為敵人，是**他者**。要說這對於生存來說是個嚴重的危險因子，一點也不誇張。

可以想像，身體非常重視這個問題，因此想出了胸腺謀殺大學來解決這問題。在新生的 T 細胞誕生後，就會被送到大學裡接受訓練。這其中有三個步驟，或者更好的說法是，有三個測試：

第一個測試基本上只是確保 T 細胞有能力製造有用的 T 細胞受體。如果是在一般的學校，這會是老師檢查學生是否有攜帶所有筆記本和指定的閱讀材

料——差別只是如果忘記帶什麼，學生不會被送回家，而是臉部會挨上一槍。[*]

通過測試的 T 細胞具有一個實用的受體。它們到目前為止都做得很好！第二個測試稱為**正向選汰**（Positive selection）——在此，教師細胞檢查 T 細胞是否非常擅長識別需要與它共事的細胞上的受體。想像這部分是老師在檢查學生的鋼筆是否充滿墨水，以及作業本是否完好無損。同樣地，死亡是對第二次測試失敗的懲罰。

在克服了前兩個障礙後，最後一個、也是最重要的測試為**陰性選汰**（Negative selection），正等待著 T 細胞學生。這可能是最艱難的考驗。期末考題很簡單，即 T 細胞能辨認出**自我**嗎？受體可以連結到體內（也就是形成你的蛋白質，你）主要的蛋白質嗎？唯一可接受的答案是「不，完全不可以」。

因此在期末考試中，各種身體細胞使用的蛋白質組合會被提供到 T 細胞面前進行檢視。順帶一提，這種情況發生的方式非常迷人——胸腺中的教師細胞具有特殊許可去製造各種特殊的蛋白質，通常這些蛋白質只會在心臟、胰臟或肝臟等器官中被製造出來，或是胰島素的激素。這樣它們就可以向 T 細胞展示所有被標記為「**自己人**」的蛋白質種類。如果 T 細胞能夠辨識這些自體蛋白質的任何一個，就會立刻被拖到後面往頭部射殺。[†]

總而言之，進入大學的一百名學生中將有九十八人無法完成訓練，並會在畢業之前遭到殺害。大約一千萬到兩千萬個 T 細胞則會離開胸腺，這代表僅有的 2%的成功倖存者。這些倖存者非常多樣化，以致最終至少有一個 T 細胞基本上可識別宇宙丟給你的任何一種可能的敵人。[‡]

---

[*]　好，實際上，沒有 T 細胞在胸腺中被殺死。更正確的說，它們實際上是被教師告知要自殺。所以是被賜死。但，嘿，這就只是一種說法。

[†]　有個可以拯救那些表現最差學生的小例外，之後我們會更加瞭解它。簡單來說，就是一個有點擅長識別「自己人」的 T 細胞，可以轉化成一種稱為調節 T 細胞（Regulatory T cell）的特殊細胞。它的目的是使免疫系統平靜下來，並預防自體免疫。稍後會詳細介紹這個細胞。

[‡]　想知道所有死去的學生會發生什麼事嗎？胸腺中有很多巨噬細胞，它們的工作就是吃掉所有沒

胸腺

胸腺是每個 T 細胞都必須通過的謀殺大
學。不只是為了讓父母感到驕傲，也是
為了存活下來。

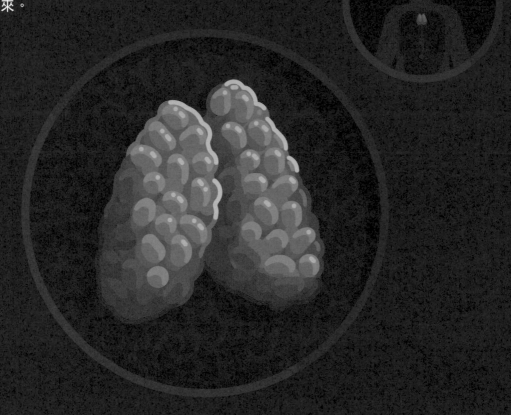

T 細胞的訓練

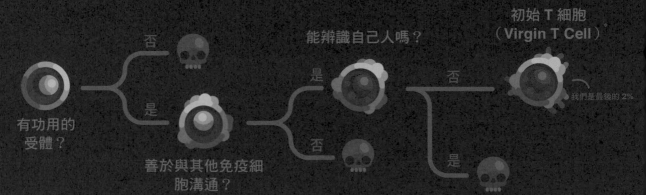

能辨識自己人嗎？

初始 T 細胞
（Virgin T Cell）*

否

是

否

我們是最後的 2%

有功用的
受體？

是

否

是

善於與其他免疫細
胞溝通？

* 又稱為 naïve T cell，是沒有遇過抗原、尚未活化的 T 細胞。

不幸的是，謀殺大學已經關閉這所有的過程。胸腺基本上在你還是個小孩的時候就開始萎縮和枯萎。一旦進入青春期，這個過程就會加快。你活著的每一年，會有越來越多的胸腺細胞變成脂肪細胞，或成為一文不值的組織。大學關閉了更多部門，並隨著年齡的增長變得更糟。在你八十五歲左右，T 細胞大學永久關閉了大門。如果活著和健康是你喜歡的概念，這個事實其實滿可怕的。身體內還有其他地方可以訓練 T 細胞，但從現在起在大多數的情況下，免疫系統會比之前更受局限。因為一旦胸腺消失，你就只能利用到目前為止受過訓練的 T 細胞。失去免疫細胞大學是老年人變虛弱並比年輕人更容易受到感染和得到癌症的最重要原因。為什麼呢？嗯，問題在於只要我們不再生小孩了，大自然就不再關心我們了。因此，也就沒有演化上的真正壓力，敦促我們保留老年人。[*]

好。所以在前面的兩個章節中，我們瞭解到後天免疫系統擁有宇宙中最大的圖書館。我們瞭解到 T 細胞在出生後，會重新排列挑選的基因片段，從而產生數十億種不同的受體（每個 T 細胞只攜帶一種受體類型）。而所有這些不同的 T 細胞，每個都擁有自己獨特的受體，能夠識別宇宙中所有可能的抗原。為了確保後天免疫細胞不會意外地辨識和攻擊自己的身體，這些 T 細胞都要經過嚴格的訓練，而且只有很少數能夠倖存。但最終你會有一些免疫細胞，去對付每個可能感染你的敵人。

好的，這全都聽起來很棒。但是，當然就像生活中的一切一樣，還有一些小問題。

通過測試的倒霉鬼。

[*] 在一些延長壽命組織的努力下，比較有希望的是尋找延緩胸腺組織萎縮、甚至再生的方法。在本書寫作的同時，已有一個成功的研究號稱可以在志願者身上成功進行胸腺再生——儘管只有很小的樣本數，而且結果還需要經過重複和更多的研究和參與者的驗證。但如果在閱讀本書時你還相當年輕，到你退休的年紀時，很可能會有藥物或治療讓胸腺再生！

19 在金盤子上呈現訊息：
抗原呈現

Presenting Information on a Gold Platter:
Antigen Presentation

正如在簡單的腳趾感染事件中所見，在面對全面入侵時只有少量的免疫細胞並不是很有用。你需要數十萬甚至是數百萬的免疫細胞，才能有效對抗強大的敵人。雖然後天免疫系統有數十億種不同的細胞，而每個細胞都有一個受體可以辨識每一個可能的敵人。但另一方面來說，同樣具有某一種獨特受體的細胞可能只有十到十幾個。

想一想，這是有道理的。如果對於數億種不同的潛在病原體的任一種，你都有數百萬個免疫細胞，你將會由千萬億個免疫細胞組成，別無其他。一方面，你可能永遠不會生病，因為你已做好充分的準備。但是話又說回來，你只會是一灘黏液。獨自生存是很無聊的，所以大自然找到了一種更好、更優雅的方法來解決這個難題。

當感染發生時，免疫系統會決定需要哪種特定的防禦機制，以及需要的數量。後天免疫系統與先天免疫系統合作，一起尋找那少數幾個擁有受體可以辨識特定入侵者的細胞，並在龐大身體的十億細胞中將它們定位，然後迅速生產更多的這種細胞。

這種方法不僅讓你只需要幾個細胞就足以應付每個可能的敵人，還能確保免疫系統不會過度生產武器和浪費資源——這很好，因為免疫系統已經是一個相當耗能的系統。它是怎麼做到的呢？就是透過準備**呈現**（presentation）。

　　後天免疫系統並不會做出任何該與誰戰鬥，以及何時要活化的真正決定。這是先天免疫系統的工作——這也是樹突細胞這個大而怪異，並擁有許多章魚狀手臂可以採集樣本的細胞，開始發揮作用的時候。當一個感染發生時，它將一些敵人的抗原覆蓋在自己身上，試圖找到具有特定受體因此能識別其中一種抗原的輔助T細胞。這正是樹突細胞非常重要的原因。沒有樹突細胞，就沒有第二道防線，腳趾感染的戰爭也就不會有後期的**轉變**。[*]

　　在感染的最初幾個小時，樹突細胞在戰場採集樣品，並收集關於敵人的訊息，這是用美化的方式去描述「樹突細胞吞下敵人並將它們分解成碎片」或**抗原**。樹突細胞是一種**抗原呈現細胞**（antigen presenting cell），這是用比較複雜的方式去述說「將自己包覆在敵人的內臟中」。樹突細胞真的會將病原體分解成抗原大小的碎片，並將它們包裝在細胞膜的特殊裝置上。在人類的規模上，這代表殺死一名敵方的士兵，然後用他的肌肉、器官和骨骼碎片覆蓋自己，方便其他人可以檢驗它們。這非常殘酷，但對於細胞來說，是極有效率又平凡的一個工作天。

　　樹突細胞被敵人的內臟覆蓋著，然後穿過淋巴系統**將它們呈現給後天免疫系統，或者更準確地說，給輔助 T 細胞**。

　　所有的抗原呈現細胞都有一個共同點——具有一個和類鐸受體一樣重要又極特殊的分子，因此值得討論，即使它有免疫學中最糟糕的名稱：**第二型主要組織相容性複體**（Major Histocompatibility Complex class II），或簡稱 **MHC II 類分子**（MHC class II），稍微好一點點但沒有差太多。

　　我們可以把 MHC II 類受體想像成一個**夾熱狗的麵包**，可以夾一根美味的**熱**

---

[*]　讓我們利用這一刻將另一件事情解說清楚：細胞是愚蠢的。樹突細胞是愚蠢的。沒有人會在這裡做出任何決定或有意識的分析。在這裡描述的事情實際上是偶然發生的。免疫系統的神奇之處在於它已經演化出將這些看似沒什麼機會發生的事提高到一個程度，成為真實而合適的保護機制！在接下來的章節中，將更詳細探討它是如何運作的。

抗原呈現或「熱狗」

1. 細菌被捕獲並經由吞噬作用被吞噬。

2. 細菌被撕成稱為抗原的小碎片。
（熱狗故事中的熱狗）

3. 抗原現在裝載在 MHC II 類分子上。
（熱狗故事中的麵包）

4. MHC II 類分子現在可以移動到細胞表面，然後將抗原呈現給輔助 T 細胞。

1.

2.

抗原

3.

MHC II 類

4.

MHC II 類分子：
夾熱狗的麵包

抗原：熱狗

樹突細胞

狗。這比喻中的熱狗是抗原。MHC 夾熱狗麵包的分子之所以如此重要，是因為它代表了另一種安全機制，亦即另一層的控制。

正如之前簡要提到，也是接下來幾章會詳細討論的，後天免疫系統的細胞非常強大，因此必須不惜一切代價避免它們意外地活化——所以在活化它們之前，必須滿足一些特殊要求。其中一個就是 MHC II 類受體，夾熱狗的麵包。

輔助 T 細胞只能辨認呈現在 MHC II 類分子上的抗原。或者換句話說，它們只吃夾在麵包中的熱狗。可以將輔助 T 細胞視為非常挑食的人——根本永遠不會想去觸碰並吃下一個獨自漂流的香腸。不，先生，那樣很噁心！只有當熱狗夾在麵包中，美好地呈現出來時，輔助 T 細胞才會考慮吃它。

這樣可以確保輔助 T 細胞不會意外地被血液或淋巴液中撿拾到的自由漂浮抗原給活化，而是需要抗原呈現細胞把抗原呈現在 MHC II 類分子上。只有這樣，輔助 T 細胞才能確認危險真實存在，並且應該被活化！

好的，這很奇怪！如果你還是覺得這違反了直覺也沒關係。讓我們再重複一次，但這一次跟隨生鏽釘子故事中的樹突細胞，看看這個過程中是如何運作的。

所以回到戰場，士兵們正在進行一場史詩級的戰鬥。樹突細胞將包括敵人在內、周圍漂浮的一切事物進行採樣並吞噬。如果它們抓住了細菌，就會將它撕成小碎片，即抗原（熱狗），然後將它們放入覆蓋在外的 MHC II 類分子（夾熱狗的麵包）中。現在，樹突細胞被敵人屍體的小碎片和感染部位的碎屑所覆蓋。

然後樹突細胞會穿越淋巴系統抵達最近的淋巴結，尋找輔助 T 細胞。記得在淋巴結超級城市的那些特殊約會區嗎？來自戰場的樹突細胞，與在身體四處移動的輔助 T 細胞相遇並找到愛情的地方？好吧，讓我們來參與這場約會。

樹突細胞，被裝在 MHC II 類分子（夾熱狗的麵包）呈現的抗原（熱狗）所覆蓋，穿梭在一個 T 細胞到另一個 T 細胞之間。它們將被抗原覆蓋的身體與 T 細胞互相摩擦，看看是否會產生什麼反應。當一個輔助 T 細胞剛好具有正確的 T 細胞受體，即具有正確的形狀去識別 MHC II 類分子中的抗原，就會與之連結。

就像兩個拼圖塊，咔嗒響亮的一聲，完美地結合在一起。

這是非常激動人心的時刻。樹突細胞竟然真的找到數十億輔助 T 細胞當中最合適的一個！但這**仍然**不足以活化輔助 T 細胞。它們還需要第二個信號，由這兩個細胞上的另一組受體來傳遞。

如果你願意的話，可以把第二個信號想成來自樹突細胞溫柔的親吻。這是另一個確認信號，明確傳達出「這是真的，你真的正確地被活化了！」為什麼在這裡提到它是這麼重要？因為這是另一種安全機制，可以防止輔助 T 細胞意外地被活化——在此，當代表先天免疫系統的樹突細胞被真正的危險給活化了，代表後天免疫系統的輔助 T 細胞才能被活化。

最後一次總結一下，因為這些內容真的很重要，也真的很難——要活化後天免疫系統，樹突細胞需要殺死敵人並將它們撕成稱為抗原的碎片，可以將它想像為熱狗。這些抗原被放入稱為 **MHC II 類分子**的特殊分子中，可以把它想像成夾熱狗的麵包。

在另一端，輔助 T 細胞重新排列基因片段，進而創造一個能連結到某一種特定抗原（特定熱狗）的特定受體。樹突細胞正在尋找正確的輔助 T 細胞，能將它特定的受體與抗原結合。

如果找到可以匹配的 T 細胞，兩個細胞會相互聯鎖在一起。但是接下來需要第二個信號，就像是在臉頰上輕輕鼓勵的一吻，告訴 T 細胞一切正常，而且來自被呈現的抗原信號是真實的。也只有如此，輔助 T 細胞才可以被活化。

好的，呼，哇。太複雜了吧？

這種極其複雜的舞蹈真是必要的嗎？為什麼有這些額外的舞步？好吧，再次重申——後天免疫系統的資源是如此密集而強大。直接來說，這對自己很危險，免疫系統**真的**需要確保它絕對不會意外地被活化。

但其實免疫系統不需要任何東西，因為它沒有意識——更有可能的是，那些後天免疫系統很容易被活化的動物並沒有存活下來。

後天免疫系統的活化還有一個方面非常有趣。在某種意義上，在這裡發生的是先天免疫系統將有關感染的訊息，傳遞給後天免疫系統。

之前，我們將樹突細胞稱為「活著的訊息載體」。藉由在戰場進行採樣，並將樣本收集在受體上，樹突細胞瞬間成為戰場活生生的快拍。一旦樹突細胞離開戰場，它將停止採樣並且被鎖住。

到達淋巴結之後，在內部計時器的時間用盡並進行自殺（如同許多其他的免疫細胞一樣）之前，樹突細胞有大約一週的時間需找到要被活化的 T 細胞。當樹突細胞這樣做時，會移除從身體戰場上得到的舊訊息。這種訊息的移除，是免疫系統用來調控自身的另一種機制。在某種層面上，樹突細胞就像是送報童，將帶有突發新聞的報紙帶給後天免疫系統。

透過每隔幾個小時發送一次新的快拍或報紙，並在最終刪除它們，免疫系統會收集並持續提供關於戰場的最新訊息。定期地刪除舊訊息可以確保免疫系統不會對這些訊息產生反應，而做出錯誤的決定。今天報紙的即時新聞可能帶來有用的訊息，但昨天的報紙則是廢紙，只能用來包魚。

隨著感染的消退，樹突細胞不再有新的快拍發送給後天免疫系統。舊的訊息逐漸消失，沒有新的 T 細胞被活化。這是我們將反覆遇到的一個關鍵原則——免疫系統需要不斷被戰場上發送的即時消息刺激才能保持活化，然後在一段時間後自行將訊息刪除。因此，免疫系統可以使用適量而必要的精力。

在繼續之前，這裡有一個非常有趣的事實——負責 MHC 分子的基因是人類基因庫中最多樣化的，導致人與人之間的 MHC 分子種類繁多。人與人之間眾多差異之中，為什麼每一個人的 MHC 分子如此獨特？

嗯，在呈現來自不同敵人的抗原時，不同類型的 MHC 能力有好有壞。比如說，某一種 MHC 可能特別擅長呈現一種特定的病毒抗原，而另一種 MHC 可能很擅長呈現一種細菌抗原。對於人類這物種來說，這是非常有益的，它讓單一病原體很難消滅我們。

　　例如，當黑死病在中世紀肆虐歐洲時，有些人的 MHC II 分子天生擅長呈現引發瘟疫的**鼠疫桿菌抗原**。這些人在疾病中的存活機會比較高，因而確保人類這物種得以倖存下來。

　　這對於我們集體的存活相當重要，以至於演化可能已經將這當成擇偶的一個重要因素。用人類的話來說——與自己擁有不同 MHC 分子的潛在伴侶更具吸引力！好，等等，什麼？你怎麼可能會知道？嗯，你其實可以聞到差異！MHC 分子的形狀確實影響身體分泌的一些特殊分子——我們可以下意識地從其他人的體味中接收到——所以，可以透過個人的氣味傳達自己擁有的免疫系統類型！

　　在德語中甚至有個流行的說法：「Jemanden gut riechen kön nen」，其實是「可以輕易聞出某個人的味道」，意指「直覺上喜歡某個人」。氣味這東西是真的！除了在直覺上的感覺是對的之外，還有大量研究顯示，各種動物——包括人類——更喜歡具有不同 MHC 分子的配偶所散發的氣味。如果一個潛在的伴侶具有不同的免疫系統，我們會覺得他或她聞起來更加性感。這種額外的吸引力也是一種避免近親繁殖的機制，讓親兄弟姐妹聞起來沒有性吸引力。這是有道理的——透過不同基因的結合，創造多樣化的免疫系統，可以大幅提高擁有健康後代的機會。所以下次當你擁抱伴侶時要知道，他們的免疫系統可能是讓你覺得他們很有吸引力的原因！

　　瞭解這一切之後，終於來到看看免疫系統超級武器行動的時候了。

20 喚醒後天免疫系統：T 細胞
Awakening the Adaptive Immune System: T Cells

　　後天免疫系統的甦醒，通常始於淋巴結的約會池中。在那裡，表面被夾熱狗的麵包所覆蓋的樹突細胞，試圖找到合適的 T 細胞。比起我們已密切瞭解的巨噬細胞或嗜中性球，T 細胞有更多不同的工作。舉例來說，有許多種類別的 T 細胞，包括：輔助 T 細胞、殺手細胞 T[*]（Killer T cells）和調節 T 細胞。針對每一種可能的感染，每一種 T 細胞都可以更進一步分化成不同的子類。[†]

　　T 細胞不會讓人感到印象深刻。它們是一般大小，而且看起來並沒有很特別。但它們對於生存來說絕對是不可或缺的。患有遺傳缺陷、接受化療或患有愛滋病等疾病的人，會因為沒有足夠 T 細胞，死於感染和癌症的機率非常高。遺憾的是，即使現代醫學可以提供最好的藥物，還是無法保住這些缺乏 T 細胞患者的生命。因為正如稍後將瞭解到的，T 細胞是免疫系統的協調者。它們協調其

---

* 又稱為毒殺型 T 細胞（cytotoxic T cell）。

† 如果你玩過《龍與地下城》，可能遇到過相同的分類原則。在塑造你的角色時，可以選擇不同的職業，例如：戰士、法師或牧師。但這些類別又可以細分成更多的子類。例如，戰士又可以分為專精的騎士、戰鬥大師或勝利者（以此類推，還有更多的種類）。每一個子類仍是一種戰士，所以會用近距離的戰鬥武器來攻擊敵人的頭。但他們也各有不同的專長，可以在不同的情況下更強大。所以在不需要創造全新的類別下，這些子類提供了更多的多樣性和選擇給身為玩家的你。

這正是免疫系統的行為模式。基本上，大多數的免疫細胞都有一些子類，每一個分別具有許多不同的工作和專業，而科學家還經常發現新的子類。對我們來說，沒有必要瞭解每個從 Th1 到 Th17 的子類。這太複雜了，而且通常彼此的差異非常微小，就像使用劍的騎士和使用長矛的勇士一樣。最終，兩個子類都用鋒利的東西刺殺怪物，直到它們停止移動。只在特定的子類具有足夠的重要性時，我們才會提及它們。

T 細胞的職業生涯

前 T 細胞

胸腺訓練

初始 T 細胞

調節 T 細胞

經由 MHC II 活化　　經由 MHC I 活化

輔助 T 細胞

殺手 T 細胞

感染結束

組織常駐記憶 T 細胞

效應 T 細胞

中央記憶 T 細胞

他的免疫細胞，並直接活化你體內最強大的武器。

　　T 細胞是在骨髓當中開始它們生命的旅行者。在那裡，它們重組基因片段製造出獨特的 T 細胞受體，然後前往胸腺謀殺大學接受教育。如果 T 細胞在學習的過程中存活下來，就會透過淋巴管超級城市網絡尋找完全合適的抗原，並獲得來自樹突細胞的鼓勵之吻，因此被活化。

　　對於這原則真的有效，你可能還是認為有一點瘋狂。畢竟樹突細胞攜帶特定的抗原、準確找到具有特定敵人受體的正確 T 細胞的機率有多高？隨機從百萬片拼圖塊中抽取一塊，再從數十億個細胞中找到一個帶有完美配對的拼圖塊，機率有多高？

　　一方面，過程中並不是只有一個樹突細胞。在感染過程中，至少有數十個樹突細胞會啟程。除此之外，這個系統也受到快速旅行的幫助。T 細胞每一天穿越整個淋巴高速公路一次──想像一下，這在人類規模上代表著什麼意義？每一天，你需要從紐約開車到洛杉磯，沿途停靠數百個城鎮和休息站，詢問是否有人特別地在找你。這就是 T 細胞做的事。因此，T 細胞要能夠遇到完全正確的樹突細胞、帶著可以與它的受體配對的抗原，機會還滿高的。當這次相遇發生時，T 細胞被活化，地獄之門就會隨之大開。

　　我們現在將只討論**輔助 T 細胞**，以維持這一切的美好和簡單，稍後會更深入地瞭解各類的 T 細胞。我們之前已經討論過輔助 T 細胞，但現在要得到更完整的概念。

　　回想一下之前的感染。大約在樹突細胞離開戰場後一天，數以百萬計的嗜中性球和巨噬細胞正在戲劇性地戰鬥和死去。此時，在一個淋巴結中可能只有一個活化的輔助 T 細胞。這是後天免疫系統目前的狀況，但因為某個原因，輔助 T 細胞現在需要接手來處理狀況。

　　輔助 T 細胞如果想要幫助抵抗感染，就不能獨善其身，因此它的首要任務是讓自己發揮更大的作用。在接下來的兩章中，我們會輕鬆描述所謂的**株系選擇**

理論（Clonal Selection Theory）。這個研究的發現獲得諾貝爾獎，是免疫系統運作時最重要的原則之一。**株系選擇理論**基本上是這樣的：

在離開活化它的樹突細胞之後，活化的 T 細胞遊蕩到淋巴結城市的另一方，開始自我選殖（cloning）的過程。它一次又一次地分裂，以最快的速度繁殖著。一個活化的輔助 T 細胞變成兩個，兩個變成四個，四個變成八個，以此類推。在幾個小時之內就有數千個細胞（因為每個殖株〔clone〕都具有與第一個被活化的輔助 T 細胞相同的獨特受體，免疫系統現在擁有數千個 T 細胞，每一個都擁有這種與敵人完全吻合的獨特受體）。

它們增長的速度如此之快，以致所有新生的輔助 T 細胞開始佈滿淋巴結超級城市的部分。

一旦產生足夠的殖株，所有的個別細胞就會分成兩組。我們現在就來關注第一組！它們需要一點時間來調整自己，然後深吸一口經由淋巴帶到淋巴結的細胞激素和危險信號，接著跟隨這些化學訊號的軌跡，快速地進入戰場。

在受傷後大約五天到一週，輔助 T 細胞會抵達感染地點，開始擔任當地的指揮官。輔助 T 細胞本身不會參與任何積極的戰鬥，但它們極大幅度提高了區域性防禦細胞（特別是強大的士兵）的戰鬥力。一方面，輔助 T 細胞會釋放出重要的細胞激素，這些激素能發揮從要求更多後援到增加發炎等各種不同的功能。但輔助 T 細胞也會更直接透過以下的方式提高士兵的戰鬥力，並為戰鬥做出貢獻。我們看到它們之前的做法——對黑犀牛低語，使它們陷入瘋狂的戰鬥中。只有在輔助 T 細胞的幫助下，巨噬細胞才能達到如此憤怒的狀態。

仔細想想，這是有道理的——巨噬細胞是強大又危險的怪物，充分釋放它的力量應該是經過慎重考慮的決定。如果巨噬細胞因為出現幾個細菌就陷入瘋狂的野戰模式，可能會對身體造成嚴重的傷害。

但是，如果輔助 T 細胞命令巨噬細胞變得合理地極度憤怒，這代表感染非常嚴重，以致後天免疫系統被喚醒，並允許先天免疫系統充分發揮其潛力。所以

在感染部位的輔助 T 細胞指揮官扮演了放大器的角色，利用先天免疫系統的內在力量來克服嚴酷的敵人。

但輔助 T 細胞不只是將巨噬細胞設置成殺手模式。一旦觸發了戰鬥狂潮，就必須讓它們保持活力。輔助 T 細胞監控著整個戰場，只要感覺到危險，它們就會受到刺激，並且知道戰鬥仍然必要。在瘋狂戰鬥模式下的巨噬細胞擁有的時間很有限，時間用完之後，它們就會自殺。這是另一種確保免疫系統受到一定程度限制的安全機制。輔助 T 細胞可以一遍又一遍地重置巨噬細胞的自殺計時器。所以只要危險存在，它們就會透過一遍又一遍地傳送新的刺激，指示精疲力盡的戰士持續戰鬥。

一直到輔助 T 細胞決定停戰為止。一旦它們注意到免疫系統明顯贏得了這場戰鬥，它們就會停止戰鬥。接著，一個一個地，更多精疲力盡的士兵結束自己的生命。輔助 T 細胞不只讓暴力升級，也決定這一切已經足夠，所有的人都該冷靜下來。

當戰鬥獲勝後，自殺是大多數的輔助 T 細胞在戰場上做的最後一件事。它們加入大多數自我毀滅的士兵當中，以保護身體免於被自己傷害。不過，有少數幾個輔助 T 細胞並沒有自殺。有一些輔助 T 細胞成為**記憶輔助 T 細胞**（Memory Helper T Cells）。每當聽到你對某個疾病免疫時，就是這個意思。這代表你有活生生的記憶細胞，記住了特定的敵人。敵人可能還會回來，所以記憶輔助 T 細胞會留下來，成為強大的守護者。記憶細胞永遠會比先天免疫系統更快地辨識熟悉的敵人。如果再次遭到感染，樹突細胞到淋巴結的長途旅行就沒有必要。因為記憶輔助 T 細胞可以立即被活化，並要求大量的支援。

這種記憶反應既快速又極度地高效率，以至於大多數的病原體只有一次感染你的機會。因為後天免疫系統已經適應並記住它們了。記憶細胞稍後會擁有自己的章節，所以現在不再討論它們。

輔助 T 細胞的重要性不止於此，還差得遠呢。記住，我們只跟隨著一組輔助

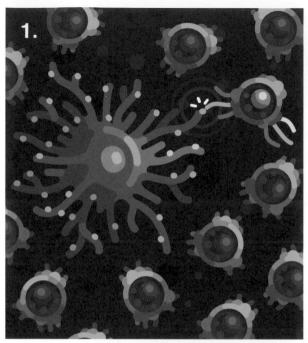

樹突細胞呈現抗原（熱狗）並尋找具有配對
受體的 T 細胞。

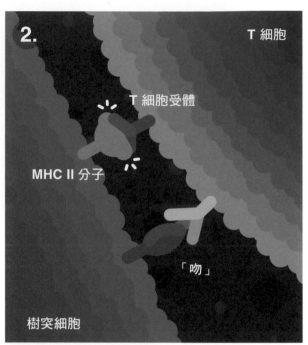

當找到特定的 T 細胞時，它們會連結，並透
過另一組不同的受體分享另一個信號（一個
吻）。輔助 T 細胞被活化了！

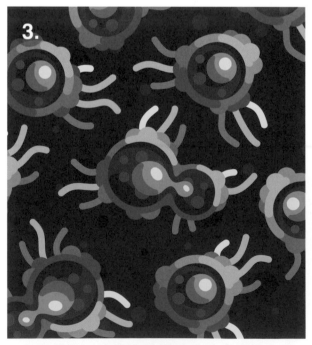

活化的輔助 T 細胞在淋巴結中快速增加，並
分成兩組。

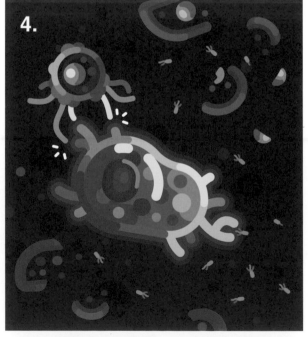

一組前往戰場接手指揮。它們將巨噬細胞設
置在殺手模式，並決定戰鬥何時結束。

T 細胞從淋巴結來到了戰場。剩下的第二組以及它們將要做什麼可能更重要——活化一些你能使用最有效的免疫武器。也就是活生生的武器工廠，強大的 **B 細胞**。

21 武器工廠和狙擊步槍：
B 細胞和抗體

Weapon Factories and Sniper Rifles: B Cells and Antibodies

B 細胞是個很大一坨的傢伙，它與 T 細胞有一些共同的特徵和特性。兩者皆起源於骨髓，並且必須接受同樣殘酷致命的教育訓練——只是 B 細胞的教育不是發生在胸腺中，而是直接在骨髓中進行。[*]

就像 T 細胞的夥伴一樣，所有 B 細胞一起擁有**至少數億到數十億個不同的受體，可與數百萬種不同的抗原連結。就像 T 細胞一樣，每一個個別的 B 細胞都有一個能夠識別一種特定抗原的特定受體。**

B 細胞之所以那麼特別，而且不管對朋友和敵人都如此危險，是因為它們會製造免疫系統所擁有的最有效和最專業武器——抗體。抗體是很奇怪的東西，而且相當複雜又讓人著迷。在此我們先暫時略過它，但稍後會詳細介紹它們。簡而言之——抗體基本上是 **B 細胞的受體**。抗體是長得有點像螃蟹的狙擊步槍，它們是針對特定抗原而製造的——因此會針對特定敵人——所以，從比喻來說，它們就像能命中病原體兩眼之間的狙擊步槍手。

---

[*]　你認為「B 細胞」名稱中的「B」之所以被選擇，是因為 B 細胞起源於骨髓（bone marrow）嗎？而 T 細胞的「T」是來自胸腺（Thymus）嗎？抱歉，不，這在混亂的免疫學語言中只是個巧合，雖然好像很合理。B 細胞中的「B」來自「法氏囊（Bursa of Fabricius）」，這是一個位於鳥類腸道末端上方的囊狀微型器官。在數百年前就已知這個器官的存在，但沒有人知道它的功能。直到有一名研究生對缺乏法氏囊的雞做了一些研究，然後發現這些雞無法生產抗體。他發現 B 細胞還有生產抗體的工廠，抗體是在這個奇怪的鳥類小器官中製造的。這是免疫學的一個巨大突破，創造了一個全新的研究領域。人類沒有法氏囊，我們用骨髓製造 B 細胞。但是，是的，雖然這名字很合理，卻仍是一個錯失的好機會。

好的，等等！這東西怎麼可能同時是一個受體又是一個四處漂浮的武器？基本上，抗體黏在 B 細胞的表面並且是 B 細胞的受體，這代表它們可以黏著抗原並活化細胞。一旦 B 細胞被活化，就會開始產生數以千計的新抗體並將它們吐出，以此攻擊敵人——每秒最多二千個。所有抗體都是如此產生的。在我們解釋完製造它們的 B 細胞後，會給予抗體更多值得的愛和關注。現在只要記住一件事：抗體是 B 細胞的受體，當 B 細胞被活化時，會以每秒數千個的速度吐出抗體來！

在繼續之前，有個簡要的免責聲明。B 細胞的活化以及它的生命週期非常複雜。在此我們學到的很多東西將匯集在一起。因為免疫系統有許多部分彼此緊密交錯著，很多事情同時發生，所以當你在閱讀接下來的幾個章節時可能會想「唔，這真的有很多東西要吸收」。別擔心，我們會暫停一下，總結和強化在本章中學到的東西。

這會是本書中描述得最複雜的一個過程，因此會一步一步慢慢來。最終的回報真的非常值得。一旦粗略地瞭解這一層複雜性，即便是很表面，你也可以真正體會到免疫系統是多麼令人嘆為觀止。之後本書其餘的部分就可以一帆風順了。

好，我們繼續吧！所以正如一開始所說的，B 細胞誕生於骨髓，在那裡它們混合並重組負責 **B 細胞受體**的基因片段，以便能連結到特定的抗原（回想一下烹飪很多美味菜餚的比喻，每個具有特定受體的 B 細胞代表一個菜餚）。它們做了與 T 細胞類似的事情後，必須接受嚴酷致命的教育，確保不會將它獨特的受體與身體的蛋白質和分子連結。倖存者成為四處旅行的初始 B 細胞（Virgin B cell）[*]。這些尚未被活化的細胞每天穿越淋巴系統，就像 T 細胞一樣從紐約到洛杉磯，在數百個城鎮和休息站停留，確認是否有人在尋找它們。但 T 細胞和 B 細胞之間的相似處也僅止於此。

在淋巴結超級城市中有特定的 B 細胞區域，讓它們在此閒置一下，喝杯咖啡

---

[*]　又稱為 naïve B cell，是沒遇過抗原、尚未活化的 B 細胞。

聊聊天，等看看有沒有什麼需要幫忙的地方。B 細胞是非常危險的細胞，所以需要經過嚴格的雙重條件驗證才可以真正被活化──一個是經由先天免疫系統的驗證，另一個則是經由後天免疫系統的驗證！

我們會把這分解成一個一個的步驟，並在最後做總結。

第一步：
B 細胞被先天免疫系統活化

要瞭解第一步，我們需要回想一下免疫系統的基礎設施和它們彼此是如何連結的。回想一下腳趾的感染，巨噬細胞、嗜中性球和感染肉體的細菌之間正在進行一場大規模戰鬥，也許要經過一兩天。

這場戰鬥並非沒有傷亡，而且有很多很多的細菌已經陣亡。其中許多細菌已被巨噬細胞完全吞噬，但還不只如此。其他許多細菌被嗜中性球的危險武器撕裂、被補體蛋白（隱形軍隊）在身上鑽了洞而流血至死，或者在逃離嗜中性球 NET 的過程中被撕裂（如果忘記這些是什麼，基本上這是嗜中性球引爆了充滿有害化學物的 DNA，進而在周圍製造屏障以捕獲病原體）。只憑著這些純粹暴力的免疫反應，已造成了很多傷亡。

如果有足夠的時間，免疫細胞最終會將戰場清理乾淨，但現在它們更關心對抗和殺死那些仍然存活的細菌。所以戰場上充滿了死亡和苦難。感染的部位漂浮著相當可觀而且大量的細菌碎片和屍體，其中許多被補體蛋白覆蓋著。這真的就像是一場在血腥中的廝殺和搏鬥，並且不分青紅皂白地將敵人和朋友的身體給撕裂。

但是免疫系統基礎結構的巧妙機制已展開清理的工作和過濾。之前提過的，由免疫細胞下指令並由其他垂死細胞引起的發炎，會將許多液體由血液中轉移到感染部位，大量地湧入而將戰場淹沒。戰鬥持續的時間越長，流入的液體就越

B 細胞的職業生涯

前 B 細胞

骨髓中訓練

初始 B 細胞

經由抗原
第一次被活化

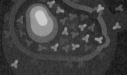

B 細胞

經由 T 細胞
第二次被活化

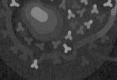

漿細胞

感染結束

感染結束

記憶 B 細胞

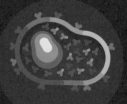

長存的漿細胞

多。但這不能永遠地持續下去，否則組織會爆裂。所以部分液體不得不再次離開感染的部位。

我們之前已經瞭解了身體如何處理組織中多餘的液體，它會持續地被排出，直接進入淋巴系統。這些液體含有很多戰場上的碎屑、死細菌的組成。用過的細胞激素以及其他垃圾，都成為**淋巴液**的一部分。請記住，淋巴液是從身體所有組織中收集到的一種奇怪、略帶噁心的液體。在感染的情況下，淋巴液攜帶所有死去和被分解的細菌，其中很多都覆蓋在補體蛋白下。因此在身體流動的淋巴液是**一種液體的訊息載體**。

而這些訊息正走向下一個免疫系統基地，淋巴結的超級城市和情報中心。一旦到達那裡，會經由有數千個初始 B 細胞匯集在一處的 B 細胞區排出。B 細胞沉浸在液體訊息的河流之中，讓淋巴液在它們和受體周圍流動，如此篩選並探索來自組織的所有抗原和碎屑。

初始 B 細胞專門尋找可以和它特定而特殊的 B 細胞受體連結的抗原。它們正在尋找那唯一可以與受體連結的抗原，這樣它們就知道可以活化了！

好的，到目前為止一切相當順利，但你可能已經注意到一些事情——這裡沒有牽涉到樹突細胞。這是否意味著 B 細胞不需要和另一個細胞進行這種舞蹈呢？這一切都與 T 細胞受體和 B 細胞受體之間的巨大差異相關，因為這很重要，所以現在需要解釋一下。讓我們再一次使用熱狗為例做說明！

還記得 MHC II 類分子嗎？呈現抗原的夾熱狗麵包，將熱狗呈現給 T 細胞受體，所以它可以被活化。T 細胞受體真的很挑食，只吃熱狗，而且只有當它們夾在麵包裡面的時候。但這對 T 細胞來說有一個重大的影響：可以活化 T 細胞受體的抗原分子必須非常短小，因為 MHC 分子只能攜帶短小的抗原。樹突細胞的夾熱狗麵包只能裝熱狗。相較之下，B 細胞的受體並不那麼挑剔。

T 細胞和 B 細胞的受體都可以辨識特定的抗原，但 B 細胞受到的限制要少得多。所以在大小和維度上，T 細胞和 B 細胞識別的東西大不相同。B 細胞不僅可

以直接從周圍的液體中挑選抗原，因而被活化；還可以撿起一塊更大的肉，就如同之前以食物做的比喻。

熱狗是高度加工的肉類，與構成它們的動物部分沒有很強的相似處。T 細胞可以辨識的抗原也是如此。但 B 細胞受體能識別的抗原有點像巨大的烤火雞腿，連皮帶骨。T 細胞實在太挑剔了，B 細胞則無所謂。

B 細胞不需要 MHC 分子。它們不需要像 T 細胞那樣從另一個細胞中獲取訊息。不用如此，B 細胞可以從流過淋巴結的大量淋巴液中直接吸收抗原（火雞腿）。

好的，我們已經學到兩件事：初始 B 細胞位於淋巴結，在那裡浸泡在淋巴液中，並且吸收從最靠近的戰場運來的所有抗原。第二，B 細胞受體可以直接從淋巴液中抓取大塊的抗原，這樣 B 細胞就可以被活化了。

但還有更多──B 細胞還會從先天免疫系統中獲得更直接的幫助。你不覺得我們一直提到這件事很可疑嗎？戰場上的細菌不是被補體蛋白覆蓋著？B 細胞不僅能辨識死細菌的抗原，還擁有能辨識補體蛋白的特殊受體。

前面提到過，先天免疫系統負責活化後天免疫系統，並為它提供整體狀況。我們在這裡再次遇到了這個原則！藉由依附在病原體上，補體系統正式向 B 細胞確認存在真正的危險。因此，比起沒有被補體附著的抗原，有補體蛋白附著的抗原可以讓 B 細胞活化容易上一百倍。這種各個部分多層次複雜而優雅地交互作用，並且如此謹慎地進行交流，是促使免疫系統如此美麗和驚人的原因（可以把抗原上的補體蛋白想像成火雞腿上非常好吃的醬汁，使得它對 B 細胞而言更加地美味）。

有趣的是，這只是 B 細胞活化的第一步。但這已經非常重要，因為可以促使對感染產生快速的反應。因為淋巴系統總是在排出組織中的液體，這些簡單的機制不需要任何額外步驟就可以自行發生，造成相對快速的反應。這在感染初期的階段尤其重要，因為還沒有那麼多的樹突細胞抵達淋巴結去活化輔助 T 細胞。

好的，我們在此稍作休息，重新回顧一下剛剛學到的——在戰場上，死細菌被補體覆蓋著。淋巴帶走這些細菌的屍體，被淋巴結內的 B 細胞撿起。最後終於——初期 B 細胞被活化了！

這種初期的活化過程看起來是怎麼樣的呢？好，被活化的 B 細胞首先移動到淋巴結的另一個區域，並開始選殖自己。一變成二，二變成四，四變成八，以此類推。這種選殖一直持續到大約有二萬個相同的殖株，所有的殖株都帶有特定受體，可以與第一個初始 B 細胞拾取的抗原相連結。這些 B 細胞殖株開始產生抗體，然後這些抗體使用血液作為抵達感染部位的電梯，可以淹沒戰場並提供幫助——雖然它們是二流的抗體。它們勝任於工作，但表現很普通，並不是很驚人，擊中敵人的身體多過於頭部。

如果沒有第二步，就沒有第二次的活化，這些 B 細胞殖株就會在一天內殺死自己。這很合理，因為如果不再被活化，B 細胞就會假設感染很輕微，實際上不那麼需要它們——所以為了不浪費任何資源或造成不必要的損害，它們就會自殺。

要真正地被喚醒，需要雙重條件認證的第二部分。B 細胞的再次活化，是由後天免疫系統的同事提供的，或者更準確地說，是被輔助 T 細胞活化的。

第二步：
B 細胞被後天免疫系統活化

正如在上一章學到的，輔助 T 細胞在被活化並製造了很多自己的殖株後，其中一組會移動到戰場，另一組則離開去活化 B 細胞。

簡單來說，一個活化的 T 細胞需要找到一個活化的 B 細胞，而且兩個細胞都需要能夠辨識相同的抗原！好的，稍等一下。這是認真的嗎？體內兩個隨機混合的基因片段，產生了數億到數十億可能的結果？然後出現了一種病原體，並且

恰巧兩個細胞都各自需被活化，然後還需要遇見彼此？然後，只有在這個具體到荒謬而且看似不可能的情況下，免疫反應才會完全被活化？嗯，是的，這種運作方式有點令人費解，但大自然能夠創造它，真的是非常傑出。

基本上，為了正確地被活化，B 細胞必須成為**抗原呈現細胞**。這是因為 B 細胞受體與 T 細胞受體非常不同，後者需要麵包來識別非常小塊的抗原。挑食者與不挑食者，還記得嗎？

所以，當一個 B 細胞受體連結到一隻火雞腿，一大塊的抗原，就會將其吞下並在自己內部處理它，就像樹突細胞一樣。B 細胞將大塊的肉切分成幾十塊、甚至幾百塊的小香腸塊，所有都是熱狗的大小。然後把這些微小的部分裝進 B 細胞表面的 MHC 分子（麵包）。**基本上，一個 B 細胞將一個複雜的抗原轉化為許多經過加工、更簡單的片段，然後將其呈現給輔助 T 細胞。**

想一想免疫系統在此做了什麼？它增加了 B 細胞和 T 細胞能夠**大量**相互配對的機會。B 細胞不只是呈現單一個特定的抗原。它的 MHC 分子正呈現出幾十個甚至上百個不同的抗原！數百種不同的熱狗在數百種不同大小的麵包上。**所以實際上，B 細胞和 T 細胞並不是識別完全相同的抗原。**這對於後天免疫系統來說已經相當不錯了，因為這代表著如果輔助 T 細胞可以與 B 細胞所呈現的抗原連結，那麼外面就有一個敵人能被這兩個細胞辨識。這是 B 細胞活化的祕密——B 細胞**唯有**透過雙重條件的認證，才能夠被完全活化。

好，暫停一下！這裡的資訊真的非常多。

如果現在你的頭在冒煙，眼冒金星，這其實是正確的反應。在很長的一段時間裡，在許多不同的地方，有許多不同的細胞發生了許多不同的事情。如果你感到困惑，這很正常，是該總結一下這裡發生的事了。

第 1 步驟：必需有戰鬥發生，而且死去的敵人，也就是大塊的抗原（火雞腿），需從淋巴結漂流過。在這裡，具有**特定受體**的 B 細胞需要和抗原連結。如果死去的敵人被補體覆蓋，活化會容易許多。這會活化 B 細胞，使它大量複

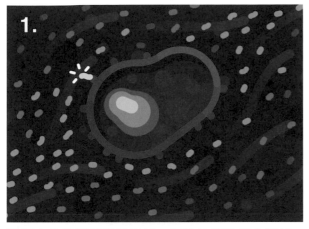

1.

戰場上的抗原漂過淋巴結，初始 B 細胞與它連結。

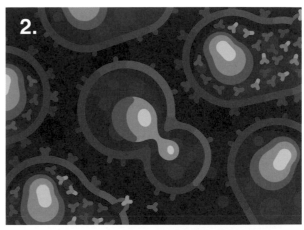

2.

這將低調地活化 B 細胞，並製造很多自己的副本。

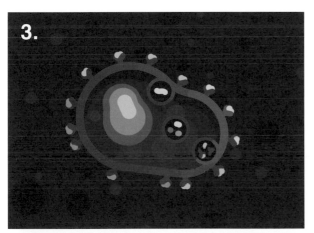

3.

B 細胞將抗原分解成小塊，並將它們呈現在 MHC II 類分子中。

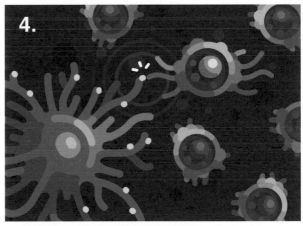

4.

於此同時，樹突細胞拾取抗原，將它們呈現在 MHC II 類分子中，並且活化配對的 T 細胞。

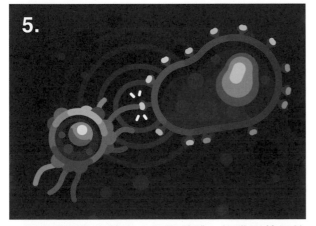

5.

B 細胞遇到具有特定 T 細胞受體、能識別某個特定抗原的活化 T 細胞。

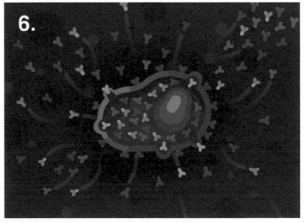

6.

B 細胞現在是完全活化的漿細胞！

製自己，並產生低階的抗體。但如果沒有其他事情發生，B細胞會在一天後死亡。

第2步驟：於此同時，樹突細胞需要在戰場上撿拾敵人，將它轉化為抗原（熱狗）放入MHC II類分子（夾熱狗的麵包）中，並前往淋巴結中與T細胞約會的地方。在這裡，它需要找到一個具有特定受體、能夠辨識特定抗原的輔助T細胞（吃熱狗麵包中的熱狗）。如果發生這種情況，輔助T細胞會被活化，並大量地自我複製。

第3步驟：B細胞破壞大塊的抗原（火雞腿），將其分解成幾十或幾百個小塊的抗原（熱狗大小），並開始將它們呈現在MHC II類分子（夾熱狗的麵包）中。

第4步驟：呈現數百種不同抗原（熱狗大小）的活化B細胞需要遇到一個T細胞，它所具有的特定受體可以識別B細胞所呈現的某一個抗原，這是B細胞的第二種信號。

只有當事情按照這確切的順序發生時，B細胞才會真正地被活化。你為自己體內的生物學感到佩服嗎？*

你可以欣賞這裡發生的複雜程度嗎？製造數十億個個別的T細胞和B細胞，經由不同路徑個別活化它們，然後期望彼此相遇，這是多麼瘋狂的事？在製作極其複雜的東西和優雅的機制這方面，演化和時間確實令人難以置信。如果這一系列的事件依序發生，後天免疫系統最終、最強大的階段終將切實地開啟和覺醒。現在免疫系統可能出現的所有要求都已獲得滿足。它現在可以肯定地知道體內有很多敵人在活動。

---

* 這是一件有趣的事：這實際上仍是經過簡化的步驟，省略了一些真的很重要的主要細節。我們將在本書不同的地方討論其中一些問題。但老實說，即使經過高度簡化，這些東西也是令人費解地不直觀且困難。如果你設法記住B細胞是透過自己撿拾的東西來活化，然後再被T細胞二次活化，這已經很了不起了。你不需要記住更多細節，這已經是關於免疫系統相當大量的資訊！但這實在太酷了，不得不嘗試讓這種魔力傳播開來。

　　通過雙重條件驗證確切地被活化的 B 細胞現在發生了變化。它的一生都在等待這一刻。它開始膨脹，體積幾乎翻倍，並轉變為最終的形式——**漿細胞**。[†]

　　現在漿細胞真正開始產生抗體。它每秒可以釋放高達二千個抗體，使淋巴液、血液和組織之間的液體飽和。就像二戰中的蘇聯火箭炮可以向敵人陣營永無休止地發射導彈，數以百萬計的抗體被製造出來，成為每個敵人最糟糕的噩夢，從細菌、病毒或寄生蟲，甚至癌細胞。或者，如果你很不幸地有自體免疫疾病，就會連自己的細胞都包括在內。

　　好的！呼！多麼複雜的事情。但等等，還有更多，B 細胞活化的最後一層面讓這個過程更是天才。現在免疫系統在美妙的舞蹈（這個舞蹈會讓你更好、更強壯）開始後，真正開始以其道擊敗微生物。

[†]　如果此時你的年齡恰恰好，這可能對你來說有一些意義——某方面來說，B 細胞是賽亞人，而漿細胞是超級賽亞人。對於沒看過《七龍珠》的人來說，這只是一種迷人的描述方式。B 細胞是強壯的戰士，而漿細胞是非常強壯的戰士，同時可能是金髮，而且有很多產品在他們頭髮上。在這變得尷尬之前，讓我們結束這個注解。

22 T 細胞和 B 細胞的舞蹈
The Dance of the T and the B

到目前為止，我們優雅地迴避提到一件事，即 B 細胞受體多麼擅於辨識抗原？前面描述了就像拼圖塊一樣，這些受體和抗原會完美地組合在一起。好，那是一個謊言，對不起。俗話說，完美是美好的敵人，而在危險的感染期間，免疫系統其實並沒有時間等待**完美**的搭配——只要是普通好的配對就已經足夠。所以 B 細胞的受體只要識別抗原的能力達到**一般**水準，就可以被活化。

免疫系統之所以這樣演化，是因為擁有**一些**可以快速使用的武器，這可是勝過在損害已經造成後才擁有的完美武器。但這也會削弱你的免疫防禦機制。正如之前所說，在蛋白質的層面上，**形狀**就是一切，擁有非常好的形狀、非常能配合抗原的抗體，是令人難以置信的優勢，很可能會造成生與死的區別。免疫系統想要這所有的一切，先是快速的反應，接著是完美的防禦。

因此，免疫系統想出了一種方法，盡可能地快速製造一些普普通通的抗體，但還配套了一個巧妙的系統來進行微調和改進，使抗體能成為對付抗原真正完美的武器。這一切都是由一支舞蹈開始的。

之前說過，B 細胞需要被輔助 T 細胞活化（亦即被樹突細胞活化）而變成漿細胞。但實際上，這個過程有點驚人地複雜。免疫系統確保了只有能夠製造出**無與倫比**抗體的 B 細胞才能轉化為漿細胞。好的，那麼這是如何運作的呢？

老實說，這部分有點混亂，所以在此會簡化一下。簡單來說，如果 T 細胞辨識出 B 細胞所呈現的抗原，它就會刺激 B 細胞。這種刺激就像一個溫柔的吻，或是一個溫暖而令人振奮的擁抱。這不僅延長了 B 細胞的壽命，還激發了它嘗

試改善抗體的動力！

　　每次從輔助 T 細胞接收到正面的信號時，B 細胞就會開始一輪有目標的突變。這個過程稱為**體細胞超突變**（somatic hypermutation，也稱為**親和力成熟**，affinity maturation），但我們再也不會使用這些沉重的術語。

　　就像一個不斷工作去改進食譜的廚師會贏得評論家的讚譽，B 細胞會開始增強和改善其配方。B 細胞受體的基因片段也會透過**突變**來產生新的抗體。

　　基本上，B 細胞在這裡所做的就是在晚宴期間回到廚房。此時，客人已經大駕光臨。廚師已經知道他們想吃怎樣的晚餐，所以現在開始隨機在這或那把食譜做一點點改變，目標就是製作**完美**的菜餚，就像米其林三星級餐廳一樣。不只好，不只更好，而是完美！所以也許在原始的食譜中，是胡蘿蔔切碎後燉煮牛肉。現在 B 細胞可能會將胡蘿蔔切成條狀，然後烤牛肉。沒有新的成分，但組合在一起的方式會進行微調，以此創造出最終的菜餚。

　　B 細胞的目標是為客人量身訂做一份完美的晚餐，一份能讓客人欣喜若狂的美味佳餚，亦即一個能對抗病原體的完美抗體。但是 B 細胞廚師怎麼知道客人比較喜歡增強版還是原本的食譜，新抗體會比原來的更合適嗎？好的，與 B 細胞第一次被活化的方式完全相同──基本上是在淋巴結裡沉浸於來自戰場的淋巴液中。如果一場戰鬥仍在進行，就應該有大量的抗原通過。

　　如果一個隨機的突變（微調食譜）會使 B 細胞的受體變得更糟，那麼它將更難拾取抗原，也就不會得到 T 細胞的刺激和親吻。這會讓它難過一陣子，然後走上自殺一途。

　　但如果突變改善了 B 細胞受體，它就會更容易去辨識抗原，B 細胞也將再次獲得活化的信號！這種情況一旦發生，它就會吸收大塊的抗原（火雞雞腿），並將其切成許多小塊（熱狗），然後再次將它們呈現給輔助 T 細胞。可以把它想像成 B 細胞廚師對於自己改進的食譜感到非常興奮和開心，並想將這一切告訴全世界！

在烹飪的比喻中，輔助 T 細胞可能是從餐廳到來的美食評論家，給予 B 細胞許多的讚美和親吻。這種鼓勵會激勵 B 細胞廚師更加去改進菜餚！而這種循環會不斷重複。

隨著時間的推移，天擇（natural selection）發生了。B 細胞受體越能辨識流經淋巴結的抗原，就越會得到更多的刺激和鼓勵。於此同時，變差或沒有改善的 B 細胞則會自殺。

最後，只有最好的 B 細胞才能存活，並繼續製造許多自己的新殖株！這些是最終變成漿細胞的 B 細胞，有著微調過的受體，並能夠產生足以對付敵人的最佳武器。這就是抗體之所以能如此有效地致命，以及為什麼像狙擊手一樣能輕鬆擊中敵人的兩眼之間。它們不僅僅是隨機選擇的，而是經過模製、改進和微調，直到完美無缺。這就是為什麼即使你對免疫系統一無所知，也可能多次聽過醫療人員說過「抗體」這個名詞。它們是超級武器，是你可以在嚴重感染中倖存下來的主要原因。

這種機制使得後天免疫系統真正而即時地**適應**敵人。我們之前詢問過要如何才能跟上數十億不同種並且能不斷改變自己的敵人。**這就是一個方法**。一個可以非常快速複製的系統，有著明確的目標，並且可以快速適應它，再進行微調和改進武器，直到臻於完美。這個解決方法是多麼美好而巧妙，讓後天疫系統做到名副其實──確實可以以其道擊敗微生物。

如果你讀完了前面兩章──做得很好。我的意思是，這東西並不容易，信不信這只是簡化的版本？很不幸地，免疫系統和整個宇宙通常無法讓拿著智慧型手機的猿類輕易直觀地理解。因此有時候很難對主題進行深入的研究。你不需要記住剛剛閱讀的所有內容細節。

實際上，我敢打賭，你不可能只讀過一遍，就能準確地回想剛才所說的事情。但這完全不是問題。你學會了原則，也熬過了本書最難的部分！這是最複雜的顛峰，從現在開始，會開始一帆風順！我們快要再次講述瘋狂的戰鬥故事了！

要全面瞭解免疫系統，只需談論真正的武器——狙擊步槍！

23 抗體
Antibodies

　　抗體是免疫系統可以任意支配的最好和最專業的武器之一。由 B 細胞產生的抗體本身其實並不特別致命。實際上，它們只不過是可以黏附在抗原上的無腦蛋白質束，但在執行任務上卻是極端地有效率。

　　可以把抗體想像成一種死亡標籤。最常見的抗體形狀就像有兩個鉗子的小螃蟹，非常地小。如果以人類尺度想像一個中等大小的免疫細胞，那麼抗體就像是一粒藜麥的大小。在某種層面上，它們與補體系統的蛋白質相似，不過就是微小的漂浮蛋白質。但兩者之間有個巨大的區別——補體蛋白質是通才，而抗體，正如剛剛瞭解的，是有專一特性的專才。

　　抗體是專門針對病原體製造的，這會讓病原體難以躲避抗體。抗體會像磁鐵一樣找出受害者，再用小鉗子抓住它們。一旦抗體附著住病原體，就不會再鬆開。它們基本上就是微小的蟹狀蛋白質，非常善於抓住為其所生的敵人。這比身體所能提供的任何東西都要好，因為正如之前簡略提到的，抗體**就是** B 細胞的受體。

　　它們能夠如此有效的原因，就在於它們的結構。每個抗體有兩個鉗子，每個鉗子都能非常牢固地抓住特定的抗原。抗體有可愛的小屁股，非常善於連接到免疫細胞。鉗子是針對敵人的，可愛的屁股則是給朋友的。

　　借助這些工具，抗體可以做許多事情。首先，它們與補體類似，可以**調理**敵人。在這種情況下，這代表一群抗體包圍並抓住敵人，讓受害者成為士兵細胞吃起來更加美味的佳餚。它們夾著病原體，就像螃蟹憤怒地掐著你一樣，因為你

惹惱了牠。如果身上滿是這些搖擺不定、嗡嗡作響而且永遠無法擺脫的小螃蟹，你很難快樂地生活。這就像是恐怖電影中的情節。

　　當抗體大軍抵達被感染的腳趾時，被它們覆蓋的細菌對於自己的處境會同樣感到不滿和無助。抗體不僅讓病原體無能為力，還會讓它們變成殘廢而無法移動。或者在病毒的狀況下，抗體可以直接中和（neutralize）它們，使它們無法感染細胞。*

　　更糟糕的是，由於抗體有不止一個鉗子，它們可以抓住一個以上的敵人。若是這樣，這兩個敵人現在被綁在一起了。如果數以百萬計的抗體湧入戰場，它們可以將成堆的病原體聚合在一起。這些病原體現在更加無助、更不開心而且更害怕了，因為一大堆聚在一起，會更容易被巨噬細胞和嗜中性球發現，並且很樂意將病原體整個吞下，或對其噴灑酸液。想像一下——當你試圖入侵敵方的陣地，然後與幾十個夥伴被微小的螃蟹掐著而捆綁在一起。你們無法移動或行動，只能看著敵軍狂笑著，並帶著火焰噴射器向你襲擊。

　　與補體蛋白質很類似，抗體也是直接支援你的士兵。可以想像細菌並不喜歡被抓住並被扔進酸浴中可怕地死去。所以它們為了避免被巨噬細胞和嗜中性球殺死，會進行演化。細菌有些滑溜溜的，像是塗了油的小豬那樣驚慌地跑來跑去。抗體則像特殊的強力膠水，能讓你的免疫細胞，特別是吞噬細胞這種會生吞敵人的細胞，可以很容易地抓住抗體的屁股。這就像試圖用濕的手或乾的手打開一罐滑溜溜的泡菜之間的區別。

　　在這裡，免疫系統的另一層安全機制來了。當抗體只是在四處漂流時，就只

---

*　當我們說抗體「中和」病毒時，是什麼意思？好，想像一下細胞是地鐵，病毒是想進地鐵站的乘客。這對於病毒而言通常相當容易，只需要通過其中一個自動驗票機和進入其中一扇門，就可以進入。至於抗體，基本上會抓住並覆蓋在病毒的車票上，使病毒無法通過驗票機，並且被困在外面。車票上的抗體越多，就越不可能上車。所以它被中和了，無法做任何有意義的事。它只是一名滯留在車站外的乘客。

是處於一種「隱藏模式」，是為朋友準備的可愛屁股，所以免疫細胞無法輕易地從液體中拾取它們。一旦抗體用小鉗子抓住一個受害者，屁股就會改變形狀，現在就能與免疫細胞結合。這非常重要。因為身體隨時都充滿了抗體，如果免疫細胞隨機地與抗體結合，會造成許多混亂。

　　抗體可以使用可愛的屁股去做的另一件事，是活化補體系統。儘管補體是有效且致命的，但單獨存在時，它的能力是有限的，完全要依賴好運氣才能找到敵人的表面。記得嗎？補體被動地漂浮在淋巴液中。有些細菌能夠隱藏自己不被補體系統發現，因此補體就不會在它附近被活化。抗體能夠活化補體系統，並將它吸引到細菌那裡，因此可以大大提高補體的效率。我們再次看到兩種免疫系統的原則——先天的部分進行實戰，後天的部分則以致命的精準度使其效率提高。

　　不過，抗體不僅僅是小螃蟹。它有許多類別可以執行實際上非常不同的事情，並且運用於不同的情況之下。當然它們的名字非常不直觀而且很難記住，所以我們會非常簡短地講解。若再次提到這些抗體，而且它們的類別很重要時，我們會再次簡短地提醒它們的工作是什麼。因此，如果你想直接進入下一個故事，實際上可以跳過接下來的部分。

旁白：四種類型的抗體 [†]
IgM 抗體——第一批到場的捍衛者

　　IgM 抗體通常是 B 細胞被活化後產生的最大量抗體。它們很可能是數億年前演化出的第一批抗體。IgM 基本上是五個抗體的屁股融合在一起，優點是它們有五個屁股區域。其中兩個屁股區域可以一起活化額外的補體路徑。活化的補體蛋

[†] 　好的，好的，人類實際上有五種抗體。我們將忽略可憐的 IgD 抗體，因為它與本書中討論的任何內容都無關。簡而言之，IgD 可以幫助活化一堆免疫細胞。但我認為已經有足夠的細節了，因此這並不重要。就這樣，它就是一個標題的注解！

白越多，代表更多的免疫細胞會被敵人吸引。在感染初期，這樣做的好處是，當後天免疫系統仍在啟動，並且尚未處於全面戰鬥的模式時，IgM 抗體已經讓先天免疫系統更加致命並且更精準。IgM 抗體是一種可以減緩早期感染的強大武器，尤其是針對病毒。它們可以用十個鉗子輕鬆地將病原體聚合在一起。所以 IgM 抗體是第一種被部署的抗體——這也代表，經由突變以及 B 細胞與 T 細胞的舞蹈而來的它們，是最不精細的。這無所謂，因為最重要是爭取時間，直到有更好的抗體可以使用。[*]

IgG 抗體——專家

IgG 抗體有幾種不同的類型。我們不需要詳細瞭解其中的每一種，在這裡請將它們視為同一種冰淇淋，但有不同的風味。第一個 IgG 味道有點像補體——它很擅長調理一個目標，就像一群果蠅一樣覆蓋著它，讓細菌難以做事，並且無法正常運作。它的小屁股就像特殊的膠水，讓吞噬細胞可以很輕鬆地抓住它，而將無力反抗的敵人吞噬下去。一般來說，IgG 遠不如 IgM 擅長活化補體，但仍然非常可靠。

如果感染已經持續了一段時間，另一種風味的 IgG 就特別管用。在這種情況下，很可能有過多的免疫系統成員參與，因而已造成大量的發炎。就如先前學到的，發炎雖然有用，但對平民細胞和身體健康並不是很好。特別是如果感染正在

---

[*]　之前提過脾臟有點像一種給血液的淋巴結，但還不止如此！這個微小的器官是血液中反應超快的 IgM 抗體的主要來源。如果受傷時像細菌這樣的病原體進入到血流中，脾臟是可以快速反應的警急基地。脾臟會過濾血液，當它在這裡找到敵人，便會迅速地活化可以快速產生 IgM 抗體的 B 細胞。是的，雖然它們不像其他類型的抗體那樣優化，但當血液中有入侵者時，卻可以馬上被使用——因為病原體可以藉由血流進入全身。這一點很重要！這是讓脾臟如此重要的原因。這種機制是在戰後發現的，因為軀幹嚴重受傷，人們的脾臟經常需要被切除。結果這些人很多在晚年時死於敗血症，死亡率遠高於一般人。現在，如果脾臟在車禍等狀況中受損，醫生會盡可能地挽救它。

抗體

抗體本身並不特別致命。它們實際上只是可以黏在抗原上的無腦蛋白質。可以把它們想像成一種死亡標籤。

鉗子

IgG

「屁股」

IgM

IgA

抗原

IgE

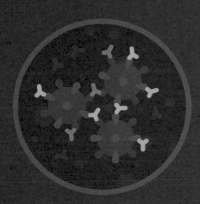

抗體（黃色）聚集病毒

轉變為慢性感染。所以這些特殊的 IgG 抗體是特製的，它在感染後期無法活化補體系統，因而能限制發炎。

讓 IgG 抗體很特別的另一件事是：它們是唯一能從母親血液經由胎盤進入未出生的胎兒血液中的抗體。

這不僅可以保護未出生的胎兒免於那些讓母親生病的病毒感染，而且持續到遠超過胎兒剛出生的時候。IgG 是需要很長時間才會衰敗（decay）的抗體，所以能賦予出生後最初幾個月的新生人類一種被動的防禦機制，保護嬰兒不被病毒感染，直到自身的免疫系統有機會正確地啟動。

IgA——製造糞便和保護嬰兒

IgA 是體內最充沛的抗體，它的主要工作是作為清理黏膜的機制。或者換句話說，在呼吸道、主要性器官，尤其是在包括口腔的消化道中，有大量的 IgA。在這些地方，大量特殊的 B 細胞會產生許多這種特殊的抗體。IgA 基本上是一個在門口守護身體內部的保鏢，保護著眼睛、鼻子、嘴巴等。在不受歡迎的客人有機會進入身體並取得立足點之前，及早地中和掉病原體。

它們是唯一可以自由通過黏膜王國內部邊界的抗體，並從身體內部讓體外的黏膜達到飽和。所以如果你得了重感冒，你的鼻涕裡面會充滿讓病毒和細菌難受的 IgA。

在某個方面，IgA 與其他抗體相當不同，也就是 IgA 的小屁股是融合在一起的，這代表 IgA 無法活化補體系統。這並非偶然的，活化的補體系統往往代表著發炎。由於 IgA 抗體通常在你的腸道內，如果它可以活化補體，就意味著腸道會不斷發炎，這會導致疾病和腹瀉，讓你非常不開心。引起腸道持續發炎的疾病，如克隆氏症（Crohn's disease），就不是開玩笑的。它會嚴重妨礙患者的幸福感和生活品質。

IgA 有一件很擅長的事，是攻擊多個目標並將它們聚在一起後，形成不快樂的細菌團，然後再被鼻涕、黏液或糞便將它們一起帶走。有多達三分之一的糞便，實際上是不幸被困住的細菌，隨著排泄被排到體外。一旦上路，就沒有回頭路了。IgA 除了提供保護和清理腸道，還可以保護嬰兒。母親哺乳時，會透過母乳為後代提供大量的 IgA 抗體。這些抗體會覆蓋新生兒的腸道，保護他們仍然脆弱的腸道免於被感染。

IgE 抗體——多謝，但我討厭它

老實說，IgE 抗體看起來並不怎麼特別，可以把它想像成用兩個小鉗子對著你比中指。如果你曾經經歷過非常不愉快的過敏性休克，就要感謝 IgE 抗體在那天讓你度過了驚人的時光。或者在一個比較不危及生命的情況，它們就是讓你對無害事物產生過敏反應的東西，包括植物的花粉、花生或蜂螫。當然，演化並不是隨意想出過敏反應這個概念，無緣無故地惹你生氣。IgE 抗體的最初目的是保護你免於像是寄生蟲這類巨大敵人的感染，尤其是蠕蟲。IgE 的來龍去脈值得用一個獨立章節去解釋。所以現在，讓我們忽略 IgE 抗體和過敏，並憤怒地向它們揮拳。

B 細胞如何知道要製造什麼樣的抗體？

現在你可能會問——如果有這麼多種不同類型和變體的抗體，B 細胞如何知道需要製造哪一種抗體呢？畢竟不同種類的抗體擅長完全不同的工作，在其他功能上則毫無用處。

我們之前說過，為了提供背景資訊，樹突細胞會攜帶戰場上的快拍。帶有感染現場資訊的快拍，會將訊息傳遞給輔助 T 細胞。隨著時間推移，戰場上會出

現新的樹突細胞，帶著含有不同背景訊息的快拍。因此，在感染的某個當下，所謂的正確訊息可能會隨著時間的推移而有所改變。

所以 B 細胞並沒有被鎖定要製造某一類的抗體──它們總是從 IgM 開始，但如果在輔助 T 細胞的要求和鼓勵下，它們是可以切換抗體類型的！罹患重感冒或腸道感染時，鼻涕或糞便中需要大量的抗體嗎？製作 IgA！腸道中有寄生蟲嗎？製作 IgE！很多細菌感染了傷口嗎？打造 IgG 的第一種口味！有很多被病毒感染的細胞嗎？請多加一點 IgG 的第三種口味！（一旦切換了抗體的類型，就無法再改變了）

能以這種驚人的能力來收集和交流情報，並達到如此高水準的創造力，再次證明免疫系統偉大的樂章是多麼讓人讚嘆的出色和美妙。所有部分一起工作、轉變、工作和協調，卻沒有任何部分是有意識或自覺的。

好！你已經讀完了本書的第二部！你學到了很多關於自己身體的不同部分！也完成了本數最難的部分！讓我們退後一步，反思一下目前為止學到的東西。

我們瞭解了身體的整體範圍、你的細胞和一些最常見的敵人──細菌。我們學到有關守護身體內部的士兵和警衛、用來辨識和殺死入侵者的機制，以及它們如何利用發炎來讓身體戰場準備就緒。我們學習了細胞如何識別事物以及如何彼此溝通。探索了讓體內所有液體飽和的補體系統。我們瞭解了會在必要時尋求幫助的監視細胞。我們瞭解了身體內部基礎設施，以及身體如何透過重組製造數十億種不同的武器。這些超級武器如何透過突變進行部署和改進。當然我們也瞭解了身體的第一道防線──你的皮膚，以及它是一個多麼糟糕的地方。

然而思考一下，與其他疾病相比，你多常聽說有人因傷口感染或皮膚感染而生病？事實是，皮膚作為防禦的邊界非常有效能，通常病原體在這裡很容易就被擊退。你生活中必須有意識去處理的大多數感染，是從其他地方（從另一個王國）進入身體的。這個王國必須解決整個免疫防禦網絡會遇到的最棘手難題。這裡也是最危險的敵人會向你襲擊的地方。

第三部

惡意的接管

Hostile Takeover

24 黏膜沼澤王國

The Swamp Kingdom of the Mucosa

　　無論你想在生活中做些什麼，若沒有這個世界和它所提供的東西，就不可能存在和運作。沒有枕頭城堡，沒有偏僻樹林裡的小木屋，沒有青少年和他們的電腦，沒有任何的全球社交隔離可以緊張到讓你免於必須與世界互動的事實。最低限度下，你需要源源不絕的食物，因此與外界少量的互動仍然不可避免。

　　身體也面臨同樣的問題。因為細胞需要氧氣和養分讓自己保持活力，並需要丟棄危險的廢物，也就是細胞代謝產生的副產物。換句話說，資源需要從體外被送到體內，而廢物需要從體內被送到體外。所以身體不可能是個封閉系統——它無可避免地會有你的身體內部與外界直接發生交互作用的地方。

　　而這些地方是極危險的弱點，可以允許不速之客潛入肉體大陸。事實上，絕大多數讓你生病的病原體，都是藉由與外界發生交互作用的地方進入體內的，像是由嘴巴開始到臀部結束的長管，或是在那些通往洞穴系統、讓某些物質得以進行交換的隧道支脈中。

　　正如一開始所提到的，肺、腸胃、嘴巴、呼吸道和生殖道，實際上是被包裹在體內的體外部分。這些體內的部分襯有被稱為「內部皮膚」的東西。不幸的是，它的正確名稱是**黏膜**。但是為了讓它更嚇人一點，讓我們稱它為**黏膜沼澤王國**。

　　沼澤王國需要解決的巨大問題是：要讓身體需要的營養和要排除的物質可以輕易地穿越，同時又讓病原體難以穿越。這代表在沼澤王國和其周圍的免疫系統，必須與身體的其他部位不同。

　　雖然肉體大陸大部分都是無菌狀態，沒有微生物，沒有任何其他東西，但沼

腸道黏膜

黏液

上皮細胞

纖毛

杯狀細胞

巨噬細胞

樹突細胞

固有層

共生細菌

肥大細胞

IgA 抗體

B 細胞

輔助 T 細胞

澤王國一直在與各種種類的**其他東西接觸**——必需攝入的食塊、那些剛剛通過卻難以消化的東西、擁有通行證獲准留在腸道中的友善細菌，還有各種在空氣中流動而被吸入體內的顆粒，從汙染到灰塵等等。

當然還有無數不受歡迎的訪客試圖潛入體內並通過防禦機制。有一些是不小心迷路的無辜旅行者，還有一些則是專門捕獵人類的危險病原體。這使得在黏膜周圍的免疫系統工作變得很麻煩，維持平衡也更艱難。因此在黏膜沼澤王國中，免疫系統必須要有一點包容性。

相較之下，在身體的大部分部位，免疫系統**一點都不**寬容。就像在割傷自己、細菌侵入軟組織時，免疫系統會以極大的暴力和憤怒做出反應。皮膚下或肉體裡有細菌，更是完全無法被接受的事，需要立即不計成本地將它殺死。但在黏膜的周圍，這是不可能的。想像一下，免疫系統以同樣的憤怒程度去攻擊每一個在食物上不受歡迎的細菌，還有生鏽釘子場景中的細菌。

且想像一下，免疫系統對於呼吸中的每一粒塵埃都做出劇烈反應。不，沼澤王國的免疫系統不可能像身體其他部位的免疫系統一樣，否則只會破壞身體交換氣體和資源的場所。這會讓你的生活變得很悲慘，甚至殺死你（對於許多苦於自體免疫性疾病或過敏的人來說，情況確是如此。但之後會再詳細介紹）。在黏膜中，免疫系統必須學會放輕腳步，並在被激怒時盡可能地採取局部性的行動。但同時，黏膜又是全身最脆弱的部位，所以免疫系統在這裡也不可以太過無能或是超級平靜。這真是一個棘手的問題。

因此，防止入侵的第一個對策，是讓這裡成為讓有害微生物害怕又致命的地方。因此，黏膜會採用許多不同的防禦系統。

如果皮膚像廣闊的沙漠和幾乎無法逾越的牆壁保護著肉體大陸邊界，那麼黏膜就像一片廣闊的沼澤，有著致命陷阱和一群巡邏的防護者。它比沙漠和皮膚的邊界牆更容易通過，但也沒那麼好通過。好。那麼什麼是黏膜，它是如何保護你的呢？

　　沼澤王國的第一道防線就是沼澤本身——**黏膜**。黏液是一種滑而黏稠的物質，有點像水水的凝膠。它是你鼻子裡黏糊糊的東西，感冒時會變得特別明顯而噁心——但它實際上遍布在全身——在腸道、肺、呼吸系統，你的嘴裡，以及眼瞼內側。

　　所有被包裹在體內與外界接觸的表面，都被黏膜覆蓋。黏液是由杯狀細胞（Goblet cell）不斷產生的。對於免疫系統的故事來說，這些細胞並不是很重要，而且看起來很滑稽。可以把它們想像成被壓扁的奇怪蠕蟲，必須透過不斷嘔吐去製造黏液層。

　　黏稠的黏液有多種用途——最簡單來說，它就只是一個物理屏障，入侵者很難接觸到它所覆蓋的細胞。想像一下在充滿黏液的游泳池中游泳。然後試圖潛入水底，可是水池約九十公尺深（請包容這個想像）。黏液不僅是一種黏性屏障，而且還充滿著類似沙漠王國中令人不快和震驚的東西——鹽、可溶解微生物外部的酶武器，以及一些可以吸收細菌生存所需關鍵營養物質的特殊物質，這代表細菌會在黏液中餓死。

　　大部分的黏液也充滿了致命的 IgA 抗體。所以就其本身而言，沼澤黏糊糊的部分並不是一個非常受客人歡迎的地方。它不僅可以保護你免受外部入侵者的侵害，還可以保護身體不被自己傷害。例如，你有沒有問過體內怎麼可能真有一個裝滿酸液的袋子？嗯，黏膜在胃內充當屏障，將酸保持在一定的距離之外，並且保護著構成胃壁的細胞。

　　但黏液不只是靜靜坐在那裡——它也會移動。由纖細**纖毛**（看起來有點像微小毛髮的胞器）組成的龐大網絡，覆蓋著構成黏膜的第一層特殊細胞——**上皮細胞**。可以把這些細胞想像成等同於你的皮膚細胞。它們是直接位於黏膜邊界的細胞，只被黏液覆蓋著。它們是「體內皮膚」的細胞。

　　在身體某些地方，只有一層上皮細胞，只有一個細胞的厚度介於黏液和體內之間。上皮細胞不像皮膚一般奢侈，有數百個細胞堆疊在一起。上皮細胞並不好

惹。儘管它們其實並不隸屬於免疫系統，卻在防禦中發揮至關重要的作用。因為它們特別擅長活化免疫系統，並以特殊的細胞激素尋求幫助。可以將上皮細胞想像成民兵，雖然不是敵軍的對手，但在敵人入侵時是防禦系統額外的一層幫助。

　　上皮細胞的其中一項工作是運用毛狀的纖毛移動黏液去覆蓋自己的細胞膜。某些微生物會利用纖毛讓自己四處移動，而上皮細胞則是藉由纖毛同步地「拍打」，來移動覆蓋著自己的黏液。黏液移動的方向取決於它們存在的位置。在呼吸道、鼻子和肺部，黏液會經由嘴巴或鼻子直接排出體外，或稍微迂迴地被吞進胃中。

　　我們會吞下相當大量的黏液。即便這相當令人作嘔，卻是個相當不錯的系統。畢竟，胃裡充滿著大多數病原體無法生存的酸液海洋。物質在腸道移動的方向應該也相當明確──東西從胃裡來，接著移動到肛門，所有入口的東西最終都必須從這裡離開。

　　但是黏膜沼澤王國不真的是一個單一王國──它更像是由許多不同王國組成的聯盟。儘管彼此非常不同，卻會為了共同的目標同心協力。這樣很合理。皮膚沙漠王國在腳底和下背部的厚度可能不同，但工作性質差不多。相比之下，肺部黏膜、腸道黏膜以及女性生殖道的黏膜，卻有著完全不同的工作。依據身體各領域不同的專長，免疫系統保護它們的方式也不盡相同。在我們繼續討論下一個病毒大敵之前，先來看看腸道這個奇怪的王國，以及它如何應付數兆個在那裡生活的細菌。

25 腸道中奇怪而特殊的免疫系統
The Weird and Special Immune System of Your Gut

對於免疫系統而言，腸道是個非常特殊的地方。免疫系統需要處理這裡的許多複雜挑戰，好讓身體保持體健康而能正常運作。

請再次將腸道想像成一根穿越你的長管，將一部分的體外困在身體內部。在這個體外區域，腸黏膜上大約有三十到四十兆個來自大約一千種不同種類的個別細菌，以及成千上萬種的病毒共同構成的腸道微生物群（腸道中絕大多數的病毒都在獵殺生活在那裡的細菌，對你並不感興趣）。

我們對於免疫系統和腸道微生物群的交互作用和功能，還有許多不瞭解的地方。我們知道有許多疾病和失調都與這些交互作用失去平衡有關，但還需要做很多的研究才能完全理解這之間所有的關係。接下來的幾年，很可能會有許多令人興奮的事情被揭露。*

---

* 這是一個關於糞便移植和二戰期間德國士兵吃了駱駝糞便的注解。眾所周知，腸道微生物群以及它的健康程度，與你的健康程度以及可以承受的事情有著相當密切的關係。因此，近幾年來現代醫學中所謂的糞便移植，已成為一種真實的療法。它的意思和你所想的一樣——來自健康人體的糞便，其中攜帶著健康劑量的腸道微生物群，透過一種特殊藥丸給予患者服用（或者，如果你必須知道，是透過一根長管將糞便向下滴入喉嚨後部，然後進入胃部）。

它並非完全沒有風險，但在對付像是**梭狀桿菌**（*Clostridium difficile*）感染方面卻非常有效。這是一種令人討厭的細菌，在自然界中無所不在，也可以少量存在於腸道中。在某些情況下，例如當患者必須服用高劑量抗生素時，腸道中有許多細菌會被殺死，**梭狀桿菌**就可能接管並成為一種導致一切痛苦的病原體，像是腹瀉、嘔吐，或在最壞的情況下成為危及生命的腸道慢性發炎。它們是非常有抵抗力和堅強的細菌，而且今日有許多菌株已經對抗生素產生了抗藥性，使得身體很難擺脫它們。腸道的天然微生物群削弱，是**梭狀桿菌**開始成為麻煩的一個原因。糞便移植已被證明有很高的機會可以恢復身體的自然平衡，並幫助患者自行擺脫入侵者。

基本上，這就是糞便移植背後的概念，但這並不是一個真正新的想法。有證據顯示，在幾千年

在本章中，我們將探討一下身體怎麼可能做到與這麼多的客人共存。

首先，腸道的免疫系統是個半封閉的系統，盡量不與身體其他部位的免疫系統混合太多。從某種層面上，它有點像是瑞士，被歐盟的國家包圍。當然，它是歐洲的一部分，但在一定程度上仍然做著自己的事，實際上是獨立的。腸道的沼澤王國有點像那樣，因為它需要做許多不同的事情。

腸道免疫系統必須面對的最大挑戰，是腸道的防禦邊界不斷遭到破壞。比起身體的其他地方，腸道的免疫系統更需要為永無止境的攻擊不斷地做出反應，並區分敵我。正如你可能想像的，腸道是個繁忙的地方。除了形成腸道微生物群的數兆個生物，還有所有你放進嘴裡的東西。

食物在被牙齒磨成碎片並被唾液浸透和處理的過程中，展開成為你和你的細胞一部分的旅程。唾液中含有許多種有助於分解食物的化學物質，所以在開始進食後，消化就已經開始了。這很合理，因為當食物通過你時，身體只有有限的時間窗口來擷取資源，所以最好盡快開始。磨碎的食物被吞下之後，在胃裡的酸液海洋停頓一陣子。這不僅有助於消化也有助於分解堅韌的肉或纖維狀植物，有許多微生物不喜歡被淹沒在酸液中而會死在這裡，這讓免疫系統的工作容易許多。

在經過胃之後，食物繼續通過腸道。腸道的長度在三到十公尺之間，是消化

前吃動物糞便是用來治療胃和腸道相關的問題和疾病。這將我們帶回到了二戰和德軍征服北非的失敗。德軍面臨的諸多像是地雷，以及，好吧，輸掉戰爭之類的問題當中，其中一個很大的問題是痢疾（dysentery）。這是一種會導致抽筋、頭暈、腹瀉和脫水的可怕的慢性發炎（在所有可能的地方，沙漠是最不能失去大量水分的地方），並可能是致命的。

其中的問題很簡單，士兵們不習慣當地的微生物，而且因為這是發生在抗生素出現之前，幾乎沒有挽救的方法。有個醫學科學單位被派去尋找解決方法以幫助受苦的人，他們發現了一些怪事。當地感染痢疾的人並沒有病死，而是把駱駝的糞便收集起來吃掉。讓這些觀察者大吃一驚的是，通常在幾天之內，疾病就消失了。

當地人不知道這為什麼會奏效，只是知道可以這麼做，而且世代相傳。因此，德國醫生檢查了駱駝糞便，發現了枯草桿菌（*Bacillus subtilis*）這種可以抑制其他細菌的細菌，其中包括引起痢疾的細菌。他們培養了大量的這些細菌，並施用於生病和垂死的部隊，減輕了德軍的問題。這對科學來說是個偉大的時刻，但並沒有因此而阻止北非戰役的重大失敗。

道中最長的一段。90% 以上生存所需的營養物質都在這裡被吸收。這裡有很多你生存所需的細菌夥伴，它們花費時間幫忙將食物更加地分解，有助於身體吸收營養。但並不是任何細菌都是如此。數百萬年前，我們的祖先與一群微生物達成了一個脆弱的交易──人類為它們提供一條長而溫暖的隧道來生活，還有源源不絕的食物，而它們會分解我們無法消化的碳水化合物，並產生我們無法自己製造的某些維生素做為交換。微生物群裡的細菌群是各式各樣的租戶，它們製造的資源就是必須支付的租金。

這些細菌被稱為**共生細菌**（commensal bacteria），在拉丁語中意思大概是「在同一張桌子上」。就如同沙漠皮膚王國的野蠻人細菌群，共生細菌和你是朋友。如果它們不傷害你，並且免疫系統不殺死它們，那麼這筆交易會產生最好的結果。所以為了保持一切的美好和平，腸道細菌生活在腸道的黏液層上，就像皮膚細菌生活在你的皮膚上一樣。只要腸道細菌尊重這種分隔，不嘗試潛入深處到達上皮細胞，一切都很美好。但想當然爾，事情沒有那麼簡單。

細菌**實際上**不是我們的朋友。它們對於任何的交易都一無所知，也不尊重任何事物。由於腸子非常龐大，並含有驚人數量的細菌，生命中的每一秒中，都有一堆共生細菌會漫步深入體內。這是一個問題，因為如果它們進入血流並進入你真正的**體內**，就可能會造成可怕的傷害甚至殺死你。所以腸道黏膜是為了防止這種情況而建造的。

簡而言之，腸道黏膜分為三層：首先是一層黏液，充滿了抗體、防禦素（之前在皮膚上遇過這些可以殺死微生物的小針頭）和其他可以殺死或破壞細菌蛋白質的東西。腸道的黏液層必須非常薄並具有通透性，因為食物中的所有營養物質都需要穿越黏液進入體內。所以，如果第一層保護效果太好，我們就會餓死。

在黏液之下，腸道的上皮細胞是介於體內和體外之間真正的屏障。就如同肺一樣，在這裡保護身體內部的上皮細胞層只有**一個**細胞那麼厚。為了可以更有效地保護體內，腸道的上皮細胞之間非常緊密地連結。有一些特殊的蛋白質將上皮

細胞牢固地黏合在一起，所以它們會盡可能地形成一面完美的牆。免疫系統會監控這個區域，對於正試圖將自身附著在上皮細胞上的任何微生物尤其感到惱火。

這一切實際上一直都在發生，在生命的每一秒中——一堆共生細菌不斷地穿過防禦牆。所以在上皮牆之下是腸道黏膜的第三層，**固有層**，即大部分腸道免疫系統的所在地。在腸表面之下的固有層中，特殊的巨噬細胞、B 細胞和樹突細胞正在等待迎接不速之客。

如果沒有絕對的必要，腸道的免疫系統真的不想引起發炎。發炎代表腸道中會出現很多額外的液體，也就是你經歷過的腹瀉。腹瀉不只代表著水樣的糞便，也會損壞專門吸收食物營養的那一層非常敏感和單薄的細胞層。腹瀉也能夠讓病人迅速脫水到危急的程度。

大多數人並不知道，腹瀉仍是一個重大殺手，每年大約造成五十萬兒童的死亡。所以幾百萬年前我們就演化出身體和免疫系統將腸道發炎看得很嚴重的機制。

因此，守護腸道的巨噬細胞有兩個特性：首先，它們非常擅長吞噬細菌。其次，它們不會釋放召喚嗜中性球並會引起發炎的細胞激素。腸道的巨噬細胞更像是無聲的殺手，輕鬆地吃下越界的細菌，但不會大驚小怪。

腸道的樹突細胞也有一種特殊的行為模式。有許多直接坐落在上皮細胞層下方，並將它們的長手臂推擠入其間，延伸至腸道的黏液。這樣它們就可以不斷地對那些厚顏無恥深入冒險的細菌進行採樣。

在這裡存在著免疫學的一個巨大謎題，有一天解決它的人或團隊保證可以獲得諾貝爾獎——樹突細胞如何知道它們在腸道中採樣的細菌是危險的病原體，或只是無害的共生細菌？好吧，現在我們並不知道，但知道當樹突細胞對共生菌進行採樣時，會命令當地的免疫系統冷靜下來，不要過於被抗原惹惱。

不只如此。在腸道周圍，有特殊類型的 B 細胞只會生產大量的 IgA 抗體，這種抗體在黏液中特別有效。

IgA 抗體是專門為這種環境製造的——其中一點是因為它們可以直接穿過上皮細胞屏障並讓腸道黏膜飽和。

而且 IgA **不會**活化補體系統，不會引起發炎，這兩個結果在這裡都非常重要。不過 IgA 還有其他擅長的東西——它的四個鉗子往相反的方向延伸，是可以同時抓住兩個不同的細菌並將它們聚集在一起的專家。

因此，大量的 IgA 會製造出大量無助的細菌團，這些細菌會成為糞便的一部分而被送出體外。總而言之，大約 30% 的糞便是由細菌組成——其中許多已被 IgA 抗體聚集在一起（令人不安的是，大約 50% 的細菌在離開時仍然活著）。腸道免疫系統悄悄地確保你體內和體外的訪客都受到約束。所以有了這些機制和特殊細胞，免疫系統讓黏液避開那些雄心勃勃的友善細菌，但也確保它不會反應過度而造成損害。腸道免疫系統真的是一支維持和平的部隊。

但是如果有真正的入侵者，這所有的機制都不是很理想的辦法。像是某些病原菌會以某種方式在胃裡殘酷的酸液海洋中存活下來，並完好無損地抵達腸道。為了盡早抓住這些可怕的敵人，有一種稱為**培氏斑塊**（Peyer's patches）的特殊淋巴結，直接被整合在腸道中。**微褶皺細胞**（在扁桃腺中短暫遇到過的細胞）直接延伸入腸道中，並採集它們認為免疫系統可能有興趣的樣本。在某種程度上，它們是一種電梯細胞，將接到的乘客直接載到培氏斑塊，在那裡後天免疫細胞會檢驗腸道中發生的一切。這樣腸道就會有超快的免疫篩檢，不斷密切監測腸道黏膜中的細菌數量。

好的，我們已經談論夠多關於細菌以及它們如何與身體交互作用的事了。現在是時候認識一下你生命中必須應付的一種最常見入侵者。這種敵人不只是侵入身體，還會更進一步直接感染細胞本身，然後在那裡隱藏著，以免被免疫細胞偵測到，以便執行它骯髒的工作。這是一個聰明而危險的策略，免疫系統必須為它制定完全不同的策略和武器。

因此，讓我們探索一下（無可否認）最險惡的敵人，病毒。

26 病毒是什麼？
What Is a Virus?

病毒是所有能夠自我複製的生命中最簡單的一種。雖然，端看你問的是誰，它們甚至可能不被認為是有生命的。我們談過細胞是缺乏意識和自覺性的，它們只是一堆非常複雜的生物化學，遵循著遺傳密碼和不同部位之間的化學反應指使它們做的事。細菌也一樣，是能做出驚人事情的蛋白質機器人。儘管在某種層面上，它們被認為並沒有那麼複雜。

病毒甚至連那樣都不是。即便如此，病毒仍然可以完成一些事情，是一個同時令人沮喪又迷人的事物。病毒不過是一個外殼，內部填充了幾行遺傳密碼和一些蛋白質。它們必須完全依靠真正的生物來生存。

而病毒非常擅於此道。

病毒是在何時或如何應運而生的，目前還不是很清楚。但它們可能非常古老，而且在數十億年前，地球上所有生物的共同祖先還活著的時候就已經存在。有些科學家認為病毒是生命出現的必要步驟，其他人則認為病毒是大約十五億年前，有一種古老的細菌選擇變得更簡單而不是更複雜的結果。跟據這個概念，病毒選擇了退出生命的遊戲，並決定節省下建構功能完整的細胞所需的精力，開始依賴其他努力工作的生物。

不管真相是什麼，事實證明病毒非常成功。病毒實際上可以說是地球上最成功的實體。根據估計，地球上有 10^{31} 個病毒。有十兆，十億，十億個體病毒。[*]

---

[*] 若以某種方式收集這些病毒，並將它們首尾相連，將會延伸一億光年——相當於多達五百個銀

各種病毒

毫無疑問地，
病毒是地球上最成功的實體。
它們看起來也很有趣。

 棘蛋白

 殼體

 脂質套膜

 DNA/RNA

A 型流感病毒

腺病毒

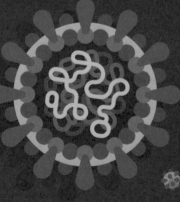

冠狀病毒

伊波拉病毒

　　病毒是如何變得如此成功，它們是如何做到的呢？好，在某種意義上，它們什麼都沒有做。它們沒有新陳代謝，不會對刺激做出任何反應，也無法增生。病毒是如此地基本，以至於它們沒有辦法主動去做任何事。它們基本上就只是在環境中四處漂浮的粒子，純粹依靠著隨機的機會，被動地碰到受害者。

　　如果所有其他形式的生命都滅絕了，病毒也會跟著消失。所以它們需要細胞，那種真正活著的活躍細胞，為它們做所有為了存活該做的事。一些科學家甚至建議，將病毒顆粒當作是一個生殖的階段，就像一個精子細胞，而一個被病毒感染的細胞才是它真正的生命形式。無論如何，病毒是個邪惡而鬼鬼祟祟的入侵者，因為很明顯地，細胞並不想被它們感染。病毒要能生長茁壯，最需要做的事情就是進入細胞內部。為此，它們濫用了所有細胞的共同弱點，也就是生物永遠無法完全防禦的一件事──攻擊細胞的受體。

　　我們已經討論了很多關於受體的事，它們是覆蓋著大約一半細胞表面的蛋白質識別元件。但是受體可以做的事情還有很多。它們與環境交互作用，可以將東西從內部運送到外部；反之亦然，這是絕對必要的。病毒的外殼上點綴著特殊蛋白質，可以與受害者表面上某種特定類型的受體連結。這代表著病毒無法隨意附著在任何一種細胞上，而是只能附著在具有特定受體的細胞上。在某種意義上，每種病毒都有許多的蛋白質拼圖塊，只有碰巧遇到一個具正確拼圖塊的細胞才能彼此連結。

　　病毒是專家，而非通才，它們具有特別喜好的獵物。這很好，因為正如我們先前確認過的，病毒有很多種，但只有大約二百種不同的病毒會感染人類。

　　一旦病毒接觸到它正在尋找的那種細胞，就會悄悄地接管它。病毒如何做到

河系彼此相連。僅僅是在海洋之中，每一秒就有 10^{23} 個細胞被病毒感染。如此之多。實際上，海洋中每天有多達 40% 的細菌因為病毒感染而死亡。更有甚者，即使是我們自己最親密的身體也無法免於病毒的侵害──大約有 8% 的 DNA 是病毒殘留下來的。我們要在此停止使用龐大的數字，因為沒人能真的想像這一切。我們只需同意地球上有很多的病毒，而且它們似乎過得還不錯。一些穿褲子的猿猴討論它們是否是活的，對它們而言毫無意義。

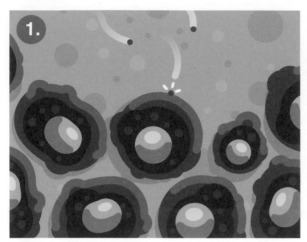

病毒成功連結到細胞膜。

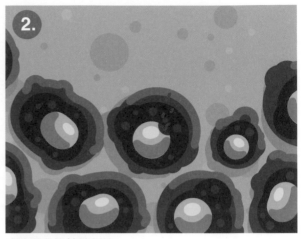

成功進入並接管細胞。

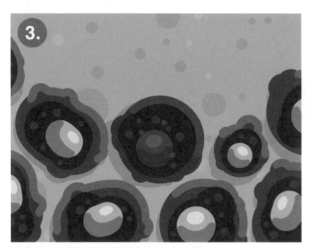

病毒利用細胞的資源製造出更多病毒。

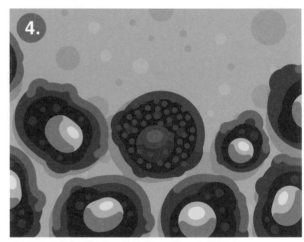

在某個時刻,被感染的細胞充滿了病毒。

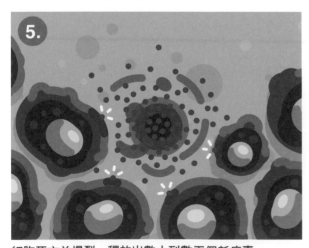

細胞死亡並爆裂,釋放出數十到數百個新病毒。

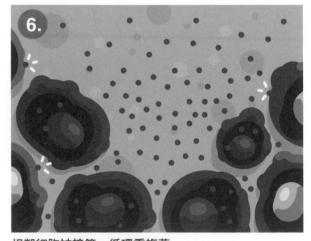

相鄰細胞被接管,循環重複著。

這一點因其種類而異。一般而言，病毒會將自己的遺傳物質轉移到受害者體內，並迫使細胞停止製造細胞自身的東西。細胞變成了病毒生產機器。有些病毒會讓受害者活得像是一座永久的活病毒工廠一樣，而另一些病毒則會盡可能快速地耗損掉細胞。通常在大約八到七十二小時之內，細胞的資源會轉變成組裝新病毒的元件，直到細胞被數百到數以萬計的新病毒完完全全填滿為止。

被套膜包覆的病毒，透過出芽離開細胞，這代表病毒會「捏掉」一點細胞膜，並將它當作額外的保護殼體。其他的病毒會逼迫受感染的細胞溶解，並溢出內容物，包括細胞被洗腦後製造的新病毒大軍，接著去感染更多的細胞。

如果細胞是有意識的，病毒對它們來說就會很可怕。想像一下蜘蛛不在牆上爬行，而是被動地漂浮在空中，然後趁你不小心時鑽進嘴裡，爬進大腦，並迫使你的身體製造數百個新的小蜘蛛，直到你的整個身體充滿了牠們。然後你的皮膚會爆裂開來，所有這些新生蜘蛛會試圖侵入你的家人和朋友。實際上，這就是病毒對細胞做的事情。

致病病毒非常擅長繞過免疫系統，因為它們具有一種超能力——沒有什麼可以比它們繁殖得更快。這也代表著沒有什麼比病毒能更快速地突變或變化。基本上，因為它們草率而粗心，它們在這方面是不可能被擊敗的。病毒是如此地基本，以至於它們缺乏細胞用來防止突變的多數複雜保護措施，所以它們總是**一直**不停地在突變。

一般來說，突變對於生物體是有害的可能性要勝於有益。但病毒毫不在乎——藉由純粹令人難以置信的繁殖率，以及在每個繁殖週期中產生的大量個體，使得每一個受感染細胞中的幾千個突變中，總會有一個非常有益，而且能讓病毒明顯更適合生存的突變，這發生的機率相當高。這是老派的演化，靠蠻力。把狗屎扔在牆上，直到有東西被黏住。而且這招非常有效。*

---

* 實際上，這是演化唯一的技巧。演化會嘗試很多事情，無論是什麼，只要能不在產生一些後代之前死去，就會在死去之前得到更多機會去產生新的後代。這樣不斷地重複著，就會得到地球上令人驚嘆的各種生物，還有每個季節出現的新感冒病毒。所以基本上演化是好壞參半的事情。

免疫系統不能依靠相同的武器去對抗細菌和病毒感染，因為兩種敵人和它們所使用的策略非常不同。病毒比細菌更小，而且因為它沒有新陳代謝去釋放可以被免疫細胞偵測到的垃圾化學物質，因此比細菌更難被檢測到。病毒大部分的生命週期都隱藏在細胞內，並且試圖操縱受感染細胞，進而誘騙免疫系統放鬆警戒。它的變化速度比細菌快，而且一個病毒可以在一天內變成一萬個病毒，快速進入指數級的增長。因此致病病毒是極其危險的敵人。

因此，也難怪免疫系統在抗病毒防禦方面投入了大量資源。

在瞭解我們對抗病毒的武器之前，先來看看另一個黏膜王國，也是病毒主要的侵入點。大多數致病病毒是透過呼吸道黏膜進入體內的。這是有道理的——之前我們簡單地提過，如果你是一個想要侵入人體細胞的病毒，皮膚沙漠王國會是一個非常非常糟糕的地方，因為那裡有著層層堆疊的死細胞。相較之下，肺黏膜是一個非常吸引病毒的侵入點。但這並不代表著病毒可以輕易由此進入身體——就像皮膚一樣，身體在此形成了強大的防禦王國。

27 肺部的免疫系統
The Immune System of Your Lungs

　　肺實際上並不是一個大氣球，雖然這樣的想像很有趣。在某種程度上，它更像是有著無數角落和縫隙的緻密海綿。肺部真正進行呼吸的部分有著巨大的表面積，超過一百二十平方公尺，是皮膚表面積的六十倍。

　　當你每天吸入幾千加侖（一加侖大約四公升）的空氣時，這巨大的空間會不斷地與環境交互作用。因此，肺可說是全身最暴露的地方。每一次的吸氣大約會吸入五百毫升的空氣，其中不僅包含了你需要的氧氣，還有其他一些身體不太在乎的氣體，以及許多粒子。到底吸入了些什麼東西，又有多少的量？很大的程度上取決於你置身在世界的何處。

　　在寒冷的南極，空氣主要是由乾淨的大氣組成，再新鮮不過了。走在都會區繁華的街道上，你吸入了大量的有毒廢氣、汽車排出的各種顆粒，以及其他極有害的物質，像是石棉或輪胎的橡膠磨損物。除了這些人為的汙染，空氣中還可能攜帶了大量的過敏原，像是各種植物的花粉，或家裡點綴著蟎蟲糞便的灰塵。

　　細菌、病毒和真菌孢子搭乘在這些顆粒或細小的水滴上，或者只是自己在四周漂浮著，尋找著新家。所以肺部的襯墊細胞不斷面臨著有毒化學物質、顆粒和微生物的猛烈襲擊。儘管身體的其他部位在面對這些爆炸性的混合物時，免疫系統會產生強烈的反應，並且無需太多的考慮就對身體組織進行破壞，但這在肺部不是個很好的選擇。因為無論你做什麼，就是不能停止呼吸。

　　所以免疫系統在這裡必須更加小心，不要那麼殘忍。演化必須讓肺部形成一個平衡的系統——能夠抵禦入侵者並清除汙染，同時仍然允許氣體進行交換。

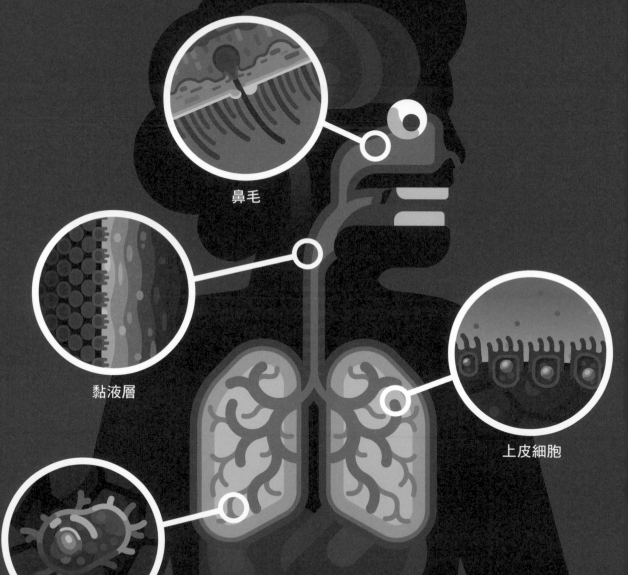

呼吸系統

呼吸器官中的防禦機制是一個平衡的
系統。它可以在擊退入侵者和清除汙
染的同時,允許維持氣體進行交換。

鼻毛

黏液層

上皮細胞

肺泡巨噬細胞

呼吸系統的防禦機制始於鼻子———一個以真實毛髮構成的巨大過濾器——鼻子對於微小的東西不太管用，主要用於防止大東西進入體內，像是夠大的塵埃顆粒或花粉粒子。接著，就像在任何黏膜環境中一樣，這些東西會隨著覆蓋在呼吸系統表面的黏液，藉由爆發性的噴嚏反射，迅速地被排出。

黏液會不斷地被移除到體外或是被吞嚥。但在肺部深處，這些機制並不是很有用。為了要呼吸，肺泡這些充滿空氣的小氣囊，不能被黏膜覆蓋，否則我們會無法呼吸。所以在肺部最深處、最脆弱的地方，實際上只有一層上皮細胞介於體內和體外之間，沒有別的了。這真是個暴露的區域，也是各種病原體的完美目標。

為了保護該區域的安全，這裡駐有一種非常特殊的巨噬細胞——**肺泡巨噬細胞**（Alveolar Macrophage）。它的主要工作是在肺部的表面巡邏以及撿拾垃圾。大多數的碎屑和其他惱人的東西都被卡在上呼吸系統的黏膜，但有些仍會到達肺部更深處。肺泡巨噬細胞是非常冷靜的巨噬細胞，比它在皮膚上的表親更難被刺激和活化。在呼吸道中，肺泡巨噬細胞向下調節其他的免疫細胞，如嗜中性粒球，使它們不那麼咄咄逼人。但最重要的是，肺泡巨噬細胞可以降低任何形式的發炎，因為你最不希望看到的是肺裡有液體。

有證據顯示，肺部裡面可能有微生物群（代表著生活在肺部的微生物集合體），或者，至少是某種微生物群被容許暫時在肺部生活。但與腸道微生物群相比，我們對肺部的微生物群所知不多。這有許多原因。一方面，就微觀上，呼吸是不斷發生的颶風級風暴，因此微生物要在此定居遠比在安逸的腸道中困難許多。然後，這裡很少有免費的資源，使得友好的細菌很難在此維生。此外，妨礙我們前進的一個大問題是，很難從肺部深處採集微生物群的樣本。你真的要珍視從腸道收集東西有多麼容易——腸道是一根長而寬的管子，每天所有東西的樣本都會順暢地從肛門排出。肺部就沒那麼配合，從肺部深處採集樣本很難在離開時不被汙染。所以，關於微生物群還有它們與肺部的交互作用，仍有許多需要進一

步瞭解的部分。

　　但可以肯定的是，許多常見感染人類並且危險的致病病毒，都將呼吸系統當作侵入點。既然已經瞭解肺的環境，讓我們看看肺部如果遭到感染會發生什麼狀況，並瞭解免疫系統發明了哪些可以消滅病毒的特殊防禦措施。

28 流行性感冒
——你不夠尊重的「無害」病毒
The Flu—The "Harmless" Virus You Don't Respect Enough

「距離週末還有三天！」進入同事正煮著咖啡的休息室時，你這麼想著。當你從她身旁經過時，她突然猛烈咳嗽起來。雖然她急忙彎曲手臂搗住嘴巴，但速度仍不夠快——第一聲咳嗽毫無阻礙地襲來，由數百個細微水滴組成的一團雲團穿過了空氣。在細胞的規模上，這些液滴不像是子彈，反而更像洲際彈道導彈，在幾秒之間穿越相當於整個大陸的距離。這些液滴裡不是裝載著核彈頭，而是同樣危險的貨物——數以百萬計的 **A 型流感病毒**，可導致我們熟知的**流行性感冒。**[*]

較大和較重的彈頭液滴無法飛得太遠，很快就會掉落地面。但是較輕的液滴被有利的氣流攜帶著，並在空氣中散開。當你直接穿越水滴雲團時毫無感覺。在你吸氣時，幾十枚充滿病毒的導彈被吸入你的呼吸道，並猛烈地噴灑到黏液上，在那裡釋放出承載的病毒。你只是忙著泡咖啡，沒有意識到剛剛已經觸發了一系列嚴重事件。稍後，當你開始考慮再喝一杯時，第一個病毒已經接管了一個細胞。

這將是數十億入侵病毒中的第一個。

你剛剛隨意吸入的 A 型流感病毒是屬於非常惱人的**正黏液病毒科**（Orthomyxoviridae）中最強大和會持續造成危險的品種。A 型流感專門感染哺乳類動物呼吸系統的上皮細胞。這包含了人類，僅僅是在 20 世紀，A 型流感就

---

[*] 流行性感冒這個名稱在義大利語中意指「影響」，源自於中世紀當時人們認為天文事件可以影響健康並導致疾病。例如，液體從恆星流出，然後以某種方式流入地球和人類。這些幾乎就像你出生時星星的位置會影響你的想法、性格和個性特徵一樣地瘋狂。

咳嗽

數以百計的小水滴，夾帶了數以百萬計的病毒噴越過空氣中。較大的水滴很快就落在地上，較輕的水滴則在空氣中散開，並形成持久的雲團，被一無所知的路人吸入。

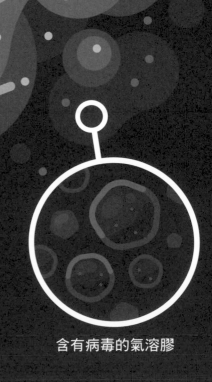

含有病毒的氣溶膠

導致了四次主要的大流行，其中最著名的一次造成了至少四千萬人死亡的西班牙流感。幸運的是，你剛剛吸入的品種並不那麼致命。平均而言，我們習慣的「正常」流感，每年「只」會導致五十萬人死亡。[*]

對於在休息室進入你呼吸系統的病毒而言，一個關鍵的計時器已經啟動。病毒只有幾個小時可以到達目標，因為沼澤王國的環境正在緩慢而確實地摧毀它們。漂浮在這裡的各種蛋白質或抗體能夠分解病毒或讓它們變得無用，並且被不斷補充和更新的黏液帶走。因此，你吸入的許多病毒顆粒永遠無法到達目標，因為它們會即時被抓住並遭到摧毀。但非常戲劇性地，仍然有一個病毒到達了黏液保護層下方的細胞。

上皮細胞，也就是體內的「皮膚」，表面上有 A 型流感病毒可以連結並操弄以進入細胞的受體。病毒只需要大約一個小時，就可以藉由征服細胞的一些自然程序而控制細胞。在不知道病毒的意圖下，細胞小心地將病毒包裹在一個包裹內，並將它拉向內部深處的細胞核，也就是細胞的大腦。許多自然的程序再一次被細胞本身觸發，告知病毒已經到達目標，以及是時候釋放遺傳密碼和許多不同的敵對病毒蛋白了。

十分鐘之內，流感病毒誘使細胞將病毒的遺傳物質直接輸送到細胞的大腦，也就是細胞核中。病毒蛋白開始瓦解細胞內部的病毒防禦系統，於是細胞被征服了。

A 型流感病毒正企圖直接接管細胞核——可以把它想成是細胞的大腦。細胞核儲存著 DNA，其中包含細胞所有蛋白質的使用說明書，不只是製造藍圖，還有它們的生產週期。這些蛋白質決定了細胞的發育、功能、生長、行為和繁殖。

---

[*] 西班牙流感很特別，因為它稍微地將局面反轉——通常流感主要是導致小孩和老年人的死亡，但在這裡發生了相反的情況。如果你是一個在鼎盛時期的健康成年人，你死於西班牙流感的機率最高。西班牙流感在最健康的人身上影響最大，會使他們的免疫系統發怒並失去所有約束，導致大約 10% 的總體死亡率。

因此，誰控制了蛋白質生產，就等於控制了細胞本身。這是如何運作的呢？嗯，你的 DNA 是由許多小片段所組成，也就是你的基因，每個基因都是一種蛋白質的說明書。要將基因的指令轉化為實際的蛋白質，這些訊息需要被傳遞給細胞中的蛋白質生產機器。

基因如何傳遞訊息呢？好的，實際上，它們什麼都不做，因為基因只是 DNA 的一部分。要將基因中儲存的訊息傳遞給細胞的其餘部分，生物是利用 **RNA**。RNA 是一種複雜而迷人的分子，可以完成許多種不同性質和關鍵的工作。在我們現在關注的情況下，它會充當訊息傳遞者，將製造蛋白質的指令從基因傳遞到細胞的蛋白質工廠。

病毒選擇在此介入，並將一切搞砸。病毒試圖以多種不同的方式接管這些美妙的自然程序，一切取決於它的作案手法。例如 A 型流感病毒只是將一些 RNA 分子注入細胞核中，在那裡假裝是細胞自身基因委託的訊息，藉此欺騙細胞去製造特定的病毒蛋白。當然，病毒蛋白是有害的，會中斷生產健康細胞的蛋白而去生產病毒蛋白，換句話說，就是病毒的組成部分。[*]

在我們的故事中，感染上皮細胞的 A 型流感病毒已經取得成功，現在可憐的細胞命運已經注定。它已經成為身體危險的定時炸彈，一個不再為你服務的蛋白質機器人，現在服務的是一個邪惡的新主人。

在幾個小時內，開始製造大量的新病毒之前，所有的製程和生產線都因為新的目標而改變了。根據一些估計，一個被 A 型流感病毒感染的細胞在幾個小時

---

[*]　因為病毒，我們現在已經真正進入了生物化學這個私密而令人費解的世界。細胞是由數百萬個元素組成的，在我們稱為生命的這個複雜美妙的舞蹈中，這些元素被同時進行的數千個過程推動著。病毒以相當糟複與複雜的方式干擾這些程序。如果要詳細地介紹，會碰到擁有糟糕名稱的病毒蛋白和分子，例如 vRNP──病毒聚合酶複合物（viral polymerase complexes），例如 PB1、PB2 或 PA，病毒膜蛋白 HA、NA 或 M2，多肽鏈如 HA1 和 HA2。這些東西引人入勝，但也需要許多頁冗長的論述去仔細描述關於細胞內部的運作，以及病毒如何與其作用並操控細胞。這只是多一層的複雜度，但對於瞭解這裡的原則沒有必要。你只需要記住一件事──病毒基本上是在對細胞內的機器進行惡意的接管。

內，也就是在第一個受害細胞因疲憊而死亡之前，平均能產生足夠的病毒去成功感染二十二個新細胞。

假設這個過程在沒有阻力的情況下進行（並且每種病毒只會感染不曾受過感染的細胞），那麼一個被感染的細胞會變成二十二個，再變成四百八十四個受感染的細胞。四百八十四接著變成一萬零六百四十八個，再變成二十三萬四千二百五十六個，然後是五百一十五萬三千六百三十二個。在短短的五個生殖週期中，每個週期大約需要半天，一個病毒就變成了數百萬個病毒（然而，實際上並不總是這樣，因為身體不會讓這種情況發生——但話又說回來，一開始可能會有不只一個流感病毒成功感染的細胞。所以距離數以百萬計的受感染細胞也許不遠）。†

當涉及到指數級增長時，病毒是非常卓越的。它們完全是在另外一個層級，可以爆發性地以倍數增加，而不是像細菌那樣的一分為二的繁殖法。

說到細菌，相對於踩到釘子時戰場的簡單明瞭，病毒的狀況大不相同。

如果割傷了自己，細菌感染了傷口，事情會非常直截了當——釘子造成的損傷會立即引起發炎，並且吸引免疫系統的關注。這裡有很多表現不是非常謹慎的敵人，它們反而更像是糖果店裡一群搖搖擺擺、蹣跚學步的孩子。‡

---

†　所以當我們談論數百萬被感染的身體細胞時，這實際上代表著什麼呢？此時肺部被感染了多少？一百萬個受感染的上皮細胞有多大？非常粗略地說，一百萬個受感染的上皮細胞的表面積大約是一‧二公分。這是不到一美分或或半歐分的表面積。你的肺總共有大約七十平方公尺的表面積，比羽球場小一點。所以實際上只有很小一部分的肺部被感染。如果你還記得一個細胞有多小，又有多快可以從無到有，這一切會再次變得很可怕。如果讓病毒以這種速度生長，整個肺部很快就會被感染，而你會死得很慘。

‡　好的，好的，這有點不公平。並非所有細菌都像笨拙的白痴，許多致病細菌無疑地擁有可以隱藏以及在適當時機猛烈攻擊的天才策略。一個非常酷的例子是群聚感應（quorum sensing）。簡單的說，這代表著病原菌非常謹慎地侵入組織。就像它們在分裂時嚴格地控制自己和新陳代謝，下調各種代謝產物（細菌糞便）並隱藏危險的武器。這些武器可能會將自身的行蹤暴露給免疫系統。致病的細菌藉由等待化學訊號來做到這一點，這些訊號會在正確的時刻告訴它們發動攻擊。當到達臨界質量時，它們會突然停止隱藏的行為。現在它們不再是可以輕易被處理掉的小威脅，而是一支強大的軍隊，一下子就失去了約束。如果從一開始就是如此，會受到攻擊並可能立即被消滅。所以，是的，群聚感應非常地酷，而且細菌擁有不止一種的策略。

流感病毒

1.

細胞膜

2.

受體

3.

流感病毒進入細胞

1. 上皮細胞，體內的「皮膚」，表面上有受體可以與 A 型流感病毒連結。

2. 病毒棘蛋白像是一個鎖裡的鑰匙，插入受體。

3. 細胞小心地將病毒包裹起來以便安全地運輸，並且將其拉入細胞深處，前往細胞核。

　　病毒不想受到關注。A 型流感感染的開始與其說是一次全面的正面攻擊，不如說是在入侵時保持隱匿、默默破壞防禦機制的一群突襲隊。

　　想想關於幾千年前古希臘人試圖征服特洛伊城的傳說，就是用一匹木馬的那個。如果把特洛伊城想像成身體，大部分細菌的行為是在城門前的空地進行圍攻和攻擊──尖叫著跑來跑去，並且被非常惱火的防守者襲擊頭部。

　　流感病毒則更像是躲在木馬裡的士兵，試圖偷偷地進入城裡，竭盡所能地保持隱匿。一旦進入城裡，他們會等待夜幕的降臨，並試圖潛入各家各戶殺死睡夢中的特洛伊市民，阻止他們通知城裡的警衛。他們接管的每間房子都成了一個基地，讓入侵者可以製造更多的入侵士兵。每晚有更多人試圖悄悄地接管更多的房屋，並殺死更多睡夢中的市民。好的，這個比喻在此有點崩解，但你可以明白要點。

　　簡而言之，這是病原病毒感染的主要特徵。這種鬼鬼祟祟的做法也代表著病毒感染的戰場，會比遇到細菌時更嚴重。如果觀察剛被感染的肺組織狀態，會什麼也看不到。只有看似健康的細胞做著自己的事，但同時隱藏的敵人正在割斷市民的喉嚨並破壞細胞內的防禦機制。這非常真實，並使得病毒感染比細菌闖入一個開放的傷口更殘忍、更陰險。

　　致病病毒是真正可怕的敵人。它們攻擊你最薄弱的環節，並且隱藏在平民細胞內部。它們在那裡比其他病原體以更強大的爆發力進行繁殖，每一個繁殖週期都能感染無數的新細胞。在病毒感染的高峰期，體內可能有多達數十億個病毒。針對病毒這所有的特性，免疫系統都需要以不同於對付大多數細菌的方式去防禦。

　　但不要太害怕。免疫系統已經演化出特殊的抗病毒防禦機制。

　　此時，也許已經有幾十個細胞被感染，但是第一個反制措施已經啟動了。在感染的初期，在想要提醒免疫系統的感染細胞和試圖使它們沉默的病毒之間，正進行著一場搏鬥。

　　回到特洛伊城的比喻，和平沉睡的市民的家被偷偷潛入，他們被試圖割喉嚨的敵兵聲音吵醒。在悲劇發生之前，他們跑到窗邊，嘗試透過大聲的警告來提醒城市的守衛。正當市民要尖叫時，入侵者猛烈地將他們從窗戶上拉下來，以刺傷和割傷讓他們永遠沉默。為了控制每一間房子和每一位市民而進行的殊死戰上演了。如果市民贏了並且得以召喚守衛，免疫系統就會被喚醒；如果偷偷摸摸溜進的入侵者獲勝，他們將獲得更多時間創造更多的戰士，並為整個城市帶來真正的危險。

　　好的，房子、士兵和市民，尖叫、掙扎還有刺傷。這裡實際上發生了什麼，這隱喻描述的是什麼？我們將再一次遇到一個非常優雅的解決方案，用於處理一個極其複雜的問題。身體抵禦病毒的第一個真正防禦措施是**化學戰**！

29 化學戰——干擾素們，干擾吧！

Chemical Warfare: Interferons, Interfere!

你的細胞奮力地對抗體內的流感病毒，就像特洛伊城的市民拼命地和潛入他們城市的希臘士兵作戰一樣。

這場戰鬥的第一步，是讓你的細胞意識到它們已經被侵犯了。由於黏膜表面的上皮細胞是病毒入侵的主要目標，它們其實已經準備好應戰了！正如我們之前提到的，上皮細胞像是一種民兵，它們擁有模式識別受體（pattern-recognition receptors），類似本書先前提過的類鐸受體。這些先天免疫細胞的受體可以辨識敵人（像是病毒）最常見的形狀。你的上皮細胞有許多不同的受體可以掃描自己**內部**存在的危險信號。

當這些受體連結到某些特定的病毒蛋白或分子，它們就知道有些東西已經入侵細胞，而且有地方錯得離譜，因此會立即觸發緊急的反應。

這個當下，你的身體必須面對病毒感染的一個嚴重問題。先天免疫系統在對抗致病性病毒上，遠不如像對抗細菌時那麼地有效率。所以在致病性病毒感染的情況下（或隱藏在細胞內的細菌），你的身體迫切地需要後天免疫系統的幫助，才有機會清除這些入侵者。

然而，正如我們至今所學到的，後天免疫系統的速度很緩慢，需要好幾天才會甦醒，這對於應付迅速繁殖的病毒並不理想。因此，如果發生嚴重的病毒感染，先天免疫系統與受感染的平民細胞就需要為了時間——宇宙中最有價值的東西——而奮力一戰。它們需要減緩感染的速度，並盡可能讓病毒無法散播給更多在遠處的平民。

現在我們終於要談到細胞的處理方式——化學戰。

我們在本書中已經多次談到細胞激素。這種驚人的蛋白質可以傳遞訊息、活化細胞、將細胞引導到小規模的戰場，或使免疫細胞改變自身的行為。簡而言之，細胞激素是可以活化和引導免疫系統的分子。在病毒感染時也是如此。但實際上，它們在這裡發揮了更大的作用。

如果你的一個細胞意識到被病毒感染了，它會立即向周圍的細胞和免疫系統釋放多種不同的緊急細胞激素。這些細胞激素就是平民看到床腳旁的入侵者時發出的尖叫聲。

在這種情況下，有許多不同的細胞激素被釋放出來，它們可以執行很多不同的事情，但在這裡我們要強調一個非常特殊的種類——**干擾素**（Interferons）。干擾素的名字來自於「干擾」。它們是**干擾**病毒的細胞激素。

某種意義上，你可以將干擾素想像成一個迴盪在城市街道的警報，呼籲市民將門鎖上，並將家具搬到門前擋著，並用木板封住窗戶，好整以暇地等待著即將襲擊的士兵。干擾素是「**為抵抗病毒做好準備**」的終極信號。

所以當細胞接收到干擾素分子時，它會觸發不同的訊息傳遞途徑，使細胞的行為徹底改變。在此，需要明白的一件重要的事，就是此時你的身體不可能去計算有多少病毒存在、病毒侵入了多少細胞，或者有多少細胞已經祕密地生產新的病毒。

因此，其中最早的一個變化，就是細胞暫時停止製造蛋白質。在你生命的每一刻，細胞都在回收和重組它們內部的基本組成分子和材料，以確保每一個蛋白質皆處於良好的狀態，並如預期般運作。所以有一些干擾素會告訴細胞去休息一下，以減緩新蛋白質的產生。如果細胞不去製造很多蛋白質，就算它碰巧被感染了，也不會製造病毒蛋白質。所以基本上干擾素只要命令細胞放慢一點，就能有效減緩病毒的產生。

在此可以更詳細說明其他有目標性的干擾案例，因為有好幾十種不同的干擾

干擾素

上皮細胞在自身內部受體的幫助下，意識到自己被感染了。為了警告其他細胞並爭取時間，它們會釋放稱為「干擾素」的特殊細胞激素。當細胞辨認出這些干擾素，就會停止製造蛋白質以減緩感染。

被感染的細胞

干擾素

漿細胞樣樹突細胞

素可以執行幾十種不同的功能，但這並不重要。對你來說最重要訊息是——干擾素會干擾病毒複製的每一個步驟。

干擾素不太會獨自剷除一個感染，它們也不需如此。它們需要做的只是強化鄰近細胞對於病毒的抵抗力，以減緩新病毒的增生。有時候這種反應能非常有效地遏止病毒的散播，以至於病毒無處可去，而你甚至不知道發生了什麼事情。

但很遺憾地，在我們休息室中 A 型流感病毒感染的情況並非如此。流感病毒已經適應了人體的免疫系統並做好準備。當它卸載它的遺傳訊息去控制細胞時，它也預先裝載了許多不同的「病毒攻擊蛋白質」。這些武器能夠摧毀和阻擋被感染細胞的內部防禦機制。你可以把這些攻擊蛋白質想像成士兵入侵民宅時使用的匕首——可以刺傷平民，以防止他們尖叫（釋放細胞激素）。

因此，雖然 A 型流感病毒並不總是能成功防止干擾素的釋放，但卻非常擅長延遲它，並為自己爭取更多的時間。仔細想想，這是不是很吸引人？兩個截然不同的敵人，一個病毒和一個人類細胞，兩者都在為爭取時間而戰。

A 型流感非常擅長這種鬥爭，因此通常在數小時內病毒便由幾十個變成數萬個。儘管如此，最初盡可能保持隱蔽的策略也有不利的一面，即使它在最初會取得成功，一段時間後也會失效。病毒不可能永遠隱藏起來。受病毒感染的細胞越多，能夠發動化學戰的平民細胞就越多，最終死亡的平民細胞也越多，進而引起發炎並啟動免疫系統本身。更多的病毒顆粒會在細胞之間的液體漂流，並觸發危險信號。所以即使是最狡猾的病毒也遲早會被發現。

這進展通常很快，因為化學戰會觸發先天免疫系統裡防禦病毒階段的下一步——**漿細胞樣樹突細胞**（Plasmacytoid Dendritic Cells）。*

---

* 擁有漿細胞樣樹突細胞這種免疫學裡可怕的名字實在沒有任何幫助。關於免疫系統的一個要點是，它有許多不同的細胞子類，因此有許多不同的樹突細胞，以及許多不同的巨噬細胞等等。然而事實是這並不重要。如果漿細胞樣樹突細胞被稱為「化學戰細胞」「抗病毒警報細胞」，或是除了它實際名稱之外的任何名稱都會好得多，因為這些能更好地描述它。我們處理的方式

這些特殊的細胞終其一生都在你的血液裡移動，或在淋巴網絡中紮營，專門掃描病毒存在的跡象，無論是來自平民細胞的恐慌干擾素，或是直接漂浮在你體液中的病毒。無論如何，如果它們確實發現病毒感染的跡象，就會活化並轉變成強大的化工廠，滲出極大量的干擾素，不僅提醒平民開啟它們的對抗病毒模式（停止製造蛋白質等），同時也啟動免疫系統準備好進行一場戰鬥。你可以把這些細胞想像成是一種移動的煙霧偵測器。像 A 型流感這樣的致病病毒，也許可以抑制受害者的天然化學戰反應，並逃過雷達的偵測。但就算是極微弱的跡象，漿細胞樣樹突細胞都能偵測到，並顯著地擴大警報。

事實上，它們對於被病毒感染的跡象非常敏感，以至於在第一個平民細胞被感染的幾個小時後，它們已經打開了干擾素的閘門。這發生的速度極快，因此當血液中的干擾素突然增加，通常就是病毒感染的最早跡象，遠在可偵測到任何真正的病徵或病毒之前。在我們休息室的故事中，這種情形在你被咳嗽感染之後幾小時就發生了。但你的龐大巨人層級並不會察覺或考慮到這些，更不用說有任何的症狀。

儘管干擾素的猛烈攻擊開始喚醒免疫系統的其他部分是個好現象，A 型流感仍持續快速地在你的呼吸系統擴散開來。數十萬的病毒出現，首先留下了數千個因感染而死亡的上皮細胞，接著是數百萬個。此時病毒已不再需要隱藏，它們已經成功贏得足夠的時間來進行驚人的複製。讓我們最後一次引用特洛伊故事——入侵的勢力在光天化日下擴展開來，士兵、警衛和平民在街頭上奮戰。你的免疫系統必須比特洛伊的市民更強大，否則病毒很快就會打倒你的身體。

於此同時，週末開始了。你從床上爬起來，準備玩電動遊戲以及做其他重要

是在此將這細胞解釋完後就再也不提及它，因為一方面它太酷了，因此不得不提及這種特殊的抗病毒化學戰細胞，但另一方面，令人困惑的是，它們是特殊的「樹突細胞」，擁有的工作與我們已經瞭解很多的普通「樹突細胞」完全不同。因此，一旦我們在這裡討論完它，我們就可以安心停下來，再也不需要學習關於它的任何細節。

的事情。但你察覺到身體有些不對勁——你的喉嚨痛、流鼻涕、頭有些微疼痛和一點咳嗽。通常你醒來之後會立刻感到飢餓，但今天你完全不想吃早餐。*

　　你感冒了，你以毫無根據的自信進行了自我診斷。

　　「正巧遇上週末，人生真是太不公平了！從來沒有人像我過得這麼辛苦，以後也沒人像我一樣。」你自怨自艾，期待宇宙的同情，卻沒有得到任何回應。你重新振作起來。這只是一個小干擾！只要吞個幾顆阿司匹靈並好好享受你的空閒時間，這感冒阻止不了你的。你當然是對的——感冒阻止不了你。但這並不是感冒。

　　當你對身體內部發生的事情產生嚴重誤判時，A 型流感病毒正在迅速蔓延，擴散到整個肺部。它現在已確實地形成一個危險而且仍然未受控制的感染。而你很快就會發現，免疫系統已經開啟了全面反應的模式。我們已多次提到這個事實，在感染中免疫系統通常是可以導致最大損害的部分，在對抗流感病毒時也是如此。你即將經歷的所有不適症狀，都是免疫系統企圖全力阻止病毒殘酷地入侵你的肺部的結果。

　　這個從上呼吸道延伸到下呼吸道的戰場，開始忙碌了起來。區域性的巨噬細胞，將死亡的上皮細胞清除並吞噬偶然遇到的病毒，它們同時也釋放細胞激素，以召喚後援並造成更多的發炎反應。

　　嗜中性球也加入了這場戰鬥，儘管它們的參與好壞參半（對於它們在對抗病毒感染時有著實質幫助或是造成不必要的破壞，在免疫學者之間仍持續進行研

---

*　為什麼生病時你會食欲不振呢？好吧，你可以把這一切歸咎於你的免疫系統釋放的細胞激素造成的猛烈攻擊。細胞激素向你的大腦發出警告，一場嚴重的防禦戰正在進行，而你的身體必須為此儲備能量。你可以想像，動員數百萬或數十億個細胞進行戰鬥，是一項非常耗費資源的任務。消化食物實際上也需要大量能量，所以關閉這些過程能讓你的身體專注於防禦。它還降低你血液中的某些營養素，讓致病的入侵者無法垂手可得。這不代表你應該積極地嘗試以飢餓去治癒疾病。不消化是個短期策略而非長期的解決方案。對於慢性病患者而言，食欲不振可能導致嚴重的體重流失。所以當你再次感到飢餓時，可以吃點東西來補充儲備能量。

究和辯論中）。嗜中性球似乎無法有效地對抗病毒，它們大多是被動地協助——作為瘋狂的戰士，它們會增加發炎反應。

先天免疫系統一般的功能是提供整體局勢的概況，並做出總體性的決定，在此會再次清晰地呈現，當士兵細胞意識到它們正對抗著病毒感染並且需要更大規模的協助，因此會釋放另一組細胞激素——**熱原**（Pyrogens）。

熱原的粗略意思是「熱的創造者」，在這種情況下是個非常貼切的名稱。簡而言之，熱原是引起發燒的化學物質。發燒是一種系統性的全身反應，它創造了一種讓病原體不舒服的環境，並促使免疫細胞更加努力地戰鬥。它也是一個會讓你躺下休息、節省精力、給予自己的身體和免疫系統時間去修復或抵抗感染的強大動力。[†]

熱原以一種很酷的方式工作。某個層面來說，它們可以直接影響你的大腦，讓大腦做些事情。你可能聽說過血腦屏障（blood-brain barriers），這是一種可以阻止大多數細胞和物質（當然還有病原體）進入大腦脆弱組織的巧妙裝置，避免大腦受到破壞和干擾。但大腦也有一些區域，能夠讓熱原局部穿透這個屏障。如果熱原進入大腦並與其互動，就會觸發一系列複雜的事件，基本上就是透過改變你的體內溫度計來提高身體的溫度。

你的大腦透過兩種主要方式來增加熱量——一方面，它可能會透過引起顫抖來產生更多的熱量。這是藉由肌肉快速地收縮來產生熱量這個副產品。透過收縮靠近身體表面的血管，也會讓熱量的流失變得困難，減少了會經由皮膚失去的熱量。這也是你發燒的時候會同時感覺很冷的原因——皮膚的溫度實際上比較低，因為身體正試圖加熱你的核心，製造戰場上令人不舒服的溫度，使病原體非常不開心。

[†] 熱原可以是許多種不同的物質，從某些干擾素、活化的巨噬細胞釋放的特殊分子，到細菌的細胞壁都有可能。但最終，你只需記住一件事——先天免疫細胞會釋放一種叫做熱原的物質，去命令大腦讓身體更熱。

　　儘管如此，發燒對你的身體來說是一項重大的投資，因為將整個系統加熱幾度會消耗大量的能量，這取決於發燒的嚴重程度。平均而言，體溫每升高攝氏一度，新陳代謝率就增加約 10%，這代表你只是為了要活命，就需要燃燒更多的卡路里。雖然這對想要減肥的你來說好像並不那麼糟糕，但在自然界，燃燒額外的卡路里大多數的時候並不是一個好主意。這是一個有機體期望最終能得到回報的投資。而大多數時候都得到了回報！

　　像人類一樣，大多數的病原體在我們的常規體溫下良好地運作，發燒時的高溫，會讓它們的生存變得困難。試想一下，在春天一個清爽的早晨，與在夏天炎熱沒有任何蔭涼處的中午去跑步時的鮮明對比。當你很熱時做任何事情都會耗費更多精力。所以增加體溫，實際上直接減緩了病毒和細菌的繁殖速度，使它們更容易受到免疫防禦系統影響。[*]

　　雖然高溫對於免疫系統的作用機制和影響尚未完全被瞭解，但通常先天和後天免疫系統可以藉由幾種不同的方法，讓它們在發燒的高溫下有比較好的運作效果。嗜中性球可以更快被招募、巨噬細胞和樹突細胞吞噬敵人的能力也變得更好、殺手細胞能更有效地殺傷、抗原呈現細胞的呈現抗原能力變得更好，還有 T

---

[*] 好的，讓我們談談最奇怪的一個諾貝爾醫學獎，以及過去多麼令人不安和現在有多麼偉大。梅毒是由螺旋體細菌（spirochetes bacteria）引起的性傳播疾病。它的病徵可怕而且令人毛骨悚然，如果想讓自己難受，可以去網路上查一些圖片。這個疾病的晚期階段可能是神經梅毒，一種中樞神經系統的感染。受其影響的患者通常會患有腦膜炎（meningitis）和進行式的腦損傷。而讓這個經歷更加不愉快的是精神方面的問題，從失智症到思覺失調症、抑鬱症、狂躁症或譫妄症，所有這些都是由肆虐的細菌所引起。最終平心而論，受影響的患者度過了一段糟糕的時光，醫生只能試圖減輕他們的痛苦，最後他們仍會在沒有醫生能夠幫助的情況下死去。但確實有些觀察發現到，在某些情況下，當患者因不相關原因而發高燒時竟能被治癒。所以很自然地，一些醫生開始嘗試熱療法（pyrotherapy）。這是一種引起發燒的治療方法，起初會給梅毒患者注射瘧疾。這聽起來很可怕，但這是一個可以接受的風險——無論如何，患者最終都會死去，而瘧疾當時已經可以有效治療。瘧疾是個很好的候選人，因為它可以在很長一段時間內引起持續高燒，基本上將無法忍受高溫的梅毒細菌給煮熟。這個療法非常有效，因此在 1927 年獲頒諾貝爾醫學獎的殊榮。在 1940 年代抗生素的發明致使熱療法變得過時，讓這個故事成為醫學史上重要的一個注腳。

細胞更容易在血液和淋巴系統中航行。整體而言，發燒似乎可以活化免疫系統，進而提高對抗病原體的能力。

溫度升高實際上是如何對病原體的生存造成壓力，並讓細胞更有效地對抗病原體呢？嗯，這一切都與細胞內的蛋白質和它們如何的運作有關。簡而言之，蛋白質之間的某些化學反應有個最佳的作用範圍，也就是最有效的溫度範圍。透過發燒期間提升的高溫，病原體被迫在這個最佳溫度範圍以外運作。為什麼這不會影響你的細胞，甚至反而對它們有幫助呢？如同我們之前提過的，動物細胞相對於其他細胞（如細菌細胞）更大、更複雜。你的細胞有更複雜的機制保護它們免受高溫的影響，例如熱休克蛋白（heat shock protcins）。而且，你的細胞有不少功能重疊的機制，如果細胞內部的某個機制受損，可能有其他替代機制可以接管。這也是發燒對免疫細胞有幫助的原因，因為它們可以承受高溫，所以可以有效地利用高溫加速蛋白質之間的化學反應。相對於許多微生物，細胞的複雜度使它們不會因發燒而受苦，反而能更有效率地工作。當然，我們的體溫可以升到多高，以及身體系統能支撐多久才會完全瓦解，還是有它的限度。[†]

回到不斷升級的戰場，樹突細胞吞嚥並掃描液體和碎屑，並且撿拾流感病毒。它們也會被病毒感染，但比上皮細胞更堅韌並能持續運作，這在接下來變得相當重要。樹突細胞的角色超級重要，因為如果沒有先天免疫系統，身體將很難適應病毒感染，尤其是像流感這樣有效率的病原體。但直到樹突細胞出現之前，先天免疫系統只是努力地延遲感染，而不是阻止它。因此病毒會不斷傳播，並感

[†]　對於大多數動物來說這似乎是正確的。例如，被飼養在高溫玻璃箱中的蜥蜴，比飼養在較冷環境中的蜥蜴在被感染後有更高的存活機會。也有許多類似的實驗使用魚、老鼠或兔子甚至一些種類的植物。將身體變成一個高溫的生態系統，似乎是對抗微觀世界入侵者的一個良好防禦策略。有趣的是，有些動物，例如蜥蜴或烏龜，不能像哺乳動物一樣調節體溫，即所謂的「變溫」（ectothermic）或「冷血」（cold-blooded）動物，會透過行動來達到發燒。這代表著如果牠們的免疫細胞釋放某些細胞激素，牠們會就尋找一個炎熱的地方，像是一塊曝曬在烈日下很長一段時間的岩石，在上面休息一會兒。牠們基本上是透過烘烤自己來增加身體溫度，直到讓內部的病原體非常不好受。

染越來越多的細胞。

旁白：流感和普通感冒之間的區別

　　流感通常屬於**急性上呼吸道病毒感染**，這是人類最常需要應付的疾病類型。這種類型疾病真正讓人討厭拿來談論的原因，不只是因為它們超級簡單的名字，還因為它們可能代表一個寬廣範圍裡的許多不同事物。在一端有普通感冒，即使是健康的成年人每年也會患個二到五次，兒童最多會得到七次。也就是說，整體而言，它不是一個特別有害的疾病。[*]

　　普通感冒可能很輕微，你甚至不會注意到，但它也有可能很不舒服。普通感冒可以從完全沒有症狀，到頭痛、打噴嚏、發冷、喉嚨痛、鼻塞、咳嗽和一般性的萎靡不振。

　　而在流感的情況下，發燒和其他症狀通常像是一個貨運火車向你衝撞。你感覺還好，可能有點不適，然後**轟隆隆**地突然之間，伴隨著逐漸升高的體溫，你感到非常不適和虛弱。這是一個實實在在的 A 型流感感染，伴隨著一堆令人討厭的症狀。除了發高燒，你會感到極度的疲倦、虛弱和頭疼，使得思考或閱讀變得困難。你的喉嚨很痛，必須劇烈地咳嗽。這好像還不夠，隨著時間的推移整個身體開始疼痛。這疼痛似乎來自手臂和腿上的肌肉。這些症狀大多可以因其他的感染而產生，並不是流感所獨有。因此很難辨別是不是流感，有時甚至對醫生來說也是如此。

　　人們普遍認為鼻涕的顏色能說明你被什麼感染了、是否只是普通感冒或流

---

[*]　你知道那些利用這時刻用力深呼吸，然後不請自問地讓你知道他們從來不生病的那種人嗎？或者，他們很多年來都沒有生病，因為──（輸入毫無意義的理由）──？請放心，每個人都會生病，普通感冒感染可能非常輕微，或者我們會選擇性地記住我們感覺良好的時候。應付這種突發言語最好的方法，就是禮貌地點點頭，然後轉移話題。

感。但事實並非如此，鼻涕的顏色只是告訴你鼻子內的發炎反應有多嚴重，而不是告訴你是什麼造成的。鼻涕的色彩越豐富，就代表有越多的嗜中性球獻出它們的生命。

想一想──每一次打噴嚏，你不只排除了數千個到上百萬個病毒或細菌，還有自身在英勇戰鬥過程中死去的細胞。當你用紙巾擤鼻涕時，其中甚至可能還有一些活著的嗜中性球，它們就像太空人被彈射到太空中一樣悲慘。它們為你拼盡全力，最終卻與敵人一起被拋棄在垃圾桶裡。這是一個讓人驚恐的命運，如果細胞有意識，這將是一種結束生命的悲哀方式。

在你像一個愛發牢騷的嬰兒般度過了週六早上，而且執意享受你的週末，A型流感感染開始真正打擊你。你開始感覺越來越糟糕，體溫開始升高也變得虛弱，所有的症狀都開始擴大。你再也無法忽視這一切，你真的生病了。你爬回床上，此時除了經歷這一切，你別無選擇。對於流感你無能為力，只能依靠免疫系統去正常工作。好吧，至少這代表你可以跳過一兩週的工作，在陷入因發燒引起的昏睡之前你是這樣想的。

在感染A型流感後的最初三天內，病毒的複製達到顛峰，而同時先天免疫系統追逐著病毒並將之趕盡殺絕。儘管如此，大多數的病毒安穩地隱藏在受感染的細胞內，在細胞膜後面進行寄生的骯髒勾當。如果戰鬥繼續這樣下去，病毒就不會被剔除，沒有其他辦法可以解決它們。由於病毒大部分的時間都在受感染的細胞內度過，很難在它們漂浮於細胞之間時將它們捕捉。如果只有在病毒存在細胞外時，免疫系統才能對抗它們，那麼病毒將是天下無敵，而人類今天就可能不會存在。

殺死大量病毒的最好方法就是破壞受感染的細胞，同時殺害裡面的病毒。讓我們暫停片刻，好好體會一下這裡談論的規模。免疫系統要能夠殺死自己的細胞。**免疫系統擁有真真切切去殺死自己的許可證**。可想而知，這是一種極危險的力量，它肩負著極端的責任。想像一下，如果這些細胞出了錯會發生什麼事？

它們可以決定殺死健康的組織和器官。的確,這每天都確確實實發生在數百萬人的身上,它被稱為自體免疫疾病,在稍後會更深入地瞭解它。那麼,免疫系統如何可以做到這一點,而不造成可怕的傷害?

30 窺探細胞靈魂的窗口
The Window into the Soul of Cells

　　記得在「聞一聞生命的基本構成要素」一章中，我們瞭解到細胞可以以類鐸受體識別敵人不同形狀的分子，藉此嗅聞環境，並識別入侵者及它們的排泄物。這樣做，是為了讓士兵細胞可以偵測到敵人，並有效地殺死它們。雖然這立意很好，卻留下一個很重要的盲點，即會感染或損傷細胞的內部。

　　判斷一個平民細胞是否該被摧毀，不只與對抗病毒感染有關。某些種類的細菌，如**結核桿菌**，會實際侵入細胞內以躲避免疫系統，同時由內而外吞食受害者。然後還有癌細胞，通常從外面看起來毫不起眼，裡面卻遭到破壞。無論是傳播中的病原體還是長成腫瘤，被感染或損壞的細胞需要被識別，以便在造成大規模破壞之前將它們殺死。當然，也不能忘記原生動物——我們的單細胞「動物」朋友——像是導致睡眠疾病的錐蟲（trypanosoma）或是每年殺死多達五十萬人、導致瘧疾的瘧原蟲（plasmodium）。

　　所以，為了偵測這些受損細胞造成的危險，免疫系統開發了一種巧妙的方法，可以讓細胞看到其他細胞的內部。簡而言之——把細胞的內部帶到外面。等等，什麼？這是怎麼運作的？

　　為了準確地說明，在這裡先簡單地提醒一下有關細胞的特質可能會很有用。細胞是複雜的蛋白質機器，不斷將自身內部的結構和不同部分重組、分解。它們充滿了數百萬種不同的蛋白質，各有許多不同的工作和功能，在美好的生命音樂會中互相合作。

　　這場音樂會的指揮是細胞核中的 DNA，mRNA 分子則是指揮的雙臂，負責

傳遞蛋白質需被製造的訊息。但這些蛋白質不只是材料和元件，它們還述說了一個故事，一個關於細胞內發生了什麼事情的故事。如果有一個能夠看到細胞中所有蛋白質的剖面圖，你就會看到它們在做什麼、正在建構什麼東西、指揮家想要樂團演奏什麼音符。當然，還有細胞出了什麼問題。

例如，如果一個細胞正在製造病毒蛋白，那麼顯然它已被病毒感染。或者，如果一個細胞壞掉了並轉變成癌細胞，它將開始製造有缺陷或異常的蛋白質。[*]

免疫細胞無法看穿堅實的細胞膜，去檢查正在製造的蛋白質種類以及一切是否正常。因此，大自然以不同方式解決了這個問題——透過使用一種非常特殊的分子，將蛋白質的故事從內部帶到外部。就像一個展示櫥窗那樣。

這種分子具有免疫學中最糟糕的名稱，你可能會覺得很熟悉：

第一型主要組織相容性複體（Major Histocompatibility Complex class I, MHC class I），或簡稱 MHC I 類分子。你可能已經猜到這個分子與之前深入瞭解的 MHC II 類分子密切相關。在這裡，免疫學選擇了讓人更加困惑和惱火——兩個 MHC 分子類型都至關重要，但**基本上**非常不同。MHC I 類分子是展示櫥窗。MHC II 類分子是夾熱狗的麵包！非常不同的東西，但卻有讓人惱火的相似名字！

首先，就像 MHC **II** 類分子一樣，MHC 類 **I** 分子的工作是**呈現抗原**。兩種分子之間極其重要的區別是：只有**抗原呈現細胞**才有 MHC II 類分子；這包括樹突細胞、巨噬細胞和 B 細胞——全都是免疫細胞。

就是這樣——其他任何細胞都不被允許有 MHC II 類分子。[†]

---

[*]　你會問，什麼是異常的蛋白質？例如，某些蛋白質只有在母親子宮內的胚胎才會製造。其中一些蛋白質會讓胚胎細胞快速生長和分裂，這是生命早期需要的東西，但對成年後的你是有害的。這些蛋白質的建構指令仍是成人細胞 DNA 的一部分——儘管成年後已不再使用。除了胚胎以外，還有一整套像這樣的蛋白質庫。它們的存在只要不是在胚胎中，就是在告訴免疫系統有事情不對勁了。所以這些蛋白質實際上並沒有缺陷，而是去為腫瘤服務了。這絕對是異常的，因此是身體危險的跡象。

[†]　嘿，馬上來舉個例外如何？體內還有一種細胞需要 MHC II 類分子——胸腺中的教師細胞。它們需要 MHC II 類分子來教育輔助 T 細胞，以確保輔助 T 細胞能夠正確識別 MHC II 類分子！

MHC I 類分子——看見細胞內部的櫥窗

MHC I 類分子隨機地將細胞內的蛋白質呈現給外在的世界。因此，
像病毒感染這種事在外面就變得一目瞭然。

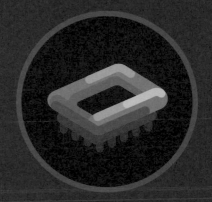

MHC I 類分子

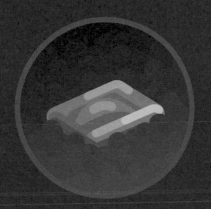

呈現抗原

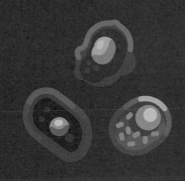

呈現在你體內任何具
細胞核的細胞上

MHC II 類分子——夾熱狗的麵包

MHC II 類分子將抗原呈現給其他免疫細胞，來活化或或刺激它們。

MHC II 類分子

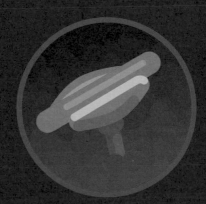

呈現抗原

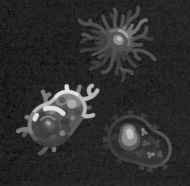

只呈現在樹突細胞、
巨噬細胞、B 細胞

與此相反，**身體每個具細胞核的細胞（所以不包括紅血球）都有 MHC I 類分子**。好的，為什麼會這樣，這是如何運作的？

正如之前所說，細胞會不斷分解自己的蛋白質，所以可以將零件回收再利用。關鍵是，當這種循環發生時，細胞會隨機地選擇蛋白質碎片，並將它們運送到細胞膜上去呈現。

MHC I 類分子向外界展示這些蛋白質，就像一個花俏的展示櫥窗會陳列一些品項來代表店內商品。如此一來，細胞內正在發生的蛋白質故事，就能告知外面的世界。為了確保故事總是最即時的，細胞有成千的顯示櫥窗——數以千計的 MHC I 類分子——每個分子大約每天更新一次它所呈現的蛋白質。身體裡每一個有細胞核和蛋白質生產機器的細胞會經常這麼做。所以細胞會不斷展示它們內部發生的事情，向免疫系統確認它們一切正常。正如在接下來的幾章中將學習到的，有些正在你體內穿梭的細胞，會隨機檢查細胞上的櫥窗，確保其內部沒有可疑的事情正在發生。

想想這是多麼天才的原則，可以解決多少問題。在 A 型流感感染的情況下，這個機制的作用如下——記得病毒成功侵入細胞後所做的第一件事就是接管細胞的生產工廠嗎？病毒會利用細胞的工具和資源製造病毒蛋白元件，也就是病毒抗原。就像背景噪音一般，一部分的病毒抗原會自動被拾取並傳送到細胞外面的**展示櫥窗——MHC I 類分子**。這樣一來，細胞不僅能清楚地表示它被感染了，而且還有被誰感染了——儘管敵人隱藏在裡面無法被看見，它的抗原卻不是！

因為所有細胞都不斷在 MHC I 類分子中呈現蛋白質，即使不「知道」自己被感染了，被感染的細胞也會向外界展示其內部！展示櫥窗是一直在背景中發生的自動化過程，是細胞正常生活的一部分。如果免疫細胞想檢查一個細胞是否被感染，只要靠近一點窺視小「櫥窗」就可以得到細胞內部的快拍。如果從窗口中辨識出不該出現在細胞內的東西，被感染的細胞就會被殺死。

更好的是，MHC I 類分子的數量並不是固定的。在干擾素引爆的化學戰中，

最重要的一件事情是細胞受到刺激，並被命令去製造更多的 MHC I 類分子。所以在遭到感染的情況下，干擾素會告訴附近所有的細胞去建造更多櫥窗，讓自己變得更透明，敘述更多內部蛋白質的故事，好更容易讓免疫系統看見。

細胞展示櫥窗的另一個特別之處，在於它們是象徵你個性的徽章。在本書第一部已經提過 MHC 分子 I 類和 II 類的基因代碼，是人類物種最多樣化的基因。如果你沒有同卵雙胞胎手足，你的 MHC I 類分子非常可能是**獨一無二、唯你所擁有的**。它們在所有健康的人身上都一樣作用著，但構成分子確有數百種略微不同的形狀，因人而異而有微小的差異。

這對器官移植這件事來說，是非常重要也極度不幸。因為 MHC 分子讓免疫系統可以辨識出慷慨捐贈器官的細胞實際上並不是你。不是**自己的**，是**他者的**。一旦識別出**他者**，免疫系統就會攻擊並殺死這個器官。而器官移植的本質讓這種情況更可能發生。

一個器官必須先由一個生命體中取出，才能被移植——要做到這一點，身體與器官必須要分離。通常會使用鋒利的工具，而這整個過程很可能會造成小傷口——身體內部的傷口會觸發什麼？發炎，然後吸引先天免疫系統前來。如果出現問題，後天免疫系統就會被召喚到新的救生器官邊緣，並且召喚更多免疫細胞去檢查展示櫥窗的細胞，但卻發現它們不是你的細胞。

因此，接受器官捐贈後的餘生，都需要服用大量抑制免疫系統的強效藥物，箇中的不幸原因就是為了盡量減少免疫細胞發現外來 MHC I 類分子，並殺死攜帶它們的細胞。但這當然會讓你變得非常容易受到感染。

當免疫系統在數億年前演化的時候，真的無法預知在某個時刻會有一些猿類發明了現代醫學並開始移植心臟和肺。但這裡有點離題了。回到 MHC I 類分子，窺探細胞的櫥窗。讓我們認識這個你體內最危險的細胞，它完全依賴展示的櫥窗。來自後天免疫的殘酷殺手是對抗病毒最強大的武器。殺手 T 細胞，乃身體的謀殺專家。

31 謀殺專家——殺手 T 細胞

The Murder Specialists—Killer T Cells

殺手 T 細胞是輔助 T 細胞的手足，卻有著非常不一樣的工作。如果輔助 T 細胞是能夠做出聰明決定的精心策劃者，並因為它縝密的組織能力而受到注目，殺手細胞則是用錘子敲頭之同時瘋狂大笑的兄弟。將它的功能考慮進去，「殺手」T 細胞是一個非常完美的名字——它以高效率、快速和冷漠無情的方式進行**殺戮**。

身體內大約 40% 的 T 細胞是殺手 T 細胞。就如同它們的手足輔助 T 細胞一樣，殺手 T 細胞也帶有數十億種各不相同而獨特的受體，能與各種不同可能的抗原相連結。它們也同樣需要通過胸腺謀殺大學的教育，才能獲准進入一般的血液循環中。

就像輔助 T 細胞需要夾熱狗的麵包（MHC II 類分子）去識別抗原一樣，殺手性 T 細胞也依賴展示櫥窗（MHC I 類分子）才能被活化。

那麼，這將如何在 A 型流感感染中發揮作用呢？

回想戰場上，數百萬的病毒正在屠殺數十萬個細胞。樹突細胞收集了戰場上漂浮的碎屑和病毒組成的樣品，然後將它們撕成抗原並呈現在夾熱狗的麵包（MHC II 類分子）中。但這只會活化輔助 T 細胞，對殺手細胞毫無作用。在此事情變得有點複雜，因為還有許多與這些確切機制相關的問題尚無定論，但細節在這裡並不那麼重要。

你只需知道樹突細胞會做一件叫做**交叉呈現**（cross-presentation）的事，這使得它們即使沒受到病毒感染，也能對病毒抗原進行採樣，並在展示櫥窗 MHC I

類分子中展示一些抗原。所以樹突細胞能夠透過裝載熱狗的麵包和展示櫥窗呈現抗原，同時活化輔助 T 細胞和殺手 T 細胞。*

　　你現在可以想像殺手 T 細胞是怎麼被活化的。樹突細胞表面覆蓋著整齊呈現在熱狗麵包上死去敵人的抗原，以及呈現在展示櫥窗的病毒抗原。它們抵達淋巴結並移動到 T 細胞的約會區，樹突細胞在此尋找能夠識別展示櫥窗中病毒抗原的初始殺手 T 細胞。

　　這些樹突細胞帶著病毒感染戰場的快拍，基本上能夠召喚三種不同類型的後援──讓可以殺死受感染細胞的特定殺手 T 細胞活化、活化在戰場上提供援助的輔助 T 細胞，以及使得輔助 T 細胞活化 B 細胞進而提供抗體。這一切都出自於一個樹突細胞，它帶著免疫系統所期盼的所有情報和抗原到來。

　　有第二個原因讓這變得更加重要。殺手 T 細胞要真正清醒過來，需要第二個信號。可以想像地，殺手 T 細胞非常危險，因此你不會想讓它意外地被活化。所以它們與 B 細胞類似，要能完全活化都需要雙重條件的驗證。一個僅由樹突細胞活化的殺手 T 細胞，只複製了幾個自己但還是可以戰鬥，只是會有點遲鈍，並且會很快自殺。

　　第二個活化信號來自輔助 T 細胞。這與 B 細胞的雙重條件驗證相同──要真正活化後天免疫系統中最強大的武器，先天和後天免疫系統都需要「同意」，給予它們的許可。

　　只有當輔助 T 細胞已經先被樹突細胞活化，並接著去活化殺手 T 細胞，才能將其潛力充分發揮。當殺手 T 細胞真正被活化時，會迅速增殖並大量產生許

---

* 樹突細胞活化殺手 T 細胞的另一種方法，是讓自己直接被病毒感染。就像普通細胞一樣，樹突細胞可以在它的 MHC I 分子中呈現病毒樣本，並且仍能告訴後天免疫系統：「看，這裡有一種感染細胞的病原體。我也被感染了，請動員特種部隊，特別是針對那種敵人的軍種。」為了增加這種情況發生的機會，在察覺到病毒感染引起的化學戰後，樹突細胞會大量生產出更多的展示櫥窗，因此變得超級透明。

交叉展示

樹突細胞能夠以兩種 MHC 分子呈現抗原。因此它可以同時活化輔助 T 細胞和殺手 T 細胞。

MHC II 類分子

輔助 T 細胞

殺手 T 細胞

MHC I 類分子

多自己的殖株，最終會轉移到戰場上製造很多死亡。

在休息室感染病毒大約十天後，你還是病得很重。免疫系統一直在戰鬥，也讓你在病程中感覺很糟糕，感染依然很強勁。此時，殺手 T 細胞終於抵達被感染的肺部。它們由巨噬細胞和死去的平民細胞旁邊擠過，緩慢而小心地一個細胞、一個細胞地進行掃描，確認是否遭到感染。殺手 T 細胞基本上把臉貼在平民細胞的臉上，近距離地深入觀察細胞表面眾多的展示櫥窗，仔細掃描內部的故事。如果沒有找到可以連結 T 細胞受體的抗原，就不會有事情發生，而是繼續前進。

然而，當殺手 T 細胞在一個細胞的展示櫥窗（MHC I 類受體）中發現呈現出病毒抗原時，會立即發出以下特殊命令：「去自殺，但要以乾淨俐落的手法進行。」如果要將這個過程擬人化描述，就是不要帶有侵略性或憤怒，要沒有任何情緒而有尊嚴地進行。受感染細胞的死亡是生命無可避免的必要事實，但正確地發生也很重要。這是對於病毒感染產生反應的一個重要關鍵：

受感染的細胞如何殺死自己是非常重要的。假設 T 細胞像嗜中性球一樣只使用化學武器，並將它們隨意丟向周圍，就會造成受害者被撕開並破裂。這不僅會釋放細胞的內臟和內容物、引起劇烈的發炎反應，也會釋放受感染細胞內到目前為止已經製造的病毒。

因此，殺手 T 細胞會刺穿受感染的細胞，並輸入一個特殊的死亡信號；這是一個非常特定的指令——**細胞凋亡**，即之前提過的受到調控的細胞死亡。這樣一來，病毒顆粒會被整齊地困在細胞屍體的小包裹中，無法再進一步做壞事，直到飢餓的巨噬細胞經過並將死細胞的殘骸吞噬掉。當成千上萬的殺手 T 細胞在戰場上移動，嚴格檢查遇到的每一個細胞是否被感染，這會非常有效率地讓病毒數量明顯下降，這個過程被稱為「連環殺戮」。是的，這就是它的名稱，在該讚美的地方應當讚美，免疫學家這次做得很好。在有機會感染更多受害者之前，數以百萬計的病毒會被摧毀。但也有數十萬受感染的平民細胞被命令以這種方式

連環殺戮

1. 殺手 T 細胞掃描上皮細胞的 MHC I 類受體。

2. 如果在展示櫥窗發現病毒抗原，殺手 T 細胞會下令細胞自殺。

3. 計畫性細胞死亡（細胞凋亡）開始，細胞分裂成含有病毒顆粒的小包裹。

4. 巨噬細胞吞噬包括病毒在內的死亡細胞殘骸。

自殺。不，免疫系統完全不鬆懈，它會去做需要做的事。

　　不幸的是，這個系統有一個巨大缺陷──病原體並不愚蠢，它們找到了破壞展示櫥窗以及將自己隱藏起來的方法，以避開免疫系統和殺手 T 細胞。許多病毒迫使受感染的細胞停止製造 MHC I 類分子，進而有效地破壞這個策略。

　　所以在這種情況下，你注定失敗嗎？

　　好吧，當然不是。因為巧妙的防禦網絡有一個解方，即使在這種情況下也是如此。

　　它擁有整個免疫學中其中一個最好的名字 ── 來認識一下**自然殺手細胞**（Natural Killer Cell）。

32 自然殺手細胞
Natural Killers

自然殺手細胞是讓人毛骨悚然的傢伙。

它們與 T 細胞有關，但長大後就離開了家族企業、加入先天免疫系統。我們可以把它們當成戰鬥機飛行員世家的後代，因為挑戰傳統而成為軍隊裡的步兵。它們拒絕追隨家人腳步以及拒絕在國防體系中更負盛名的任務，反而刻意要在更親力親為、野蠻的地面戰鬥中尋求成就感。

自然殺手細胞是一種不起眼的傢伙。儘管如此，卻是少數握有官方許可、能殺死自身細胞的一種細胞。在某方面，你可以把它們想像成龐大免疫系統的審判官，一直在尋找會腐者，而且能夠同時擔任法官、陪審團和劊子手。簡而言之，自然殺手細胞會獵殺兩種類型的敵人——被病毒感染的細胞和癌細胞。

自然殺手細胞採用的策略真的非常天才。

自然殺手細胞不會去看細胞的內部。即便想要，它們也無能為力——它們無法查看細胞的展示櫥窗，也就是 MHC I 類分子，因此無法閱讀細胞內部的故事。

不，相反地，它們做了一些不同的事情——**檢查一個細胞是否具有 MHC I 類分子。不多也不少**。這完全是為了防止病毒和癌細胞對抗免疫系統的一種最好的策略。一般來說，為了隱藏內部發生的事情，被感染或不健康的細胞不會表現 MHC I 類受體。許多病毒會強制被感染的細胞停止顯示 MHC I 類受體，把這當作入侵策略的一部分。許多癌細胞乾脆停止設置展示櫥窗，因此讓目前為止我們所知的抗病毒免疫反應無法偵測到它們的存在。

後天免疫系統現在突然無法對這些細胞造成傷害。非常真實的是，在沒有展

示櫥窗的狀況下，受感染的細胞變得低調而無法被發現。如果仔細想想，這個策略非常有效——病毒或癌細胞做的就只是停止製造一個分子，然後就這樣，身體極其強大的反應將變得無用武之地。

所以自然殺手細胞只需檢查一件事——細胞是否有展示櫥窗？有嗎？「太好了，先生，請繼續」沒有嗎？「請立即自殺！」就這樣簡單明瞭。自然殺手細胞專門尋找不會分享內部訊息還有不說故事的細胞。自然殺手細胞消除了原本可能極度致命的缺陷。這樣一個如此簡單的原則，卻有著極其強大的效果。

當免疫系統其餘的部分尋找著「**意外**」的存在，**他者**的存在。自然殺手細胞卻會尋找「**預期**」的缺失，**自己**的缺失。這個原則被稱為「**缺失自我假說**」（The Missing-Self Hypothesis）。

它的運作機制與其策略本身同樣令人著迷——自然殺手細胞始終處於「開啟」狀態——當它接近一個細胞時是帶著殺戮「意圖」的。為了防止健康細胞被殺死，自然殺手細胞擁有讓自己冷靜下來的特殊受體，一種抑制劑；一個很大的停止標誌受體。展示櫥口 MHC I 類分子，就是這個停止標誌，正好可以與自然殺手細胞的受體配對。

當自然殺手細胞檢查一個平民細胞是否被感染或罹癌，如果這些細胞如同大多數健康細胞一樣具有大量 MHC I 類分子，抑制劑受體就會受到刺激，進而告訴自然殺手細胞要保持冷靜。如果細胞沒有足夠的 MHC I 類分子，就沒有鎮靜作用的信號，那麼自然殺手細胞，嗯，就會進行殺戮。

在這種情況下，殺戮代表著它命令受感染細胞藉由細胞凋亡而自殺，也就是規律有序的細胞死亡，將病毒顆粒包在屍體內部。所以自然殺手細胞有點像是穿梭在城市的緊張警探，隨意地接近平民。不打招呼，而是用槍對著你的頭幾秒鐘。如果不盡快給他們看護照，他們就會用塑料袋蓋住你的頭並朝你的臉開槍。

自然殺手細胞真的很可怕。

好的——但這是否代表若遇到不試圖隱藏 MHC I 類分子的敵人，自然殺手

細胞會變得毫無用處？一點也不，這個故事還有更多內容，但其中最重要的部分是展示櫥窗。天然殺手細胞在尋找壓力，尋找不健康的細胞。順帶一提，不只是在感染期間，此時此刻數百萬個這種細胞正在巡邏你的身體，並檢查平民細胞是否顯示出壓力和敗壞的跡象，那些瀕臨轉變或已經癌化的細胞。

細胞有多種方式和周圍環境溝通它們的狀況，以及一切是否安好和它們很好。還有一些不那麼明顯地要求幫助的低調方法，可以表達內在的狀態。這些方式不像展示櫥窗那麼明顯。

想像一下，你的朋友經歷了一段很糟糕的時光，並且還沒準備好要告訴任何人。但你可能還是會注意到他們的笑容變少了、常常帶著憂慮的表情，或是對好消息的反應不如你預期的那麼熱情。因為你很瞭解他們，所以會接收到這些信號，並會在安靜的時刻詢問他們是否一切安好，你可以幫上什麼忙。

從某種意義上說，這是自然殺手細胞可以為平民細胞做的事情。如果一個細胞承受著很大的壓力——在這種情況下，代表某些東西正在負面影響著由數百萬個蛋白質所組成的複雜細胞機器。例如，病毒正在阻斷機器的運轉，或是細胞正在癌變而無法正常運作——細胞將在細胞膜上表達某些壓力訊號。

這些壓力訊號的細節並不重要，可以將它們想像成朋友變得越來越難看的臉色。壓力越大，就有越多不愉快的皺紋。自然殺手細胞可以偵測到這些壓力訊號，也可以把細胞帶到一邊好好談談。你和自然殺手細胞的不同之處在於，它們不想討論有什麼需要幫忙。如果自然殺手細胞偵測到太多壓力訊號，它們會往壓力過大的細胞頭部直接開槍。因此，如果有人類大小的自然殺手細胞，在它們周圍多微笑是很重要的！

這還不是全部！記得 IgG 抗體，那個萬能且有許多不同口味的抗體嗎？自然殺手細胞也可以和它們交互作用！

特別是在 A 型流感感染的情況下，它們會完美無瑕地合作著！還記得病毒從受感染細胞中出芽，並帶走一部分的細胞膜嗎？嗯，這個過程並不是在一瞬間發

健康細胞

MHC I 類分子

被感染的細胞

自然殺手細胞

自然殺手細胞

感染發生後大約二到三天,自然殺
手細胞抵達戰場。它們會檢查細胞
是否壓力過大或沒有顯示出 MHC I
類分子。如果沒有,就會下令細胞
自殺。

生的，而是需要一段時間——有足夠的時間讓 IgG 抗體在病毒完全與細胞分離前抓住病毒。而自然殺手細胞可以與這些抗體連結，並在病毒顆粒與細胞分離前，命令受感染的細胞自殺。

受感染的細胞在自然殺手細胞旁邊是不安全的。[*]

好的，既然我們已經遇到了抗病毒防禦系統中的每一位主要參與者，讓我們把它們都聚集在一起！

---

[*] 　當然，除非它們是紅血球細胞。正如之前所說，它們是體內唯一沒有 MHC I 類受體的身體細胞，沒有展示櫥窗。在瘧疾感染時——寄生蟲瘧原蟲感染紅血球細胞，自然殺手細胞無法檢查這些細胞的櫥窗，而必須採取其他措施來對抗這種感染。

33 如何根除病毒感染
How a Viral Infection Is Eradicated

上回離開戰場時，事情開始變得很可怕。數百萬個細胞正瀕臨死亡，而先天免疫系統拼命試圖控制迅速蔓延的感染，但不是很成功。無數的化學訊號充斥著身體，要求透過溫度的變化讓身體因高燒而燃燒，同時將免疫系統提升到更高等級，並更加努力地去戰鬥。[*]

各種的系統開始甦醒，產生更多黏液，讓你更劇烈地咳嗽，從體內清除數百萬個病毒顆粒的同時，也讓你變得極具傳染力。細胞激素、戰鬥的化學物質，還有死亡或垂死的細胞讓你感到筋疲力盡，導致身體產生各種不適感。

但這一切只是為了要爭取更多的時間。

自然殺手細胞大約需要兩到三天的時間才會出現，並開始幫助拼命戰鬥的免疫士兵，減輕它們的負擔。自然殺手細胞淹沒組織並開始殺死受感染的上皮細胞，尤其是那些被 A 型流感病毒操控而隱藏展示櫥窗 MHC I 類分子的細胞，但不局限於這些細胞。壓力大和絕望的感染細胞會被仁慈地殺死，結束苦痛，同時也防止它們造成更進一步的傷害。

自然殺手細胞的到來，明顯緩解了戰場上防禦機制的負擔，因為它們真的減少了受感染的細胞數量。但即使是這些無情而有效的殺手也不足以結束感染。基本上它們也只是在爭取時間，不過還是比巨噬細胞、單核球和嗜中性球更成功。

---

* 如果發燒高達攝氏四十度，對於人類來說是很危險的，應該立即就醫。在大約攝氏四十二度時，大腦會開始受損，但這非常罕見而且很少是疾病的副作用，因為身體通常會阻止自己變得過熱。

在這個過程中，數千個樹突細胞已在戰場上進行採樣並撿拾病毒，將它們撕成碎片放入 MHC I 類分子（和 MHC II 類分子）。它們進入淋巴結並活化殺手 T 細胞和輔助 T 細胞，接著去活化 B 細胞，並下令製造抗體。

現在，在你倒在床上大約一週後，重型大砲終於來到。

數千個殺手 T 細胞湧入肺部，攜帶著識別 A 型流感病毒抗原的受體，在細胞之間移動，擁抱它們、深入檢查 MHC I 類分子展示櫥窗，並聆聽細胞講述的蛋白質故事。如果它們檢測到病毒，就會命令被感染的細胞殺死自己。巨噬細胞則是加班工作，吃掉所有死去的朋友和敵人。

數百萬個抗體進入戰場，以消除細胞外的病毒，並阻止它們感染更多細胞。通過 B 細胞和 T 細胞的神奇舞蹈，許多不同類型的抗體被製造出來，在不同的戰線上攻擊病毒。

中和抗體牢固地連結到病毒用來進入上皮細胞的蛋白結構，達到中和病毒的作用。病毒表面有數十種阻止病毒進入細胞的抗體覆蓋著，現在只不過是一堆無用和無害的遺傳密碼和蛋白質，最終會被巨噬細胞清除掉。

其他抗體可以針對十分特定的目標，並以許多種有趣的方式阻礙病毒。例如有一種病毒蛋白，稱為**病毒神經氨酸酶**（viral neuraminidase），能使新病毒從被感染細胞中釋放出來。正如前面解釋過的，A 型流感病毒從受感染細胞中萌芽，並將一小部分受害者的細胞膜帶走。抗體可以在這個出芽過程中，連結到病毒神經氨酸酶，並有效地使它失去作用。所以你會看到一個被感染的細胞，表面上佈滿許多無法分離和感染新細胞的新病毒，就像蒼蠅被卡在惡劣的膠水陷阱上。

抗體和殺手 T 細胞共同合作確實產生了作用，讓肺部的病毒量迅速減少。在接下來的幾天裡，免疫系統組成的交響樂消除了大部分的感染並開始在戰場上進行大清理。雖然戰爭好像是結束了，但這並不完全正確。

與本書細菌部分的第一個故事相比，這裡面對的是不同類型的免疫反應。它更全面，接觸到更多系統、器官和組織，而且是一種更危險的感染。當你躺在床

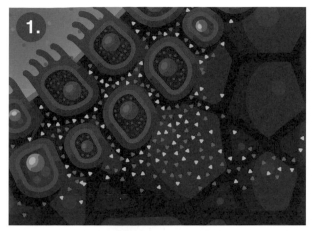

病毒感染了呼吸道黏膜，並且增殖了數百萬倍。被感染的上皮細胞發出干擾素警報。

自然殺手細胞在二到三天後抵達，並開始殺死受到感染和壓力大的細胞。

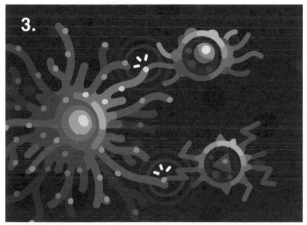

樹突細胞在戰場上採樣，並繼續前往淋巴結，活化殺手和輔助 T 細胞。

活化的殺手 T 細胞進入戰場，並命令被感染的細胞殺死自己，巨噬細胞接著清理殘餘廢物。

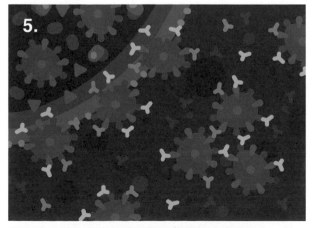

活化的 B 細胞送出的數百萬個抗體將病毒聚集在一起，阻止它們進入其他細胞，或將它們困在宿主的細胞膜上。

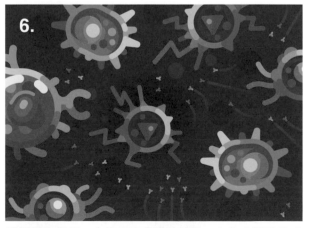

戰鬥獲得勝利，大部分的病毒被清除。在免疫系統造成可怕的傷害之前，是再次將它關閉的時候了。

上覺得很不舒服時，最重要的是要記住你所感覺到的症狀，主要是免疫系統為了清除感染而產生的。如果這些對策過於隨意地被使用，免疫系統就會對你造成巨大而可怕的傷害，甚至比 A 型流感病毒更糟。

所以在此迫切地需要再次下調免疫反應，讓它以恰到好處的活力進行攻擊，一旦不被需要就立即關閉，以恢復**體內恆定**。

旁白：為什麼沒有更好的抗病毒藥物？

你可能會問一件事，尤其是在全球 COVID-19 大流行的背景下──為什麼沒有更好的抗病毒藥物呢？為什麼有這麼多不同的抗生素保護我們免受大多數類型的細菌侵害，從鼠疫到泌尿道感染再到血液中毒，但對流感、普通感冒或冠狀病毒卻沒有真正好的藥物？好吧，在這裡我們遇到了一個基本問題──**病毒與我們自己的細胞太相似了**。等等。什麼？好的，病毒與細胞並不是表面意義上的相似，而是病毒可以模仿你或與你的一部分一起工作。

在現代，我們習慣性地認為醫學一定會想出解決辦法來。在已開發國家中，基本上沒有什麼危險的傳染病，因此沒有有效的抗病毒感染藥物這件事有點惱人。為什麼？在這裡，細菌這個在很久很久以前已與我們分道揚鑣的生物，會是一個很好的示範例子。

讓我們利用這時刻來解釋抗生素的原理。就像普羅米修斯從眾神那裡竊取火種，並將它給予人類、使人類更加強大一樣，科學家從大自然中竊取了抗生素，使人類的壽命更加延長。在野外的抗生素，通常是微生物用來殺死其他微生物的天然化合物，基本上是微觀世界的劍和槍。第一個成功的抗生素青黴素（penicillin），是來自**青黴菌**（*Penicillium rubens*）的武器，透過阻止細菌製造細胞壁的能力而發揮抗菌的作用。當細菌試圖生長和分裂時，它需要產生更多的細胞壁，而青黴菌的形狀可以打斷這個建構過程，防止細菌生產更多的自己。你可

以安全地使用青黴素做治療，因為你的細胞沒有細胞壁！人體細胞擁有一層細胞膜，這是一種完全不同的結構，所以藥物對你的細胞沒有任何作用。

　　你可能聽過的另一種抗生素是四環素（Tetracycline），是從一種叫做金色鏈黴菌（*Streptomyces aureofaciens*）的細菌中偷來的，它的作用是抑制蛋白質的合成。如果你回想蛋白質是如何製造的，就會想起一種叫做核醣體的東西。核醣體是將 mRNA 轉化為蛋白質的結構，因此對於人類細胞和細菌兩者的生存都相當重要，因為沒有新的蛋白質，細胞就必須死亡。不過，人類和細菌核醣體的形狀不同，就因為這個區別，雖然它們基本上做著相同的事情，四環素卻能抑制細菌的核醣體，而不是你的。*

　　所以簡單來說，細菌的細胞和你的細胞非常不同。它們使用不同的蛋白質來維持生命，建構不同的結構，例如特殊的細胞壁，並以不同於細胞的方式進行繁殖。這其中的一些差異提供了我們攻擊和殺死細菌的絕佳機會。一個好的藥物基本上是一種能連結到敵人具特定形狀部分的分子，但這個部分並不存在於你的身體內（與抗原和受體頗為相似！）。原則上，這就是多數藥物和抗生素起作用的方式。它們攻擊細菌和人體組成元件之間的形狀差異。

　　好的，是的，當然，那又有什麼大不了的，為什麼沒有對抗病毒的藥物呢？好吧，我們其實有。實際上，有數千種不同的藥物可以治療病毒感染。唯一的問題是**對我們來說，它們大多數非常危險，有時甚至是可以致命的**。許多更像是在絕望時的最下策，當病人的狀況已經很危急時才會使用。

　　想想病毒的本質。病毒有可能在兩處受到攻擊——細胞外和細胞內。如果想在細胞外攻擊它們，基本上必須攻擊它們用來與細胞上的受體連結的蛋白質。然

---

*　嘿，又到了舉出例外的時間了！幾乎所有的細胞中都有類似細菌的核醣體。記得粒線體嗎？細胞的動力來源，它們在過去是古老的細菌，因為它們保留了自己的核醣體，因此四環素也可以破壞粒線體。這並不是件好事，並且會導致非常不愉快的副作用。這也是另一個我們需要更多種抗生素的原因。

而，一個極為龐大的問題是，如果這樣做，可能只是創造了一種也可以與你身體很多部位相連結的藥物。**因為要連結到一個受體，病毒需要模仿你身體的一部分**，而且可能是某種完成重要功能的元件。如果開發了一種藥物去攻擊連結到這個受體的病毒，它也很可能會攻擊體內所有可以和這個受體連結的部分。在細胞內也是如此──我們無法針對病毒不同的代謝過程，例如核醣體，製造專門的抗病毒藥物。因為病毒也在使用的**我們的**核醣體。病毒邪惡地與我們非常相似，因為它使用我們自己的元件來製造更多的自己。

34 關閉免疫系統
Shutting the Immune System Down

在流感像貨運火車一樣襲擊你大約一週後，某一天早上醒來，你感覺比較好了。雖然病情還沒有結束，但感覺已經好多了。體溫比較低，也有一些胃口，總體而言感覺比較正常。接下來的幾天，你的工作就是休息，並且讓免疫系統清理一下，然後緩和下來。生病的最後這幾天，你就享受多半是在看電視還有受到越來越煩人的家人的照顧。

這個「緩和」階段與活化免疫系統一樣重要。活躍的免疫系統連帶地也會造成損害，並消耗大量的能量，所以身體希望它能盡快完成任務。但是話又說回來，如果免疫系統在疾病被擊敗之前就停止工作，病原體可能會再次爆發，並擊垮撤退中的部隊。這會是多麼危險？

免疫系統需要在正確時間自行關閉，但是如果有數百萬個活躍的細胞在戰鬥，卻沒有某種形式的中央集權或有意識的思想，這真的是說的比做的容易。因此，就像活化一樣，免疫系統需要依賴可以自我執行的系統來結束防禦。

免疫細胞的活化，通常始於最初接觸到入侵者（如細菌）或危險訊號（如死細胞的內部）的時候。例如，巨噬細胞在發現敵人後釋放細胞激素，呼喚嗜中性球並引起發炎。嗜中性球本身會釋放更多的細胞激素，引起更多的發炎並重新活化巨噬細胞。這些巨噬細胞會繼續戰鬥。補體蛋白從血液流入感染部位，攻擊病原體並調理它們，幫助士兵細胞吞噬敵人。

樹突細胞對敵人進行採樣，並前往淋巴結活化輔助 T 細胞或殺手 T 細胞，或同時活化兩者。輔助 T 細胞會刺激先天免疫士兵繼續戰鬥，並製造更多的發

炎。在自然殺手細胞的支援下，殺手 T 細胞開始殺死受感染的平民細胞。同時，活化的 B 細胞變成了漿細胞，並釋放數百萬的抗體流入戰場，讓病原體無法作用、傷殘而且更容易被清除掉。簡而言之，這就是免疫反應。

隨著越來越多的敵人被殺，病原體數量越來越少。因為越來越少的免疫細胞受到正在進行的戰鬥刺激，免疫細胞釋放的戰鬥細胞激素也越來越少。

這代表著當老兵死去或戰鬥停止後，不再會招募新兵了。引起發炎的細胞激素消耗得相當快，因為沒有盡力投入的新士兵持續釋放新的細胞激素，發炎反應自然地開始消退，補體系統也慢慢消失了。

來自戰場的訊號變少也代表了新的 T 細胞活化開始減緩，然後停止。而活化的 T 細胞經過的時間越長，會變得越難刺激，直到最終它們大多數會殺死自己。

在不被刺激的情況下，免疫系統的任何部分都不會永遠工作。因此如果活化鏈逐步停止，免疫反應就會逐漸減弱。

最後，巨噬細胞會吞噬並清除那些奮戰去消滅感染、以保護你的英勇免疫細胞的屍體。因此，當免疫系統獲勝時，在沒有任何中央計畫下，它已經開始在關閉了。

當然也有例外，有一種細胞可以主動關閉防禦機制，並平息免疫反應，即所謂的**調節 T 細胞**（Regulatory T Cells）。它們僅占 T 細胞的 5% 左右，在某種意義上正好「與輔助 T 細胞相反」。

例如，在活化後天免疫系統方面，調節 T 細胞可以命令樹突細胞變得很糟，或者使輔助 T 細胞變得緩慢和疲憊，所以不會增殖太多。它們可以將殺手 T 細胞轉變為不是那麼惡毒的戰士，關閉發炎並使其快點消退。簡而言之，調節 T 細胞可以終止免疫反應，或是乾脆在第一時間就制止它被觸發。

調節 T 細胞相當重要，特別是在腸道中——若仔細想想，就會明白這很合理。如果腸道不是一個無窮無盡的管狀大都會，讓身體需要的共生細菌可以在其中生活，那是什麼？如果免疫系統在這裡得到了完全的解放，對健康會造成嚴重

的傷害。結果是持續的發炎和戰鬥。所以調節 T 細胞的功能是保持和平。也許它們最重要的工作就是作為自體免疫疾病的抗衡工具，阻止細胞攻擊自己的身體。

調節 T 細胞是免疫系統當中讓事情開始變得不那麼確定的部分。在本書中，我們試圖清晰而完整地描繪一個有結構和秩序的系統，但不幸的是，在某些部分比較難做到，調節 T 細胞就是其一。因為有很多複雜的細節埋藏於此，而且其中有很多是我們還沒完全理解的，所以我們不會在這裡深入探討任何細節。

好的，所以我們瞭解了免疫反應是如何被觸發，是如何清除感染，以及最後如何關閉，但仍然缺少最後一塊真正重要的拼圖塊，也就是長期的保護力，或稱作免疫力（immunity）。為什麼很多疾病在我們的一生中只會得到一次？這是否代表你對任何事物都「免疫」了？

35 免疫
——免疫系統如何永遠記住敵人

Immune—How Your Immune System Remembers
an Enemy Forever

　　想一想在你最重要的器官中，A 型流感病毒導致數百萬個細胞死亡，迫使你臥床兩週。即使在現代世界，要打敗這樣的入侵，整個身體還是要付出巨大的代價。而每年實際上也有多達五十萬人死於感冒。我們無法想像如果沒有文明的保護罩，像是安全的住所和食物等我們已經不需要擔心的事情，這樣的感染對於祖先的生活會有多危險。你的身體**真的**不想再這樣了，生病會讓你變得脆弱，在最糟的情況下甚至會殺死你。

　　能夠記住交戰過的敵人，並維持這個記憶，是免疫系統最重要的一個功能。只有透過記憶，你才可以變成**免疫**，在拉丁語中的大略是「**豁免**」的意思。因此，如果具有免疫力，就可以免於疾病。你不會被同一種病擊倒兩次（當然有例外，事情總是會有例外）。

　　在感染疾病並倖存下來後，身體會對疾病產生免疫力這件事情，並不是一個新的概念。兩千五百年前，人類歷史上第一位現代歷史學家修昔底德（Thucydides）在記錄雅典和斯巴達之間的伯羅奔尼撒戰爭時，描述他在瘟疫爆發期間觀察到的倖存者，在往後對於這個疾病似乎免疫了。

　　沒有免疫記憶，你永遠不會對任何事情免疫。仔細想想，這就像一場可怕的噩夢。每當你戰勝一次嚴重感染後，身體都會變得虛弱。要製造所有的免疫細胞並且修復它們造成的損害，需要大量的能量；而病原體本身造成的破壞也需要

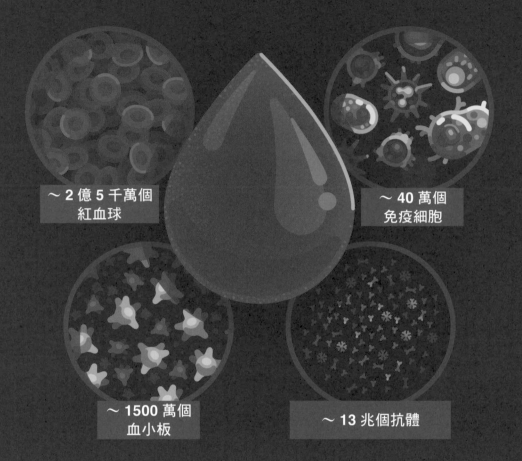

一滴血

~ 2 億 5 千萬個
紅血球

~ 40 萬個
免疫細胞

~ 1500 萬個
血小板

~ 13 兆個抗體

血液組成：

~ 2% 的血小版

~ 53% 的血漿　　　　　~ 43% 的紅血球

~ 2% 的免疫細胞

被清除。假如你因為伊波拉、天花（smallpox）、黑死病、COVID-19 或者就只是流感而倖存下來，幾週後又**再度**受到感染，那麼即使你是一個健康的成年人，還能連續存活幾次？如果沒有免疫力，就不可能有現代文明以及它所包含的城市和大量人口。一再被現存最嚴重的病原體感染真的太過危險了。

所以你有免疫記憶，而且它是一個有生命的東西！或是許多有生命的東西，就像之前簡要介紹過的**記憶細胞**。大約有一千億個這樣有生命的東西，一千億個**你**的元件，分布在你的全身。它們除了記住你所有的經歷，其他什麼都不做。是不是有一點詩意？免疫代表有一部分的你記住了你的奮鬥歷程，也因為它的存在讓你變得更強大。

幼兒之所以經常死於父母可以輕易擺脫的疾病，主要的原因就是記憶細胞的差異。他們小小的身體裡還沒有足夠的鮮活記憶，所以即使是較小的感染，也可以擴散並成為致命的危險。他們父母的後天免疫系統記住了數千次的入侵，因此只要依靠鮮明的記憶就可以了。同樣地，當我們進入老年，越來越多的記憶細胞無法像年輕時一樣工作，或者直接停止工作，讓我們在生命的最後階段暴露於危險之中。

讓我們快速地刷新一下記憶——B 細胞需要兩個活化訊號才會真正被活化。第一個訊號是漂浮著通過淋巴結的抗原，會產生中度活化的 B 細胞。但如果一個活化的輔助 T 細胞加入，它會傳遞第二個號訊號並確認感染相當嚴重，然後認真地活化 B 細胞。現在 B 細胞變成了漿細胞，可以迅速生產更多的自己，並開始產生抗體。到目前為止一切順利，讓我們在此增加另外一些細節！

B 細胞被 T 細胞活化之後，其中一部分會轉變成不同類型的記憶細胞！這活生生的記憶會保護你好幾個月、幾年，甚至一生。

第一組稱為**長壽漿細胞**（Long lived plasma cells），它們會遊蕩到骨髓中。正如它們非常有創意的名字所建議的，它們有很長的壽命。它們不會盡力吐出大量的抗體，而是會讓自己很舒適，並找一個可以待上幾個月或幾年的家。在那裡，

它們不斷產生適量的抗體，因此它們所有的工作就是確保體液中永遠存在特定的抗體，用以針對那些曾被我們擊退過的敵人。

如果敵人再次出現，它會立即遭受這些抗體的攻擊，也不太有機會再次成為真正的危險。這種策略非常有效，實際上一滴血液包含約十三兆個抗體。一千三百萬個百萬。這個蛋白質記憶，記住了你生命中克服過的所有挑戰。

但這還不是全部，還有**記憶 B 細胞**。它們做什麼——沒有。它們什麼都不做。在被活化之後，記憶 B 細胞也在淋巴結中安定下來並放鬆自己。

多年來，它們並不活躍，只是默默地掃描淋巴液，尋找記憶中的抗原。如果捕捉到一個抗原，它們會突然醒來，並毫無幽默感地做出反應。它們非常迅速地增殖並製造數千個自己的殖株，不需要被輔助 T 細胞正確地活化，而是直接由漿細胞開始，立即大量產生數百萬個抗體。

這就是為什麼對於這麼多疾病和在生活中遇到的病原體，你可以永遠免疫的原因——基本上記憶 B 細胞可以直接被活化，不需經歷本書到目前為止提到的所有複雜舞蹈和驗證。這是可以快速活化後天免疫系統的捷徑。

讓記憶 B 細胞從一開始就很強大的原因是受體的微調，正如同在「T 細胞和 B 細胞的舞蹈」章節中所提到的，微調的步驟已經完成。它們已經經歷了整個過程，並變得非常擅長製造對抗病原體的完美抗體。如果入侵者再次攻擊，將會面對最致命的抗體。

同樣地，活化的 T 細胞也會產生記憶細胞，但和 B 細胞有一些關鍵性的區別。一方面，在感染結束後，大約 90% 在感染部位戰鬥的 T 細胞都會自殺。這剩下的 10% 會變成**組織常駐記憶 T 細胞**（**Tissue-Resident Memory T Cells**），並成為沉默的守護者。這些記憶 T 細胞是處於休眠狀態的臥底警探，就只是靜臥等待著，什麼也不做。如果它們再次發現入侵者，就會立即甦醒並攻擊和活化周圍的免疫細胞。

但這還不夠，因為這樣只會保護受感染的區域，而不是身體其他的部分，所

以有**效應記憶 T 細胞**（Effector Memory T Cells）。多年來它們巡邏淋巴系統和血液，不會造成任何麻煩，只是尋找曾活化它們祖先細胞的抗原。最後，還有**中央記憶 T 細胞**（Central Memory T Cells），它們靜止於淋巴結內，除了保留攻擊的記憶之外什麼都不做。當它們被活化後，會迅速產生大量的新效應 T 細胞，並立即開始進行攻擊。

現在，這一切相當地簡單（相對而言）。記憶細胞有多強大而且有效，絕不是誇大之詞。它們是如此強大並且致命，如果你再次被相同的病原體感染，通常不會察覺到，即使那是一種嚴重且危險的病原體。一旦身體擁有對抗入侵者的記憶細胞，你基本上可以保持免疫數十年，甚至一輩子。

是什麼讓免疫記憶如此地致命？好吧，一個原因是它們都非常大量地存在於體內。正如之前討論過的，身體只為每個可能的入侵者製造了幾個特定的 B 細胞和 T 細胞。回想一下數百萬個可能的客人共進晚餐的例子。免疫系統的廚師竭力做好準備，使用每一種可能的成分組合，料理了無數道菜餚。每道菜餚代表一個獨特的 T 或 B 細胞針對一種特定抗原的獨特受體。所以當感染剛發生時，可能只有十幾個免疫細胞能夠識別入侵身體的敵人抗原。

這是有道理的，因為身體製造的數十億個 B 細胞和 T 細胞，大多數在一生中永遠不會有任何行動。免疫系統只是試圖為每一種可能性做好準備，無論這有多麼不可能。但是一旦出現具有特定抗原的病原體，免疫系統就會知道這個抗原的存在。儲存許多的特定細胞去對抗病原體的這項投資，在這個時刻是有道理的。

在晚宴的例子中，這就像確認客人真正喜歡的食材和菜餚！免疫系統的廚師為了未來做好準備，於是先將某些菜餚存放在冰箱裡。如果客人再次出現，就可以快速地上菜。

單從數字上看，相同的病原體若再一次入侵，你的記憶細胞當中的一個很早就被活化，並且快速捕捉到敵人的機率很高。所有的這些特性一起作用，會讓你

對於生命中不得不面對的絕大多數危險產生免疫力，並顯著地增加你生存的機會。但是有些疾病會破壞免疫記憶，殺死保護你的記憶細胞。可悲的是，這些疾病之一的麻疹，目前正在捲土重來。

旁白：不會殺死你的東西，不會讓你變得更強大
——麻疹和記憶細胞

麻疹是相當具有爭議的疾病，它的命運與反疫苗運動有著密切的關係。自天花之後，麻疹即將成為第二個被徹底根除的人類病原體。但因為越來越多的人決定不為孩子接種這種病毒的疫苗，反而讓它在過去幾年當中捲土重來。

諷刺的是，這些運動主要發生在已開發國家，這裡的人們已忘記麻疹其實仍然是個相當嚴重的疾病。在全球範圍內，麻疹在 2019 年導致超過 二十萬人死亡，其中大多數是兒童，與 2016 相比增加了 50%。儘管這種可悲而且不必要的死亡人數持續地增加中，但若在已開發國家感染麻疹，並且獲得良好的醫療照顧，康復的機會仍然很大。

但是麻疹有個險惡的部分不像這疾病本身被討論得那麼多。那就是麻疹病毒可以殺死記憶細胞，導致孩童在克服麻疹感染之後，有更高的機會罹患其他的疾病。如果這聽起來有點嚇人，那是正確的反應——麻疹病毒基本上會刪除你獲得的免疫力。在知道免疫系統的所有不同元素後，讓我們探索一下這是如何運作的。

麻疹病毒具有極強的傳染性——舉例來說，比新冠病毒還具傳染性。麻疹與許多其他的病毒類似，是透過咳嗽和打噴嚏傳播的。麻疹病毒隨著微小液滴在空氣中漂浮著，在空中可以停留長達兩個小時。如果得到麻疹，你的傳染力會變得很強，以至於 90% 易受感染的人群只要在你附近，就會受到感染。所以如果你被感染了，並且與其他未接種疫苗的人共乘地鐵或在同一間教室內，你就很可能

會傳染其他人。

　　麻疹最喜歡的受害者是 T 細胞和 B 細胞，尤其是長壽漿細胞、記憶 B 細胞和記憶 T 細胞很容易被病毒感染。麻疹的目標是免疫系統中最真實的、活生生的、會呼吸的記憶部分。在感染的高峰期，有數百萬甚至數十億的免疫細胞可能會受到感染。

　　幸運的是，免疫系統通常會重新掌控局勢，並且消滅麻疹病毒。但是被病毒感染的記憶細胞已經死亡，而且無法恢復。在被麻疹感染之前身體充滿了特定的抗體，而且其中許多已經停產。更重要的是，許多遊蕩的效應記憶細胞也已經死亡。這就好像免疫系統突然嚴重失憶。

　　因此在最後，麻疹會消除免疫系統保護你的能力，導致你無法對抗你過去曾經戰勝的疾病。更糟糕的是，麻疹感染也會抹滅你可能從疫苗接種中獲得的保護，因為大多數的疫苗都會讓你產生記憶細胞。因此，在感染麻疹的情況下，沒有殺死你的東西會讓你變得更虛弱，而不是更強壯。麻疹會造成不可逆轉的長期傷害，如此殘害並殺死兒童。

　　在對抗麻疹的戰爭中如果失去了主控權，將會看到這個原本可以預防的疾病之死亡人數每年增加，尤其是兒童。無論如何，這應該是一個談論歷史上一個重大想法的好時機，也就是在不生病的情況下，如何產生免疫力。

36 疫苗和人為接種
Vaccines and Artificial Immunization

正如之前所說，早在幾千年前，人們就已經注意到曾經得過一些疾病會讓罹病者在未來對它們免疫。人們也開始思考是否可以刻意讓健康的人惹上程度較輕的疾病，以保護他們免於被更危險的疾病所感染。但將這個觀察化為可行，花了很長的一段時間。

在人類瞭解微生物世界以前的數百年，在認知到有細菌或病毒之前，有人想出了**人痘接種**（variolation）這個方法——在某種程度上，代表以人為方式誘導人們對天花這個困擾人類數千年的最可怕疾病，產生免疫力。

在當今的現代世界裡，我們大多能避開可怕致命疾病的爆發，也因此很難想像一直到人類歷史的上一分鐘，天花是多麼可怕的禍害。感染天花的人當中有高達 30% 的人會死亡，許多倖存者的皮膚上會留下大面積的疤痕，讓他們遭到毀容。更嚇人的是，天花會讓一些人永久地失去視力。那是一個毀滅家庭、毀掉生命的瘟疫，而我們的祖先幾乎沒有任何足以防範的安全措施。光是在 20 世紀，天花就殺死了超過三億人。因此，想要找到方法根除這個禍害的動力相當高。

我們並不很清楚第一次的天花接種試驗發生的確切時間，但至少知道是在幾百年前中世紀的中國。它的基本概念很簡單——從一個輕微的天花感染者身上取出幾個結痂，讓它們變乾後磨成細粉。接著，將粉末吹到你希望可以給予免疫力的人的鼻孔。如果事情進展順利，患者只會爆發輕微的天花，接著會獲得在未來對於嚴酷型疾病的免疫力。

雖然這個方法有點噁心，但在人們沒有真正對付疾病的其他選擇時，這是預

防天花的最佳方法。人痘接種也因此在全球傳開。世界上不同的地區各以不同方式執行種痘，像是使用針頭或小切口摩擦感染者的結痂或膿液。

儘管如此，人痘接種並非沒有風險。有高達 1 至 2% 的人在接種後，會感染更嚴重的天花，這也包含天花所有潛在的負面後果。但由於這個疾病實在太過可怕而且廣泛流傳和長久存在，以致許多人願意讓自己和親人承擔其中的風險。因此，早在歷史上第一個疫苗發展完成之前，接種的基本概念就已經存在了。

疫苗接種史的真正開始，是人們認知到沒必要以真實的天花進行接種，而是可以較安全地使用來自牛痘的物質。牛痘是天花的一種變體，它會感染牛。驚訝嗎？這真的是革命性的一步。而且只在幾年之後，第一個疫苗就開發成功，最後導致天花徹底被根除。*

在第一種疫苗被成功開發之後，越來越多對抗不同可怕疾病的疫苗被開發出來，像是破傷風（tetanus）、麻疹、小兒麻痺症（polio）等等。

今日，疫苗透過創造出準備好對應特定病原體的記憶細胞來提供免疫力，以防免病原體真的出現。不幸的是，製造記憶細胞其實並非小事。正如之前所討論的，免疫系統非常謹慎，需要非常具體的訊號才能正常啟動和活化。要激發免疫系統創造出可以存在多年的記憶細胞，免疫系統必須經歷許多個升級的步驟，包括雙重條件驗證和所有的相關細節！

要製造出好的疫苗，需要以某種方式安全地引發免疫反應，使免疫系統認為真正的入侵正發生，進而產生記憶細胞──但又不會意外地引發我們不希望感染的特定疾病。實際的作法比講起來要困難得多，有許多不同的方法可以誘導患者產生免疫力，其中一些方法的效力比其他更持久。讓我們簡要地介紹幾種不同的

---

* 雖然這聽起來很簡單明瞭，但事實並非如此。經由全球性廣泛的疫苗接種計畫並耗時二百多年，才終於讓天花屈服。直到今天，天花仍然是第一個徹底被人類消滅的病原體，但也很遺憾的是，它是唯一被滅絕的病原體。天花已不存在，僅（希望是）被安全地儲存在兩個實驗室中，一個在美國，另一個在俄羅斯。

方法。

被動免疫──免費的魚

想像自己正在澳洲。那是一個人們非常友善而且說話很有趣的國家，但基本上其他都是試圖殺死你的致命有毒動物。[†]

現在想像你不斷誤判並且參加了穿越灌木叢的導覽，想要體驗大自然和所有一切。你欣賞著美妙的風景，思緒飄散，越來越沒留意到周圍的環境。突然間發生了一件事──一隻非常不開心和壓力過大的蛇被走在你前面同樣缺乏警覺心的團員嚇到了。牠決定在被一隻吵鬧的猿猴踩到之前自保，便迅速咬了你的腳踝一口。

被蛇咬的疼痛非常劇烈，而且你的腳踝立即腫脹、疼痛難忍。你以不適當的大叫和咒罵跟全世界溝通。但幸運地，你躺在吉普車後座時被告知下一個醫院任不是很遠的地方。雖然在這種情況下你可能不會感到幸運，但實際上確實是如此。因為你即將享受到**被動免疫**的奇蹟。

被動免疫，基本上是在借用疾病或病原體倖存者的免疫力。我們無法輕易地借用別人的免疫細胞，因為自身的免疫系統會立即辨認出這些細胞是**他者**並攻擊和殺死它們。在這裡，被動免疫指的是疫苗。如果是發生在被帶有劇毒的蛇咬傷的情況下，它將如何發揮作用呢？

首先，我們尚未討論到抗體的一面，是它們不僅可以對抗病原體，還可以對抗病原體的毒素（toxins）。在微小的世界裡，有毒物質不過就是一種分子。它可以破壞自然的過程，或透過破壞和溶解結構而造成損害。抗體可以利用鉗子與

---

† 在澳洲，被蛇咬而死亡的機率實際上非常低。每年大概只有三千人被蛇咬傷，平均有兩人會死亡。不過，這個大陸上的有毒生物數量太多，再多的真實世界統計數據都無法說服我。

這些分子結合，進而中和它們，使它們變得無害。

所以當你被一條毒蛇咬傷時，身體會直接被注入大量的有害分子。假設這不是一條會迅速致你於死的蛇，我們之前學到的免疫過程就會被觸發。蛇毒會破壞平民細胞並造成死亡，因而引起發炎並活化樹突細胞，最終導致 B 細胞產生針對這種特定毒液的抗體。

試想，這是多麼酷的一件事——免疫系統如此強大，它可以為自然界中最危險的毒液提供解方。但在現實中，被有毒動物叮咬仍然非常危險，它們的毒素造成的傷害幾乎是即時的，而且傷勢只會變得更糟。在很多情況下，不可能等待一週的時間讓後天免疫系統完成它的工作，因為死亡會在這之前終止一切。

基本上，為了欺騙免疫系統，人類開始製造抗蛇毒血清（antivenoms）——只不過這是針對毒液分子的純化抗體，可以被注射到被咬傷者的身體中！

這些抗體產生的方式非常奇特。首先從蛇的身上採集毒液，然後注射到如馬或兔子等哺乳動物體內，使用牠們可以承受但不會致死的劑量。注射的劑量隨著時間慢慢增加，會讓這些動物有機會產生針對這些毒液的免疫力——這代表動物會產生大量針對毒液的特定抗體，在血液中飽和，並讓牠們獲得免疫力。接著收集這些動物的血液，並將抗體從血液中過濾出來，與血液中其他的動物成分分離。看，你已經準備好將抗蛇毒血清注入被咬傷者的體內了。但正如你可能想像的，這個過程並非完全沒有風險——如果抗毒血清中含有過多的動物蛋白，人體免疫系統仍會做出反應。但通常對於抗毒血清產生不良反應的風險，與毒液本身造成的風險和傷害相比相形見絀。所以可能的話，通常會進行施打抗毒血清。[*]

---

* 準備好接受一些很酷但很糟糕的事情嗎？考慮一下我們之前所學的關於蛋白質和抗原的一切。為什麼免疫系統可以接受從完全不同的物種中獲得的抗體？好，這是一件有趣的事，免疫系統其實並不能接受，而且實際上會對突然氾濫的馬或兔子蛋白感到憤憤不平。所以雖然第一次使用抗蛇毒血清時可以正常發揮作用，但第二次使用時你可能會對它產生免疫力，因為身體可能會製造對抗馬或兔子抗體的抗體。將毒液注射到馬體內然後將牠的血液用於人體，是免疫系統完全無法預料的現代醫學所提出的一種創意解決方案。這很合理，所以在這種情況下真的不能

在懷孕期間，被動免疫也會自然發生。此時，某些抗體會透過胎盤進入胎兒體內，將母親的保護力給予胎兒。

更有趣的是，嬰兒出生後，人類的母乳也可以傳遞大量的抗體。

收集抗體的過程，也可以使用人為方式直接在人與人之間進行——例如，一種稱為 IGIV（ImmunoGlobulin IntraVascular，意思是「免疫球蛋白血管內注射」施藥）的療法，會從捐獻給血庫的血液中收集抗體，匯集在一起，再小心地注入患有免疫疾病，而且本身無法生產抗體的患者體內。

被動免疫的惱人之處在於它提供的保護力只是暫時的。如果對某人施打抗體，只要抗體還在，他就會受到保護。但這種保護作用會隨著抗體的消耗或自然的衰減過程而消失。因此，雖然被動免疫很偉大，但對於大多數人來說，這並不是創造免疫力的最佳方式。

這相當於給飢餓的人一條魚，而不是教他如何釣魚。要人體真正積極地產生免疫力，需要刺激免疫系統自行產生免疫力！

主動免疫——學習如何釣魚

如果你已經閱讀到這裡，就會知道主動免疫在身體中做了什麼——產生記憶細胞，並且準備好對抗特定的病原體。

到目前為止，本書所解釋的就是自然主動的免疫——例如感染了 A 型流感，就對那個特定的病毒株永遠免疫。然而這種自然方式有很多缺點，主要就是必需經歷一種疾病，才能對它產生免疫力。這問題的解決方法似乎很簡單，只需欺騙身體，讓它以為自己生病了，進而對各種疾病產生免疫力！

但是，說當然是比做要來得容易。因為免疫系統非常謹慎，需要非常具體的

對免疫系統感到太惱火。

訊號才能啟動和適當地被活化。要使用正確的人為方式去引導生產可以存在多年的記憶細胞，免疫系統需要被真正地活化。這代表必須經過適當的升級步驟，包括雙重條件的身分驗證和其他牽涉其中的一切。

所以，必須以某種方式**安全地**引發適當的免疫反應，但又要避免感染想要防止得到疾病。有幾種不同的方法可以做到這一點。

第一種方法基本上是回到人痘接種的初始原則。我們是不是可以**大概地**引發想要免疫的疾病，而且只是一個非常非常弱的版本？把真實的東西放進身體裡，只不過是一個較弱的版本，這就是**活性減毒疫苗**（live-attenuated vaccines）的原理。

將最原始的病原體，如水痘、麻疹或腮腺炎病毒，在實驗室裡以人為方式變成自己一個可悲的影子。這在處理病毒上效果特別好，因為與細菌之類的病原體相比，病毒是非常簡單的生物。病毒只有少數基因，因此很容易掌握它運作的方式。活病毒被削弱的機制非常有趣，因為這基本上是在利用演化。這有一點像狗的祖先曾經是雄壯而強大的狼，卻被我們馴化成哈巴狗和義大利靈緹犬。

以麻疹病毒為例，今日用於製造疫苗的病毒是從 1950 年代一個孩童身上分離出來的。它在實驗室一遍又一遍地培養在組織樣本中，直到完全被馴服。以這種方式馴化的麻疹病毒只是它以前自我的影子——弱而無害，是它野蠻遠親的可憐版本。它仍然可以生長和繁殖，也能和真正而且危險的麻疹感染一樣引發同樣強烈的免疫反應，但不會造成真正的麻疹爆發。

它會引起非常輕微的症狀，例如微燒。或者在極少數的情況下，與幾百年前的天花接種實驗類似，會造成非常輕微的皮疹。一到兩輪這種疫苗的接種，就足以在孩子的身上製造足夠的記憶細胞來保護他們的餘生！

活疫苗當然也有缺點——例如它們必須被儲存在適當溫度下，以免這些較弱的病原體在施打之前就死去。活體疫苗也不能用於免疫功能嚴重低下的人身上，因為即便只是微弱的感染，他們也沒有可以對抗感染的工具。但對於絕大多數人

來說，活體疫苗是種安全且有效的方法，以人為方式將免疫系統升級，使人們受到保護，餘生不再被抗體針對的目標感染。

不過，使用活病原體並不見得適用於所有的狀況。就像你無法馴化大白鯊，有些病原體會抗拒被馴服和變弱。在某些情況下，它們導致疾病的風險太高了，所以另一種方法是在注射之前直接殺死病原體，這稱為**不活化疫苗**（inactivated vaccine）。

將大量致病細菌或病毒聚集在一起，並且使用化學物質、熱甚至輻射摧毀它們。這麼做的目的是破壞它們的遺傳密碼，讓它們只剩下空殼和死殼，無法再生和完成生命週期。但這也產生了一個問題。你能想像是什麼嗎？

它們現在**太**無害了！免疫系統無法對一堆四處漂流的病原體屍體引發正確的免疫反應。所以必須將這些病原體的屍體和可以高度活化免疫系統的化學物質混合在一起。可以將這些化學物質，視為可引發失控反應的一種羞辱。這就像穿著敵隊球衣跑來跑去，並且侮辱剛剛輸掉一場重大體育賽事的城市土隊。很可能有人會對你揮拳，並攻擊你的臉。

如果死細菌和真正能讓免疫系統緊張的物質混合，免疫細胞將無法區別兩者，因而下令製造記憶細胞。不幸的是，很多不懂化學的人因此推斷疫苗充滿了毒藥，但這與事實相去甚遠。一方面，這些化學物質的劑量少得可笑，通常只能產生局部反應。沒有它們，疫苗就無法運作。這種疫苗的其他優勢在於它比活疫苗更穩定，而且易於儲存和運輸！

比殺死病原體更進一步的是**次單元疫苗**（subunit vaccines）。它只使用病毒的次單元，而不是注射整個病原體。換言之，使用病原體的某些部分（抗原），因此可以更輕易地被 T 細胞和 B 細胞辨識出來——這種疫苗的接種方式非常安全，因為它大幅降低了對病原體產生不良反應的可能性（有時這並不是因為病原體本身，而是它們的代謝產物會造成傷害。「代謝產物」只是「細菌的糞便」較美好的一種說法）。

製造這些次單元的過程非常有趣，因為它包含一點點簡單的基因工程。在 B 型肝炎疫苗的情況下，部分的病毒 DNA 被植入酵母細胞中。酵母細胞接著生產大量的病毒抗原，並將這些抗原展示在它的外部，讓這些抗原可以輕易地被收集。透過這種方式，可以製造出病原體高度特定的部分，並將免疫系統更精確地導向它！就像其他不活化疫苗一樣，抗原需要和挑釁的化學物質混合，讓免疫系統認為它們是危險的。

最後，讓我們提到最新類型的疫苗，即 **mRNA 疫苗**（mRNA vaccines）。它的基本原則非常天才，就是讓細胞自己生產免疫系統可以拾取的抗原。記得 mRNA 嗎？那些告訴細胞中的蛋白質生產設施要製造哪些蛋白質的分子？基本上，就是幫某人注射 mRNA，讓自身的一些細胞製造病毒的抗原。接著，這些細胞可以將抗原展示給免疫系統。免疫系統對此非常警覺，並且會產生針對這種抗原的防禦機制。

還有更多的次型疫苗，但對於本書來說，這些細節已經足夠。儘管疫苗可以保護人類免於遭受某些嚴重疾病的侵害，但越來越多的人已經停止讓他們的孩子接種疫苗。

反疫苗運動對於疫苗不信任的原因非常多。在美國和歐洲，人們認為疫苗的風險大於它的益處，這種想法特別地普遍。反疫苗運動認為疫苗是一種對於自然過程的人為干預，讓大自然順其自然的危險性比較小。

如果你瞭解免疫系統的機制以及免疫力是如何產生的，這樣的想法很快就會失去意義。疫苗和疾病都在做同樣的事情——它們透過觸發免疫反應製造記憶細胞。雖然病原體同樣是透過攻擊身體和造成巨大的壓力達到這目的，但卻帶著包括死亡在內非常真實的長期風險。疫苗能夠達到相同的目標，但沒有疾病所有的風險。

讓我們以不同的方式思考這個問題。想像一下你想將孩子送去一個道場，在那裡可以學習一些防身術。這樣一來，若他們遭人搶劫，就已經準備好該如何應

付。在你居住的城市有兩個道場，所以你安排了去兩個道場的參觀行程，看看各自的培訓方法。首先是「自然道場」。主教練的理念是孩子應該使用真正的武器接受訓練，真的刀和劍，這樣他們會對世界真正的危險做更好的準備。畢竟，這樣比較接近自然，而真實的生活很危險。有時候，學生會因此受到嚴重的割傷，並且需要將傷口縫合。是的，好，有時孩子也可能會失去一隻眼睛或可能會死掉。但這是自然的方式！

　　第二個道場被稱為「疫苗道場」，這裡的課程和練習與「自然道場」基本上相同，但有一點大不相同。孩子們使用由泡棉和紙製的武器。有沒有人受傷？有的，但很少，頻率要低得多，通常是不值得流淚的小瘀傷。如果不得不帶孩子到其中的一個道場，你會選擇哪一個？

　　讓我們務實一點，生活中沒有什麼是完全沒有風險的──但我們可以做出風險較小而且比較可能避免傷害的明智決策。就疫苗而言，如果你不做出決定，孩子將自動加入「自然道場」。

　　最重要的是，疫苗接種是一種社會契約，對所有的人都有好處。如果每一個夠健康的人都能接種針對一種疾病的疫苗，我們就正在創造**群體免疫**（herd immunity），並且保護每一個無法產生免疫力的人。有許多原因讓某些人無法接種疫苗。也許他們太年幼、也許具有免疫缺陷，使他們無法製造記憶細胞、也許是目前正在接受癌症治療，化療剛剛摧毀了他們的免疫系統。

　　只有集體免疫才能保護這些人免於特定疾病的侵害。群體免疫基本上代表我們對足夠的人口接種疫苗，這樣疾病就無法擴散，並且在接觸到受害者之前已經被消滅。問題是，要讓它發揮作用，我們需要讓足夠的人接種疫苗──例如，針對麻疹，95% 的人需要接種疫苗，才能產生有效的群體免疫。

　　好的，我們基本上涵蓋了免疫系統中最重要的部分！你必須瞭解士兵細胞、情報網絡、特殊的器官、蛋白質大軍、專門的超級武器，以及它們是如何一起工作的！既然已經涵蓋了這些內容，我們就有機會看看當這所有偉大的系統分崩離

析時會發生什麼事。當病原體干擾 T 細胞時會發生什麼事？如果免疫細胞的戰
鬥太過激烈，開始從內部傷害你，你能做些什麼來提升免疫系統？它是如何保護
你免於癌症的？

第四部

叛亂和內戰

Rebellion and Civil War

37 當免疫系統太虛弱時
——愛滋病毒（HIV）和愛滋病（AIDS）
When Your Immune System Is Too Weak: HIV and AIDS

要展現當免疫系統崩潰時會發生什麼事，人類免疫缺陷病毒（愛滋病毒）或 HIV 是非常可怕又有趣的例子。受它影響的實際上只是一個非常特殊的細胞，而不是整個免疫系統。愛滋病毒的主要受害者是輔助 T 細胞。是的，愛滋病毒和後天免疫缺乏症候群（愛滋病，Acquired Immunodeficiency Syndrome）的可怕之處，就在於它會消滅你的輔助 T 細胞。讀到這，你可能已經知道這個細胞的重要性，以及你的防禦機制有多麼依賴它們。

身為一個物種，我們非常幸運的部分，在於我們不是很容易受到 HIV 的感染。它不會漂浮在空氣中或存活在物體表面，而是需要經由血液或是性交這樣強烈的接觸進行傳播。大多數的 HIV 感染是透過性接觸或經由不明顯的小傷口，讓病毒穿過上皮細胞的防禦層。

HIV 透過一種叫做「CD4」的特定受體進入細胞，這些受體主要在輔助 T 細胞的表面上，少量則在巨噬細胞和樹突細胞的表面上。HIV 是一種**反轉錄病毒**（retrovirus），這代表它會侵入細胞，並和表達你個人特性最密切的遺傳密碼相融合。從某種意義上來說，HIV 會永遠成為你的一部分。但這個版本是一個已被破壞的你。

人類基因體計畫（The Human Genome Project）在我們的 DNA 中找到數千種病毒的基因遺骸。這些活化石佔據我們遺傳密碼的 8%。所以，從某種意義上來說，8% 的你是病毒。這其中大多數的遺傳密碼都是無用的，不會傷害我們。但

它也顯示了當逆轉錄病毒感染你時，它是打算要留下來的。

還記得無聲士兵殺死睡眠中市民的病毒比喻嗎？HIV 就像士兵殺死了受害者後，將屍皮剝下穿在身上，在大白天的城市裡走來走去。

HIV 感染的進程分為三個階段：

第一階段是**急性期**（acute phase）。一般認為，樹突細胞是第一批被 HIV 感染和接管的細胞。這對病毒非常有利，因為樹突細胞會執行病毒的工作，將 HIV 攜帶在體內，並且尋找細胞聚集的地方——淋巴結超級城市裡的細胞約會區。

一旦受感染的樹突細胞抵達這裡，愛滋病毒就可以輕易進入無數的輔助 T 細胞當中。所以，愛滋病毒真的就像是披著受害者的皮、潛入敵國總部的臥底間諜。

一旦病毒接觸到它最喜歡的受害者，數量就會爆增。在 HIV 感染的初期，病毒不受限制地大量增殖，而先天免疫系統無法成功將這個過程減緩下來。在這個階段，身體對 HIV 的反應就像它對所有的病毒一樣，使用常規的機制和武器去活化後天免疫系統——這可能是你第一次注意到已被感染的時刻。

HIV 感染初期的症狀並沒有很明確地被描述出來，因為通常要在感染數週、數月甚至數年後，它才會被診斷出來。我們目前所知的是，愛滋病毒在剛開始感染時非常溫和，就像是無害感冒的症狀，例如一般的疲勞感，可能是喉嚨疼痛和些微的發燒。這些是每個人在一年當中都會經歷個幾次的症狀，不會造成什麼特別強烈的反應。真的沒什麼大不了。

在某個時刻，會有足夠的殺手 T 細胞和漿細胞被啟動並開始摧毀病毒。它們四處殺死受感染的細胞，並且根除數十億的病毒。你的病症會消失，而你可能認為輕微的感冒已經過去了。對於大多數常規的病毒感染而言，的確如此。滅毒行動讓所有病毒都被消滅，而記憶 T 和 B 細胞開始保護你。這讓你在未來很多年可以免於這種病毒的侵害，但並非永遠。如果你很幸運，這也可能發生在 HIV

的感染中，但這是極罕見的特例。

對 HIV 而言，這通常只是一個開始。

接著開始進入感染的**慢性期**（chronic phase）。大多數類型的病毒會無法在免疫系統的猛烈攻擊中倖存下來——但 HIV 有許多非比尋常的生存方法。首先，病毒不會只透過複製許多的自己直到撐破細胞——它會極小心翼翼且努力地讓受害者盡可能活久一點。

其次，它有一些額外的鬼祟方法去尋找新的受害者。在細胞對細胞的傳播中，病毒可以從一個細胞直接傳播到另一個。愛滋病毒在此利用了免疫細胞的一種重要機制——**免疫突觸**（Immunological synapses）。當免疫細胞利用直接交互作用去活化彼此時，它們有點像是貼著彼此的臉，並舔對方的臉頰。這代表彼此非常接近，並以稱為偽足（pseudopodia）的短小延伸結構接觸彼此。這看起來有點滑稽，就像很多短小的手指伸出細胞——這是許多免疫細胞檢查彼此受體的方式。但這些互動可能會被 HIV 劫持——利用這種緊密的連結，HIV 可以從一個細胞跳到另一個細胞。

這有很多的好處。病毒不需要殺死細胞，否則細胞會爆炸並釋放緊急警報信號，而讓免疫系統變得憤怒和警覺。它不需要大量病毒在細胞周圍漂流，因為它們可能會被免疫細胞拾取，並引起警報。與大多數病毒採用隨機漂流的策略相比，這種感染另一個受害者的方式，成功率非常高。因此，愛滋病毒利用細胞間的交互作用，從受感染的輔助 T 細胞跳到殺手 T 細胞，從樹突細胞跳到 T 細胞，從 T 細胞跳到巨噬細胞。

最後但並非最不重要的一點是，透過這種方式 HIV 可以非常有效地隱藏起來。即使免疫系統時不時會爆發，並殺死大部分的受感染細胞，但病毒只需要在淋巴結內的幾個細胞中閒置著，之後再被帶著穿梭整個身體，總是有機會接近所有它想要靠近的細胞！這使得以藥物和治療去消除 HIV 更加困難，因為它在目標細胞之間有許多不同的傳播途徑。

HIV 也可以長期處於休眠狀態，在細胞中什麼也不做，等待合適的時間再變得活躍。當一個細胞不增殖時，它的蛋白質生產會處於一種緩慢模式，僅僅用於維持細胞基本的生存——但是當細胞進行增生時，這些生產機器的工作量會放大好幾千倍。

因此，當受感染的輔助 T 細胞開始增生時，HIV 就會甦醒並在數小時內製造出數千個新病毒。這方法非常有效，即便殺手 T 細胞就在周圍尋找它，病毒也能產生大量的新病毒卻不被抓到，並且感染更多的新細胞。

之前我們談過微生物因為擁有一個核心能力，就是比多細胞生物能更快地改變和適應，所以會帶給免疫系統巨大的挑戰。因此，我們需要後天免疫系統才有機會存活。愛滋病如此讓人難以置信地危險，是因為它在遺傳變異方面的運作是在完全不同的層級上。HIV 的遺傳密碼非常容易複製錯誤——平均而言，每一次病毒複製都會製造一個錯誤。這代表即使在一個細胞中，也有許多不同的HIV 變種存在。

這有三種可能的結果：第一，HIV 會自我毀滅，因為它的變異方式會讓自己失去能力或變得不那麼有效。第二，突變沒有幫助或傷害，因此沒有任何變化。第三，病毒變得更擅長避開免疫系統的防禦機制。

當你被感染時，HIV 可以在一天內生產大約**一百億**個新病毒——所以即使純屬偶然，還是可以生產許多更擅長持續感染的新病毒。更糟糕的是，細胞可以同時被多種不同的 HIV 病毒株感染，而這些病毒株還可以重組為新的雜種。如果每天可以重組出數十億種的新版本，很有可能會出現一些非常擅長避開免疫反應的新版本病毒。

現在想想這代表什麼——後天免疫系統大約需要一週的時間來製造數千個非常擅長追捕 HIV 的殺手 T 細胞和數百萬個抗體。但是有許多具有不同新抗原的新病毒早就已經產生了！這些差異可能就足以讓剛產生的殺手 T 細胞和抗體對它們毫無作用。

現在，全新和變種的病毒感染了新的細胞，並再次製造了數百萬個自身的副本。對它們來說，後天免疫系統所適應的病毒已是無關緊要的舊聞。HIV 永遠領先免疫系統。所以在 HIV 的慢性感染期，身體仍然充滿著病毒。在這個階段，平均來說，一毫升血液中含有一千到十萬個病毒顆粒。

在繼續往下之前，讓我們快速總結一下 HIV 的策略。病毒感染樹突細胞，然後乘坐著出租車進入 HIV 的天堂──淋巴結，這裡從上到下充滿了輔助 T 細胞。HIV 可以在這些細胞中建立儲存庫，並無限期地隱藏起來。當輔助 T 細胞開始大規模地在淋巴結增殖時，淋巴結正是 HIV 製造數百萬個新病毒的理想場所。所以防禦病毒最重要的核心已完全被接管，反而成了一個弱點。

這還不是最糟糕的部分。想一想 HIV 特別針對 T 細胞進行攻擊的真正作用──破壞並殺死輔助 T 細胞，進而防止後天免疫系統正確地活化 B 細胞和殺手 T 細胞。

但是免疫系統並沒有放棄。一場史詩級的戰鬥由此展開，並將持續許多年。每天，HIV 會製造數十億個新病毒，而免疫系統也以嶄新的抗體和新的殺手 T 細胞應戰。這是一場死亡與重生之間的拉鋸戰，是雙方生死存亡的搏鬥。這場戰鬥可能需要十年或更長的時間，而且通常不會伴隨明顯的副作用──反而是邪惡地讓受感染的人充當宿主，並持續地感染他人。

儘管免疫系統正全力以赴，卻仍居於劣勢。輔助 T 細胞不僅不斷受到 HIV 感染，就連殺手 T 細胞也在殘忍地追捕它們（那是因為，如果輔助 T 細胞在其展示櫥窗中顯示了 HIV 抗原，殺手 T 細胞就會命令它們自殺！）原則上這是好的，但也代表對抗 HIV 病毒所需的武器已經用盡了。

不只是輔助 T 細胞，樹突細胞也受到影響，它們對於活化免疫系統也同樣地重要。沒有這兩種細胞，後天免疫系統的動員能力會開始崩潰。這種死亡會持續多年，於此同時，身體也拼命地產生新的輔助 T 細胞。但從長遠來看，它就是跟不上。隨著歲月的流逝，輔助 T 細胞的數量逐漸越來越少，直到有一天到

達臨界值，導致後天免疫系統徹底崩潰。血液中的病毒顆粒數量爆炸式地增長並在身體中達到飽和，因為殘存的阻力非常微弱。

接著，最後一個階段開始——**極度免疫抑制**（profound immunosuppression）。**愛滋病，後天免疫缺乏症候群**，於焉開始。這代表後天免疫系統基本上出了問題，也顯現了它有多麼重要。數以百計的病原體、微生物或癌細胞通常對身體不是什麼大問題，但它們現在很快就會變得危險而致命。然而，你不只非常容易受到來自外部的無數疾病感染，因為要對抗癌症，你也需要後天免疫系統，尤其是輔助和殺手 T 細胞。在幾乎沒有阻力的情況下，癌症現在可以茁壯成長。如果愛滋病爆發。而現在，情況很快就會變得可怕而危險。導致死亡的主因是各種形式的癌症、細菌或病毒感染，通常會是這三種同時併發。基本上，就是免疫系統平常保護你避開的一切事物。

感染 HIV 曾經等於被判決死刑，隨著疾病蔓延最終導致愛滋病爆發，很快就會死亡。但在科學和醫學界浩大而無與倫比的努力下，對於接受適當治療的人來說，愛滋病毒現在已成為一種可以控制的慢性病。幾乎所有的 HIV 療法都以預防發展到最後階段為目標——防止愛滋病爆發，因為這是導致人們死亡的階段。*

---

* 在這裡自然產生的一個問題是，HIV 治療是如何發揮作用的？好，不用太多細節，它的機制或多或少都是針對病毒發展的不同階段去進行阻斷或減緩，使得 HIV 感染永遠不會變成愛滋病。然而，更有趣的問題是，為什麼沒有對抗流感的有效藥物，但確實有幾種不同的 HIV 治療法？（嗯，好的，其實確實有非常安全有效的流感疫苗，為了因應流感病毒的快速變異，每年都會重新被開發。只是因為某種原因，沒有多少人接種流感疫苗）。好吧。答案有點讓人沮喪——關注和金錢。人們輕易就忘了愛滋病曾經是一種嶄新而非常令人震驚和可怕的流行病。2019年世界各地仍有大約三千八百萬人被感染。當 HIV 和愛滋病出現時，它引起當權派的恐慌，導致大量的資源湧現並得到前所未有的關注。人類真的想要快速得到結果（也因此得到一個美好的副產品，免疫學家學到了許多關於免疫系統的新知識）。我們真的得到了解藥，把 HIV 從致命變成慢性病，甚至有一天可以永遠殺死它。在 COVID-19 疫苗研發上可以觀察到類似的現象，甚至打破了發展速度最快的紀錄。最終，真正的問題似乎是一個治療法究竟對我們而言有多少價值？我們多麼迫切地需要它？這也是另一個可以證明如果人類能更佳地決定事情的輕重緩急，真的可以解決所有重要的問題。

38 當免疫系統太過於激進時 ——過敏反應
When the Immune System Is Too Aggressive: Allergies

你一生之中最喜歡的食物是螃蟹，是這些在海底爬行、看起來很滑稽的巨型蜘蛛，具有奇怪的口感而且非常美味。在注意飲食和節食一段時間的幾個月後，今天是你和朋友一起放縱的夜晚。有酒，還有很多的螃蟹。但是在咬了第一口螃蟹後，奇怪的事情發生了。身體開始感覺有點怪，有一點不舒服。

你覺得很熱並開始出汗，耳朵、臉和手感覺有點怪。突然間你發現呼吸變得困難，讓你有點驚慌失措。起身後，你不得不立即坐下，因為你覺得頭暈目眩。這時候朋友問你是否還好。接著，你在一輛急速前往醫院的救護車中醒來，手臂上有一根針將化學物質一滴滴地注入你的身體，平息了幾乎殺死你的過敏反應。你突然意識到——再也不能吃螃蟹了。[†]

正如在本書中多次看到的，免疫系統接受的是非常嚴謹的控制。如果它反應得不夠強烈，即便是很小的感染都可能快速演變成致命的疾病，並且殺死你。但如果反應很劇烈，那麼就會造成比任何感染都更大的傷害——與任何病原體相比，免疫系統可以讓你的生存面臨更大的危險。想想伊波拉，即使是這種非常噁心可怕的疾病，也需要六天左右才能殺死你。免疫系統卻有能力在大約十五分鐘之內殺死你。患有**過敏症**（allergies）的人都體驗過防禦網絡黑暗面的經歷。

[†]　很可能正在閱讀這幾頁的少數人，曾有一些類似的經驗。有更多人會感到不舒服，但不會有直接危及生命的經歷。貝類是成年人最常見可能突然產生的食物過敏，但還有很多其他不同的東西可能會讓身體突然過敏，從牛奶到堅果、大豆、芝麻、雞蛋或小麥。過敏真的很糟糕。

當免疫系統失去自我鎮靜的能力時，會變得致命。每天有數千人死於過敏性休克（anaphylactic shock）。免疫系統為什麼要這麼做呢？

過敏代表免疫系統對於可能不是那麼危險的東西產生了過度的反應。這代表調動免疫部隊並準備戰鬥，儘管沒有真正的威脅存在。在西方，大約有五分之一的人患有某種形式的過敏症 —— 最常見的是**即發性過敏**（immediate hypersensitivity），意思是在接觸後的幾分鐘內會很快就觸發症狀產生。這有點像是在客廳裡找到一隻蟲子，然後召喚軍隊以核武消滅你居住的城市。這當然解決了蟲子的問題，但也許沒必要把你的房子變成一堆會發光的瓦礫。在已開發國家中最常見的即發性過敏反應有花粉症（hay fever）、哮喘（asthma）和食物過敏，嚴重程度各不相同。基本上，你有可能對任何東西都產生過敏反應。

有些人對乳膠過敏，既不能戴乳膠手套，也不能穿全身乳膠裝（如果這是他們的喜好，這還真是一場悲劇）。其他有些是對某些昆蟲的叮咬過敏，從蜜蜂到蝨子都是。還有很多種食物過敏，當然你也可以對任何種類的藥物過敏。

讓免疫系統做出這些反應的是抗原，一些無害物質的分子。在過敏的情況下，抗原被稱為**過敏原**（allergens），儘管它們在功能上是相同的 —— 都是一小段的蛋白質，像是來自蟹肉。只要是被後天免疫細胞和抗體識別，並且能引起過敏的物質都是過敏原。

免疫系統為什麼會認為這是一個好主意呢？嗯，它並沒有。它不會有目的地進行思考或做任何事情，而是有些機制嚴重失調。在這種情況下，引發即發性過敏反應的東西源自於血液。在這裡整個免疫系統最煩人的部分 ——**IgE 抗體**，發揮了作用。你可以感謝 IgE 抗體帶來許多與過敏相關的痛苦（實際上，它們有一項現在已不太執行的重要工作，下一章會更多地討論）。

生產 IgE 的特化 B 細胞並不常駐留在淋巴結中，反而是常駐在皮膚、肺和腸道中。在這些地方，IgE 抗體可以造成最大的傷害——它們原本要對付突破防禦牆的敵人，但此時卻是針對你。IgE 抗體在你遭受過敏反應時，實際上有什麼作

用呢？

　　過敏永遠是以兩個步驟產生的──首先，需要遇到新的致命敵人。接著，必須和它們再次相遇。

　　舉例來說，你吃了**螃蟹**或花生之類的食物，或者被一隻蜜蜂螫到。第一次發生時，一切都還好。過敏原注入了你的系統，但是因為某些原因，受體當中能與過敏原結合的 B 細胞被活化了。它們開始製造針對過敏原（像是蟹肉蛋白）的 IgE 抗體，但現在一切都很平靜，什麼也沒發生。可以將這一步想像成準備好炸彈（在本章開頭可憐主人翁所處的情況下，我們並不清楚確切的時間和什麼原因引發了這種武裝準備──但這件事一定是在某個時候發生了）。*

　　現在，在接觸蟹肉後，大量能夠附著到蟹肉過敏原上的 IgE 抗體在你的系統中存在。但 IgE 抗體本身不會造成問題，因為它們的壽命不是特別長，在幾天後就會溶解。它們需要來自皮膚、肺和腸道中特別容易接受 IgE 抗體的特殊細胞──**肥大細胞**──的幫助，才會成為問題。

　　之前談論發炎時，我們曾短暫接觸過肥大細胞。翻新一下記憶，肥大細胞是大而臃腫的怪物，是攜帶著充滿極強化學物質的小炸彈，像是**組織胺**，會導致快速且大面積的發炎。科學家仍在爭論肥大細胞的工作──一些人認為它對於早期的免疫防禦相當重要，另一些人則認為它是次要的角色。但可以肯定的是，肥大細胞可以成為發炎的超級充電器。不幸的是，在過敏反應的情況下，它對於自己的工作過度熱情。

---

* 　呃。好的，是時候來個大的「但是」了。在這裡，我們描述的是「標準」過敏案例如何運作。第一次遇到過敏原時，你的免疫系統會進行充電。但在第二次遇到時，它就會轟隆隆地產生過敏反應。但在前面介紹的故事中，那個可憐人為什麼突然不能再享用他最喜歡的海洋蜘蛛呢？好，這是一個有趣的事實，而我們還不完全理解這一點。成人過敏有點神祕，想想有多少人在生活中會遇到，其實有點可怕。我自己有幸在吃下東西過敏後被緊急送往醫院，所以非常想知道這是如何運作的。但是，是的，你現在必須接受這樣一個訊息：人們可能會突然對他們一生都在吃的東西過敏，而且沒有任何事先的警告。

過敏原

B 細胞

1.

IgE 抗體

2.

肥大細胞

3.

4.

組織胺

過敏

1. 特殊 B 細胞辨識出過敏原後被活化，並產生 IgE 抗體。

2. 肥大細胞向磁鐵般猛撲 IgE。

3. 過敏炸彈已經武裝起來。

4. 當肥大細胞上的 IgE 抗體再次連結到過敏原，炸彈爆發。肥大細胞釋放所有的化學物質，尤其是組織胺。

肥大細胞具有受體，可以連結並附著在 IgE 抗體的屁股。因此，如果你在第一次接觸過敏原後產生 IgE，肥大細胞就會像一塊大磁鐵一樣往釘子猛撲過去。所以可以把一個有「充電和武裝」功能的肥大細胞想像成一個大磁鐵，上面覆蓋著成千上萬的小刺。當過敏原經過時，肥大細胞上的 IgE 抗體極輕易地就可以連結到它們。更糟糕的是，肥大細胞上的 IgE 可以穩定存在數週甚至數個月，因為與肥大細胞連結可以保護它們免於衰敗。因此，在你初次接觸過敏原時，皮膚、肺部或腸道中早已準備好這些很快就可以被活化的炸彈。隨著時間過去，什麼也沒有發生。直到你終於再吃了一堆蟹肉，讓你的系統中充滿過敏原，使得被 IgE 覆蓋的肥大細胞能夠連結到它們。現在武裝的過敏炸彈在體內爆炸。

武裝的肥大細胞會進行去顆粒化動作，這是形容它們會吐出所有化學物質的一個美好說法。這些化學物質是發炎的超級充電器，尤其是組織胺。這會導致過敏反應期間你體驗到的所有極度不愉快的事。它告訴血液要收縮血管，讓液體流入組織，導致發紅、發熱和腫脹、瘙癢和一般的不適感。

如果這種情況同時發生在身體許多的部位，會導致危險的血壓下降，而這是足以致命的。組織胺還可以刺激生產和分泌黏液的細胞加強表現，讓呼吸系統產生額外和不必要的鼻涕和黏液。

但最危險的是，組織胺會導致肺部平滑肌收縮，讓呼吸困難甚至無法呼吸。你並不是無法吸入空氣，而是肺裡的空氣被困住，使得再次將氣體排出變得很困難。所有黏膜製造的多餘黏液對這種情況完全沒有幫助。因為肺裡有很多肥大細胞，在該地發生過敏反應很快就會變得危險，因為多餘的液體和黏液會填滿肺部，讓呼吸變得越發困難。最壞的情況可能是過敏性休克，它會在幾分鐘內致人於死。過敏反應可不是開玩笑的。

我們在前面幾段當中給了肥大細胞一個惡名，但這有點不公平。因為它不會獨自造成這所有的混亂。肥大細胞有個同樣有害的哥兒們。一旦肥大細胞被活化並去顆粒，同時也會釋放細胞激素，要求另一個特殊細胞──**嗜鹼性球**

（Basophil），去增強過敏反應。

　　嗜鹼性球在血液中巡邏著身體，直到被召喚為止。它們也有連結 IgE 抗體的受體，可在初次接觸抗原後進行充電。嗜鹼性球像是第二波的恐怖浪潮。一旦肥大細胞引起第一波的過敏反應，它們需要補充破壞性組織胺炸彈，但會暫時缺貨。而嗜鹼性球填補了這中間的空檔，確保過敏反應不會太快停止。它們也可能為自己感到自豪，認為自己正在做重要的事，無辜地向身體放火。於此同時，你正在抓撓著皮膚或排空發炎的腸道。這兩種細胞負責引起即發性的過敏反應。

　　不幸的是，這還沒有結束。許多哮喘患者悲痛地知道，一些過敏反應更像是個慢性事件，而不是一次性的。讓我們認識第三種（很幸運地，這也是最後一種）將過敏反應視為好主意的細胞！

　　嗜酸性球（Eosinophil）確保過敏反應的症狀可以維持一段時間——它們只有少數存在於身體內，多數是在骨髓裡，遠離一切熱鬧的行動。肥大細胞和嗜鹼性球釋放的細胞激素會活化它們，但它們需要一點時間慢慢地增生和選殖自己，然後才姍姍來遲地抵達派對現場，然後不幸地在那裡重複著之前犯過的錯誤，引起發炎和痛苦。你可以理直氣壯地問——為什麼自己的免疫細胞會這樣做？

　　事實是，我們還不知道為什麼有些人與某些過敏原或其他物質接觸時會產生大量的 IgE 抗體。但是，雖然不確定為什麼有些人受到的影響比其他人嚴重，我們卻認為我們知道 IgE 抗體最初是為了什麼而存在：

　　它們是免疫系統的超級武器，用於對付對吞噬細胞、巨噬細胞和嗜中性球來說太大而無法吞噬的大型寄生蟲。尤其是最可怕的寄生蟲——寄生蠕蟲（Parasitic worms），一個數百萬年來人類不得不應付的威脅。讓我們學習關於 IgE 抗體的真正目的，至少在一定程度上可以為它們平反惡名。

39 寄生蟲以及
免疫系統可能如何地想念牠們
Parasites and How Your Immune System Might Miss Them

　　關於過敏帶來的困擾，寄生蟲可以提供一些答案。在深夜能做最糟的事情，就是用谷歌搜尋寄生蟲感染。如果點擊圖片搜尋，更會毀滅你的人生。在所有可能危害人類的病原體和寄生蟲中，蠕蟲是迄今為止最令人不安的一種。沒有什麼比得上一種沒有臉、黏糊糊、長線般的東西。牠會鑽進你的體內，拉屎和產卵，並在你的身體內度過一生，這就像是恐怖片的情節一般。

　　大約有三百種寄生蟲可以感染人類。雖然其中大約只有十幾種分布得比較廣泛，但牠們仍然可以感染多達二十億人，接近三分之一的人類。這些寄生蟲大多傾向於建立可持續長達二十年的穩定慢性感染，而牠們的卵或幼蟲會隨著你的糞便離開身體。寄生蟲在不發達的農村地區或貧民窟蓬勃發展，不衛生的環境結合骯髒的水質，成為非常適合寄生蟲離開一個人體後再進入另一個人體的環境。*

　　被寄生蟲侵擾並不是什麼好的體驗。以鉤蟲（hook worms）為例，這種寄生蟲長一公分多，生活在內臟中。牠們的名字說明了牠們使用的伎倆，因為牠們把自己鉤在你的腸壁上，並且可能導致大量失血。這連帶又會導致貧血，缺少健康的紅血球細胞攜帶足夠的氧氣給器官和組織，會造成整個身體虛弱。受侵擾的病

---

*　很不幸地，寄生蟲感染與貧困和基礎設施的發展不足有關，在這之上還有一個額外的問題。如果你的營養不良，蠕蟲對你來說會是比吃飽更大的問題。這是有道理的，因為基本上，蠕蟲存在你的體內是因為想偷走你的營養。如果你很難為自己取得足夠的卡路里，體內還有不支付租金的租客，就會嚴重削弱整個系統。換句話說，最不幸的人遭受到最多寄生蟲的侵擾。

人臉色呈黃綠色的蒼白、疲倦、虛弱，通常精力不足。鉤蟲產生的卵會從糞便中排出，當卵子變成幼蟲，又會鑽入新宿主的皮膚並遷移到肺部，最終再次進入小腸，重新開始這個循環。

說真的，敬謝不敏。

寄生蟲真的一點都不好玩。人類歷史上直到最近，蠕蟲的侵擾還很普遍，一般來說是無法避免的。*

IgE 抗體的奇怪機制在對抗寄生蟲上突然變得很有意義。從免疫細胞的規模來看，蠕蟲是龐然巨物，向地平線之外的天空延伸。

攻擊蠕蟲需要使用重拳，才有希望對牠造成一些傷害。免疫系統需要很多的共同努力去殺死一條蠕蟲，並擺脫牠的存在。數百萬年前，我們祖先的免疫系統提出了一個策略──第一階段是辨識蠕蟲，並做好進行殘酷攻擊的準備。

因此，當蠕蟲第一次被辨識時──可能是在接近身體邊境的部位──位於皮膚、呼吸道或腸道附近的特殊 B 細胞隨即進行準備，開始生產大量的 IgE 抗體。這些 IgE 抗體「誘導」（prime）肥大細胞──如果將肥大細胞想成是武器，IgE 抗體會活化它們並取下安全銷。如果免疫系統隨後再度遇到蠕蟲，肥大細胞就可以透過表面的 IgE 抗體與牠們連結，並從非常近的距離將殘酷的武器直接吐在牠們身上。這些混合的化學物質不僅會損害並傷害蠕蟲，由肥大細胞觸發劇烈而直接的發炎反應，也會引起免疫系統其餘部分的警覺。巨噬細胞和嗜中性球將蜂擁而至，並持續攻擊蠕蟲。嗜鹼性球因為騷動而戒備，確保攻擊在蠕蟲被實際殺死之前不會被消耗殆盡。骨髓中的嗜酸性球稍後移入，在接下來的幾個小時和幾天之內繼續攻擊蠕蟲及其最終的搭檔。

透過這些不同細胞的共同努力，蠕蟲等寄生蟲會被免疫系統殺死。利用這個好時機，讓我們讚嘆一下祖先如何應付各種各樣的危險，還有他們的免疫系統是

---

*　好吧，實際上，牠們仍然很普遍。只是不在已開發國家中。

如何找到處理所有問題的方法。但是我們一開始是在談論過敏，所以讓我們先找出過敏與可怕的蠕蟲敵人之間的關連。

可預料地，寄生蟲對於 IgE 抗體、肥大細胞，還有被攻擊等事情不是很開心——因為牠們的專長是——好的，當寄生蟲。牠們盡可能地演化以應付我們的防禦機制。在這種情況下，這代表著關閉你的防禦機制。適應人類的寄生蠕蟲能夠修改並重新校準宿主免疫系統幾乎所有的層面。牠們採用了廣泛的免疫抑制機制。簡單來說——蠕蟲會釋放大量的化學物質來下調和控制免疫系統，將它削弱。

這會產生各式各樣的後果，有些是有意的，有些則是無意的。一方面，這讓較弱的免疫系統在預防病毒和細菌感染方面變得更糟，也更難在癌細胞成為致命威脅之前捕獲它們。但並不是所有的結果真的都很糟。蠕蟲可以抑制身體引起發炎反應、過敏和自體免疫疾病的機制。

我們將在下一章更多瞭解自體免疫疾病——但簡而言之，如果免疫系統被下調以降低攻擊性，它也不會對身體造成太大的傷害。因為這個事實，一些科學家認為，對於免疫系統而言，已開發國家的人類缺乏蠕蟲是很奇怪的事，因為免疫系統的演化是假設你經常會被寄生蟲感染。

我們的祖先對於寄生蟲基本上束手無策。沒有任何藥物可以對付牠們，也不瞭解衛生的本質，加上經常無法從生活環境中獲得乾淨的飲用水。因此，他們的身體不得不適應寄生蟲頻繁甚至永久的感染。其中一種適應方式可能是上調免疫系統的攻擊性，基本上讓它變得有點過激。所以儘管蠕蟲會導致抑制作用，免疫系統的強度仍足以應對病原體的感染和侵擾。這像是免疫系統與魔鬼數百萬年前必須進行的一場交易。

從演化的角度來看，過去大約幾百年前，已開發國家的人類突然失去了寄生的蠕蟲客人。肥皂和衛生用品的降臨、以及糞便和飲用水明確的分離，摧毀了生活在人體內大多數蠕蟲的生命週期。剩餘的蠕蟲則被藥物和現代醫學給放逐。

　　這讓免疫系統突然失去了數百萬年來一直讓它降級的敵人。因此，免疫系統可能仍然認為蠕蟲讓它變得較虛弱，因此需要更激進才能達到平衡。

　　如果這個概念是正確的，它可能解釋了許多沒有蠕蟲的人因為過於激進的免疫系統而產生的疾病，主要是過敏和發炎性疾病。不僅如此，缺乏蠕蟲會讓一堆細胞失去為其而生而且經常需要戰鬥的敵人。所以這個想法是有道理的：沒有蠕蟲的刺激，這些武器就會尋找新目標。

　　但是，雖然寄生蠕蟲可能是拼圖的一部分，單純只有牠們仍不足以解釋過敏患病率的上升和一系列更嚴重、影響數百萬人的疾病興起——**自體免疫疾病**。這種疾病起源於當免疫系統認為你的身體是**他者**之時，因此需要遭到摧毀。

40 自體免疫疾病
Autoimmune Disease

　　正如之前在胸腺謀殺大學所學到的，身體非常認真地看待自體免疫這件事，只有可以區別**自己**和**他者**的細胞，才會被允許在胸腺中存活。看看 T 細胞和 B 細胞在被活化和真正開始工作之前，需要克服多少障礙，這一切就變得十分明顯。但是，儘管有一切的安全系統和不同層級的防護措施，去避免免疫系統攻擊自己身體，事情還是會出錯。這些安全機制可能因為一連串不幸事件的失敗，使得免疫系統誤以為需要被保護的身體是敵人，因此必須被殺死。

　　這就好像一個國家的軍隊突然將武器對準自己毫無防禦力的城市和基礎設施。他們損毀道路，轟炸市民中心，向只想保持社會運作的建築工人、咖啡師和醫生開槍。更糟的是，如果軍隊非常投入於襲擊自己的國家，究竟有誰能阻止它？在某種程度上，這就是自體免疫疾病。雖然平民細胞試圖將一切維繫正常，為每個人提供資源，並保持身體基礎設施和器官完好無損，部分軍隊卻會再次將它毀損，並向市民的頭部開槍。

　　自體免疫疾病不會憑空發生。對於大多數人來說，這是一個重大的厄運。雖然很明顯地，自體免疫疾病實際上相當複雜，但我們可以看看它的基本原則。簡而言之，在自體免疫中，T 細胞和 B 細胞能夠辨識自體細胞使用的蛋白質，也就是**自體抗原**（autoantigens），這個**自我**的抗原就是**你**。

　　自體抗原可能是肝細胞表面的一種蛋白質，一種像胰島素一樣維持生命的重要分子，或者神經細胞的一種結構。如果被誤導的 T 細胞和 B 細胞與自體抗原連結，後天免疫系統就會對自己的身體產生免疫反應。所以部分的免疫系統不再

能夠正確地區分**自己**和**他者**──**它們認為自己就是他者**。這種麻煩有各種不同的層次──從惱人到破壞生活品質，到可以致命。

免疫系統需要做錯什麼才會變得如此嚴重錯亂呢？嗯，有幾個階段需要滿足一些條件：

首先，你的 MHC 分子在結構上要能夠真正有效地與自體抗原結合。這主要與遺傳有關，就像刻在遺傳密碼中的一切那樣，這純粹是運氣不好。你無法選擇父母，也不能選擇自己的基因組成（至少現在還不能）。在之前某一章我們曾談到，MHC 分子在不同個體之間的差異很大，並且有幾百種約略不同的形狀。並不是所有 MHC 分子的形狀都很棒，然而大自然只要一時興起，某些類型的 MHC 分子就會十分擅長於呈現自體抗原。我們所有人之間都有不同程度的自體免疫遺傳風險存在──因此，雖然**每個人**都可能罹患自體免疫疾病，但對於那些具有製造特定 MHC 分子基因的人來說，罹患的機率更高。但僅僅是遺傳的預設傾向（genetic predisposition），並不足以構成自體免疫疾病。

自體免疫疾病發生需要的第二件事，是製造實際上能辨識自體抗原但不會被自己身體殺死的一個 T 細胞或 B 細胞。例如，你每天製造出的數十億個 T 細胞，其中有數百萬個 T 細胞中只會隨機地帶有能有效辨識自體抗原的受體。這些細胞中大多無法在胸腺或骨髓的訓練中存活下來，但有時候這些機制會失效，使得這些細胞被釋放到循環系統中。很可能現在你的體內就有一些可能會導致自體免疫疾病的 T 細胞或 B 細胞，但它們的存在仍然不夠，它們需要被活化。

事情在此變得很棘手。這本書花了很大篇幅去討論後天免疫系統不會自行進行活化這件事。它需要先天免疫系統做出將它活化的決定，因此首先需要有個戰場，一個可以推動先天免疫細胞將免疫反應升級的環境。這些事情到底是如何發生的還很難說，要在活著的人身上觀察到更是困難──人們常常生病，但最終導致無法清除掉的感染則非常罕見。但對於大多數自體免疫疾病來說，這些似乎是導致它們發生的步驟：

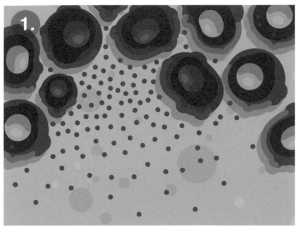

一切都始於身體受病原體的感染。

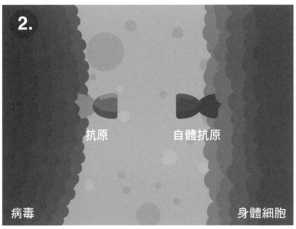

病毒有一個抗原，類似自體抗原。

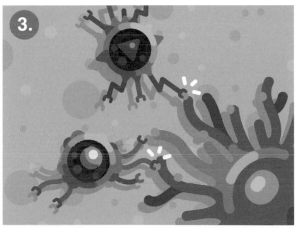

樹突細胞在戰場採樣後，活化一個可以與抗原和自體抗原兩者連結的 T 細胞。

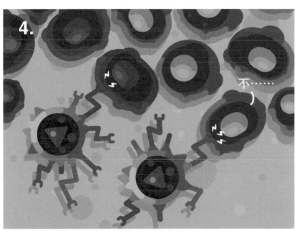

殺手 T 細胞開始殺死受感染的細胞和健康細胞，如果它們呈現自體抗原。

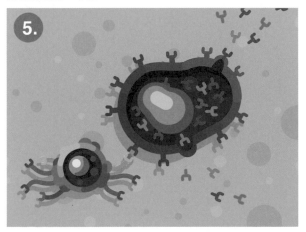

輔助 T 細胞同時活化 B 細胞。在優化自己後，它們釋放自體抗體（autoantibodies），可與自己的細胞連結並將其標記死亡。

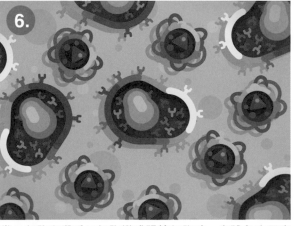

當 B 細胞和殺手 T 細胞變成記憶細胞時，自體免疫反應變成慢性自體免疫疾病。

第一步：有些人有遺傳的預設傾向（這不是必需的步驟，但它大大提高了機
　　　　會）。
第二步：製造能辨識自體抗原的 B 細胞或 T 細胞。
第三步：有一個感染會促使先天免疫系統去活化這些有缺陷的 B 細胞或 T
　　　　細胞。

　　然而，感染究竟是如何導致自體免疫疾病的呢？儘管目前尚未找出完整的解
答，免疫學家卻普遍接受一個被稱為**分子相似論**（molecular mimicry）的概念。
基本上，這代表著微生物的抗原在形狀上可能與你細胞中的蛋白質（自體抗原）
相似。這可能是偶然發生的。某些形狀在微小的世界就是很有用，因此即便有許
多種形狀可供選擇，仍會有一些形狀很相似。

　　但有一些病原體也會嘗試模仿宿主的形狀。這很合理，因為在動物界中常常
看到這種機制。如果必須在滿是遨遊獵人的世界中生存，偽裝是非常有利的。所
以從試著看起來像樹葉的蝴蝶，到融入雪中的白鷗鴿，還有鱷魚消失在泥濘的
渾水中，許多動物會盡可能地嘗試難以被發現的障眼法。對於致病病毒或細菌而
言，身體組織是一座叢林，充滿了正在尋找它們的憤怒掠食者。因此，模仿環境
而變得更難被發現是一種有效的策略。

　　為了正確解釋，讓我們在目前簡化的基礎上多添加一點細節。談到宇宙中最
大的圖書館時，我們說每個 T 細胞和 B 細胞都有一個特殊的受體，可以準確辨
識**剛好一種特定的抗原**。

　　嗯，事實比這還要複雜一點。實際上，每一個 T 細胞和 B 細胞受體可以連
結的範圍要稍微寬廣一些。每個受體都**非常擅長**辨識一個特定的抗原，但它也能
夠連結到一些其他的抗原。

　　因此，B 細胞受體可能非常擅長識別一種特定的抗原，而對於像是其他八種

相似但不完全相同的抗原，它的識別能力也就還好。

這有點像在玩拼圖時，你會發現其中有兩塊**幾乎**完美地結合在一起，但好像還存在一些空隙，讓它們無法完美接合。但是如果不用力拉扯，也還可以維持得住。

現在，讓我們想像一下實際上你可能是如何得到自體免疫疾病的。在我們的例子中，所有一切都始於一個病原體，也許是一種病毒，卻具有與自體抗原相似的抗原。例如，可能是類似細胞內的一種常見蛋白質。當病毒進入身體，並開始進行病原體該做的事情時，市民細胞、巨噬細胞以及樹突細胞會釋放大量的細胞激素並引起發炎。這會觸發樹突細胞開始收集病毒的抗原樣本，而這些抗原與自體抗原非常相似。它們會觸發戰場附近所有的細胞製造更多的 MHC I 類分子，展示更多內部的蛋白質。

在最近的淋巴結中，樹突細胞可能會找到一個非常擅長與敵人抗原結合的輔助 T 細胞或殺手 T 細胞。**因為敵人抗原的形狀與自體抗原類似，T 細胞受體也「還算可以」連結到與病毒抗原相似的自體抗原。**殺手 T 細胞進入戰場並開始殺死受感染的細胞。但不只是受感染的細胞，它們還發現在櫥窗展示自體抗原的健康細胞，這些自體抗原與病毒的抗原非常相似。所以殺手 T 細胞開始殺死完全無辜且健康的平民細胞。一個真正感染的活化狀況在此時變得相當重要。因為真正的感染會透過所有正確的細胞激素和戰鬥信號刺激和活化殺手 T 細胞，而其中一些殺手 T 細胞會轉變為記憶殺手 T 細胞。即使在真正的感染被清除後，這些細胞會發現平民細胞呈現的自體抗原（自己的抗原），並假設周圍還有很多敵人。

這種情況一旦發生，意外產生的自體免疫反應就會轉變成一種自體免疫疾病。現在後天免疫系統認為它已被活化，要去對抗自體抗原和表現它的身體細胞。為何不呢？就墨菲定律而言，每一件可能出錯的事情確實都出錯了，而正確活化的所有條件都被實踐了。但情況仍然可能變得更糟！此時，被活化的輔助 T

細胞開始活化 B 細胞，而這些 B 細胞可能意外地對自體抗原做出自我微調！

還記得嗎？當活化的 B 細胞展開優化過程去微調抗體時，會發生突變並產生一堆不同的抗體變體，這樣它們就更擅於與敵人作戰。但在這種情況下，它們實際上也可以針對自體抗原進行優化。在最壞的情況下，如果這樣的 B 細胞從輔助 T 細胞獲得了確認信號，免疫系統將會產生漿細胞，釋放**自體抗體**，連結到自己的細胞，並將它們做死亡標記。

當 B 細胞成熟轉變成漿細胞，記憶細胞是其中的副產品。所以現在突然之間，在骨髓裡長存的漿細胞，開始固定製造針對自己身體的自體抗體。它們會存活幾年甚至幾十年。一旦後天免疫系統製造攻擊自己細胞的記憶細胞，它肯定會一次又一次地重新接受刺激——因為自體抗原在身體中無所不在。這些細胞現在發現自己置身於一個浩大的世界裡，每個人都是敵人——這就像一個笑話，在高速公路上開車的人收到妻子的警告電話，她從收音機裡聽到有一個司機在高速公路上走錯方向了。他用非常苦惱的聲音回答：「親愛的，不是只有一輛，有好幾百輛！」

無論免疫系統殺死了多少市民細胞，身體還會生產更多的細胞——所以慢性發炎、慢性免疫系統活化，是它的結果。被誤導的免疫細胞認為它們像是永遠被敵人包圍一樣，並依此行事。

雖然我們談論的是一系列不同的疾病，但其中有許多常見的共同症狀，包括疲倦、皮疹、瘙癢，以及其他皮膚問題、發燒、腹痛和各種消化系統疾病、關節疼痛和腫脹。自體免疫很少致命，它們不是那種會致命的疾病。它們更多是讓生活變得悲慘又消耗精力。可以選擇的治療方法很有限，畢竟要消除自體免疫疾病的根源，需要在數十億 B 細胞和 T 細胞中找到個別的記憶細胞，而這些細胞會攻擊自體抗原並殺死它們。所以至少目前還沒有治癒自體免疫疾病的方法，但是一旦擁有自體免疫疾病，就需要面對它。一般來說，為了減輕疼痛和發炎，會使用各種抑制免疫系統的藥物來治療，尤其像是發炎。但是你可以想像，效果

也不是很好。這樣也許可以藉由削弱免疫系統去減少它對身體的攻擊，因而緩和自體免疫疾病的症狀，不過這卻會讓患者更容易受到感染。

旁白：無反應性（Anergy）

有一個關於**無反應性**的短注非提不可，因為實在太酷了。這是一種由免疫系統部署、被動而巧妙的策略，能讓具有自體反應的 T 細胞（即那種能識別自己的細胞）失去活性。

首先，讓我澄清另一件被簡化的事（這聽起來比一個方便的謊言好一點，這讓我們更容易到達現在所處的位置）。我談了很多關於樹突細胞的事情，當它們被活化時就會開始在戰場上進行採樣。嗯，這並不完全正確，它們實際上一直處於持續的採樣模式。即使沒有危險，一些像是在皮膚中的樹突細胞，也會採集在細胞之間於自然健康環境中漂流的東西——其中很多可能是自體抗原——然後轉移到淋巴結，向後天免疫系統展示它的發現。

你可能會問，這怎麼會是一個好主意呢？採集自體抗原的樹突細胞不會導致自體免疫疾病嗎？好，再仔細想一下——先天免疫系統的主要工作是什麼？是為後天免疫系統提供**整體狀況**。所以一個移動的樹突細胞進入淋巴結，帶著「一切都很好——這是我要給你看的狀況」的訊息，其實是可以預防自體免疫疾病的。因為它真正在做的是「狩獵」能引起**自體反應**（autoreactive）的 T 細胞，也就是能將自身 MHC 分子與自體抗原連結的細胞。如果樹突細胞純屬偶然地發現其中一些自體反應 T 細胞，就可與其連結，進而阻止錯誤行為的發生。

記得樹突細胞給 T 細胞的「親吻」活化訊號嗎？就是那個告訴 T 細胞危險是真實存在的確認訊號？好的，如果沒有危險，樹突細胞會保留這個親吻訊號。如果一個 T 細胞的 MHC 分子接收到活化訊號，卻沒有得到臉頰上的親吻，就會使自己「去活化」。它不會立即死亡，但將無法再次被活化。從現在開始，

它就是一隻跛腳鴨,在毀滅自己之前的餘生只是飄來飄去,不會引起任何事端。所以在沒有生病或受傷時,它只是一個持續存在的背景噪音,先天免疫系統利用空閒時間低調地對抗自體免疫疾病。各種系統之間相互交疊的層次以及不同活化和調控機制的原則,一起以各種可能地方式來保護你,真的非常非常迷人。免疫系統的音樂會使用所有可能的工具來確保你的安全。

　　好的,既然我們已經討論了過敏和自體免疫,讓我們冒險一下探索為什麼這麼多人似乎受到影響。

41 衛生假說和老朋友
The Hygiene Hypothesis and Old Friends

20 世紀下半葉，在已開發國家中出現了兩個非常奇特而違反直覺的趨勢。雖然天花、腮腺炎、麻疹和肺結核等危險傳染病已經成功受到遏止，甚至在某些情況下已處在根除的邊緣，其他一些疾病和病症的數量卻開始增加，甚至暴增。在上個世紀，多發性硬化症（multiple sclerosis）、花粉熱、克隆氏症、第一型糖尿病和哮喘等疾病的發生率增加了多達 300%。不只如此，一個社會的開發和富裕程度，與它的人口中有多少人患有某種過敏或自體免疫疾病，似乎可以做直接的連結。

芬蘭的第一型糖尿病新病例數是墨西哥的十倍，是巴基斯坦的一百二十四倍。在西方國家中，有十分之一學齡前兒童患有某種形式的食物過敏，而在中國大陸只有 2% 左右。潰瘍性結腸炎（ulcerative colitis）是一種令人討厭的發炎性腸病，它的患病率在西歐是東歐的兩倍。大約 20% 的美國人患有過敏症。這所有的疾病都有兩個共同點——免疫系統被看似無害的因素觸發而過度反應，例如開花植物的花粉、花生、塵蟎排泄物或空氣汙染（簡單來說，就是過敏反應），或者像是在第一型糖尿病這種自體免疫疾病中經歷的，免疫系統會更進一步地直接攻擊和殺死市民身體細胞。於此同時，人類死於感染的人數卻減少了。

80 年代末期，一位科學家發現某些過敏症的發生率與一個孩童的兄弟姐妹人數有關。所以他問了一個問題：兄弟姐妹之間的「不衛生接觸」是否會導致兒童時期更高的感染率，而這可能產生了對抗過敏的保護作用。於是**衛生假說**（Hygiene Hypothesis）誕生了，然而它幾乎馬上自食惡果。這訊息太直接、太完

美了，而且非常符合時代精神。

　　衛生假說要傳達的訊息很明確——在我們積極擺脫造成疾病的原因時，人類變得過於乾淨和無菌，並犯下對大自然的罪行，現在正因此承受著免疫疾病之苦！人類的免疫系統實際上是需要有害的感染才能正常運作，這似乎是件合乎邏輯的事。解決的方法似乎同樣簡單明瞭！就是不要那麼乾淨，停止洗手、也許吃一點變質的食物和挖一下鼻孔。簡而言之，讓你和你的孩子接觸微生物，甚至可能感染更多的傳染病以訓練免疫系統！

　　但通常對免疫系統而言，現實似乎是更加複雜和微妙的。今日，許多科學家對於衛生假說在流行文化和思想中如此普遍而感到不滿。因為它會導致外行人做出「直覺」的結論，雖然不是直截了當的大錯特錯，但也是相當令人質疑的。例如一個普遍認定的觀點是，感染疾病對我們有好處，因為能夠活下來就會使我們更強大，而這就是人類自然的運作方式。*

　　也許我們需要有敵對細菌作為培訓員才能成長茁壯，也許這種免疫訓練機制已被現代世界所擁有的先進藥物和療法所摧毀。

　　討論這個話題有點敏感，因為科學界對此還沒有達成共識，對於我們周圍的微生物群、個人的微生物群，以及它們和免疫系統的交互作用，尚有許多未知或未瞭解之處。那些對於保持衛生和它可能招致的危險所產生的「直覺」結論，並沒有考慮到的一件事是免疫系統和我們周圍的所有微生物會共同演化。數十萬年

---

*　對於自然主義的崇尚，讓人感到不安的部分是認為某種東西只要是自然的就是更好的。自然實際上根本不關心你或任何個人。大腦、身體和免疫系統，是建立在數十億可能存在的祖先骸骨之上，這些祖先因為速度不夠快而無法逃脫獅子的追捕，因為輕微感染或由食物中攝取營養的能力稍差一點而死亡。大自然給了我們迷人的疾病，如天花、癌症、狂犬病和寄生在孩子眼中的蠕蟲。自然是殘酷的，不會給你任何形式的關心。祖先們奮力搏鬥，為自己建立一個不同的世界，一個免於這一切遭遇、疼痛和恐懼的世界。身為一個物種，我們應該慶祝和讚嘆獲得的巨大進步。雖然很明顯地還有很長的路要走，而現代世界仍有很多缺點，「自然的更好」這概念，只有沒有真正生活在大自然中的人才會說出口，這些人忘記了祖先非常努力地逃離它的原因。

前當祖先的免疫系統適應了周遭環境時，當時的狀況與今日是無法相提並論的。

　　當然，我們狩獵和採集食物的祖先的確會生病。雖然無法得到確切的數字，但一些科學家估計，有多達五分之一的人類死於病原菌感染。

　　但當時的疾病與現在不同。一方面，動物寄生蟲在當時比起現在是更大的問題。頭蝨和體蝨、蜱、特別是蠕蟲非常普遍。蠕蟲的侵擾在已開發國家中已經不是最讓大部分人擔憂的事。但是在過去，牠們可能非常普遍而無法避免，以致免疫系統不得不勉力找到一種與牠們共存的模式。但是在上一章我們已經討論過這些，所以請放心，我們已經完成寄生蟲的部分了！但免疫系統不僅要對付蠕蟲，它還必須應付一些我們無法根除而不得不與之共存的病原體，像是 A 型肝炎的一些病毒種類或是**幽門螺桿菌**（*Helicobacter pylori*）的細菌。

　　更重要的是，在狩獵採集時期的群體中，當今的大多數疾病幾乎完全不存在，像是麻疹、流感甚至普通感冒等傳染病。因為對我們的物種來說，大多數導致現代傳染病而讓生活變得悲慘和糟糕的細菌和病毒，在演化上是相當新的病原體。

　　數十萬年前，在人類免疫系統演化的世界中，傳染病不會成為主要的問題，因為除了少數的例外，一旦從傳染病中倖存下來，通常就不會再次得到。它要不是殺死你，就是讓你在餘生中完全免於再次被感染。在人類歷史的大部分時間裡，我們的物種生活在稀疏分散的小部落中，而且出於各種意圖和目的，彼此相當孤立。傳染病幾乎不可能成為具危險性的威脅，能有效地在祖先之中形成感染。因為如果一個部落受到感染，它會快速地感染所有可以感染的人後就消失，因為沒有任何剩下的人可以被傳染。所以演化實際上並不需要對這些病原體多做考慮。

　　隨著我們成為農民和城市居民，生活方式永遠地產生變化——攻擊我們的疾病也是如此。近距離地群居在一起，為傳染病創造了完美的孳生地。以演化的說法，突然之間有成百上千的受害者要感染。我們的祖先並不瞭解微生物的特性，

甚至不知道基本的衛生概念，並且還沒有肥皂和室內排水管等工具，因此對於傳染病無能為力——因為缺乏對於事情的理解，反而讓狀況變得更糟。

當他們開始馴化動物並與牠們近距離一起生活，甚至經常睡在同個房間時，有些病原體從動物身上散播給人類。這種新的生活方式為新動物朋友的病原體提供一個適應人類的完美環境，反之亦然。因此，幾乎今天所知的所有傳染病，都是在過去一萬年間興起的。從霍亂（chlorea）、天花、麻疹、流感和普通感冒到水痘都是如此。

於是我們再次遇到了衛生問題。衛生對於保護我們免於這所有疾病的侵害非常重要。在過去兩百年裡，當我們發現擁有數兆居民的微小世界，我們便開始洗手，開始淨化水源，並將它與排泄的地方分開。我們使用無菌材料包裹食物，並將食物冷藏，病原體就無法以此當作進入腸道的捷徑。我們開始對手術用具進行消毒，並清理準備食物用的工具。「衛生」（Hygiene）與「清潔」（cleanliness）經常會被混淆——實際上，應該將衛生理解為一種清除關鍵場所和狀況中潛在致病危險微生物的主要方法。

衛生真的是一個有益於我們物種健康的好主意。這整個概念非常重要，值得一再重複——**對於生物學來說，導致傳染病的微生物是相對比較新的**。我們的身體和免疫系統並沒有數十萬年的時間與它們一起演化。從麻疹中倖存下來並不會讓你變得更堅強，只會讓你的生活在兩週的時間中變得很糟糕。但如果免疫系統不健全，麻疹也可能會致死。**危險的病原體是，嗯，非常危險的。**

實際上，乾淨的水真的挽救了數億人的生命。衛生，從定期洗手到確保食物正確地儲存起來，都非常重要——幾乎與疫苗一樣重要，甚至有過之而無不及。衛生也是一道重要的防線，可以保護我們免於危險的感染，像是在全球的流行病情況下，對著手肘咳嗽、定期正確洗手，以及戴口罩等等為研發像是疫苗或藥物等更大規模的治療方法，爭取了更多的時間。衛生減少了開立抗生素處方的需求，因此自動對付了抗生素的抗藥性。它保護社會中脆弱的人，像是孩童、老人、

免疫功能低下者，以及正在接受化療或患有遺傳缺陷的人。

　　儘管如此，文字是很重要的，因為「衛生」和「清潔」是不一樣的概念。例如，將住處所有的微生物清除乾淨，好住在一個無菌世界中。沒有比這距離真相更遙遠的。在完成刷洗地板並仔細擦拭廚房和浴室後，你家馬上又會充滿微生物——即便使用了抗菌清潔產品。微生物統治著這個星球，也統治著你的住處。

　　好的，好的，好的。所以衛生很好。但若不是衛生的問題，最近五十年免疫缺陷急劇上升的原因是什麼呢？好吧，在這裡可能會有些違反直覺，因為這一切都與微生物相關，只是方式不同。似乎應該要訓練免疫系統與**無害的朋友**相處。免疫系統需要有玩伴幫助它們學習何時要溫柔寬容。這種以更細緻入微的方式看待我們與周圍微生物的交互作用有幾個不同的名稱，但最好的可能是「**老朋友**」**假說**（"Old Friends" Hypothesis），它更專注於我們的演化。

　　數百萬年來，身體和免疫系統伴隨著生活在我們周圍泥土和植物中的生物一起演化。在本書開頭，我們提過你是一個生物圈，被想要進入的入侵者包圍。不只如此，你也是一個生態系統，各種微生物在此與你共生。身體想要擺脫其中一部分的微生物，但因為無能為力，所以必須學會與它們並存。當然還有一些中性的和一大群直接對健康有益的微生物。與任何器官一樣，這些**共生微生物**群落對生存和健康相當重要。而它們最重要的一項工作是訓練你的免疫力。

　　當你出生時，免疫系統就像是一台電腦。它有硬體和軟體，理論上可以做很多事情。但是它沒有很多的**數據**。它需要學習何時需要運作哪些程序。誰是敵人？誰可以被容忍？所以在生命最初的幾年，免疫系統從環境中收集數據，從遇到的微生物當中收集數據。

　　藉由處理和微生物交互作用時收集的「數據」，免疫系統得到訓練。如果沒有獲得足夠的微生物數據，就無法學習到足夠的知識，那麼風險將會提高，長大之後免疫系統也可能變得過於激進，然後會繼續攻擊像是花生或植物花粉等無害物質。

　　一項非常著名的研究揭示了童年早期的環境如何影響免疫系統的形成。這項研究著眼於兩種不同的美國農民群體——印第安納州的阿米希宗派（Amish）和南達科他州的胡特爾宗派（Hutterites）。這兩個群體都起源於在 1700 和 1800 年代由中歐移民至美國的宗教少數族群。此後，這兩個群體都沒有與其他人融合，而保持基因上的隔離，並過著強烈的宗教信仰所塑造的相似生活方式。這兩者之間相似的基因讓他們成為比較研究非常有趣的目標，因為可以輕易把基因的影響忽略掉，只專注在生活方式上的差異上。

　　阿米希宗派和胡特爾宗派之間有一個巨大的區別是：阿米希宗派實行傳統的耕作方式，單一家庭擁有飼養乳牛的農場、用於田間工作和運輸的馬匹，同時避免使用一般的現代技術。胡特爾宗派則是住在大型工業化的公共農場，有工業機器、吸塵器和許多現代世界的便利設施。因此，研究人員發現與胡特爾宗派相比，阿米希宗派住所的微生物和微生物糞便的比率要高得多。胡特爾宗派的哮喘和其他過敏性疾病的發病率，是阿米希宗派的四倍。因此，在不太城市化的環境中長大，似乎提供了一些免於過敏性疾病的防護。

　　另外，在此可以做個公正的結論，一點點髒汙實際上不會傷害你，甚至可能對你有好處。

　　不幸地（或者幸運地，你可以自己做決定），大多數人都不再住在農場了。今日我們周圍的環境不再是充滿多樣共同演化微生物的生態系統。我們將自己與各種自然環境隔離開來。這是由許多不同的因素共同造成的，而非因為單一因素：

　　過去一個世紀，世界各地的都市化急劇加快，在許多已開發國家中，大部分的人口都居住在城市中。雖然並非所有城市都是純粹由混凝土造成的叢林，但是距離類似大自然的環境和其中所有的生物，在微生物方面有著巨大的差異。從演化的角度來看，這些變化是相當嶄新的。因為直到 1800 年代初期，絕大多數的人口都還生活在農村地區。這樣的發展也和一個事實相互吻合——在過去幾十年

裡，因為電視到網際網路等娛樂和資訊技術的出現，我們逐漸習慣絕大多數的時間都待在室內。

在已開發國家中，「室內」是指使用加工材料形成的人造環境。雖然實際上室內並不是無菌狀態，但其中居留的微生物群與我們祖先所適應的微生物群不同，是存在於完全不同的生態系統。

正如之前所說，直到近期之前，人類在歷史中都還是住在由木材、泥土和茅草等天然材料製成的房子裡，這些材料全都富含免疫系統相當熟悉的微生物群。

其他重要的因素包括我們放入體內的東西。抗生素的使用和過度使用，不是我們祖先需要處理的事，因為他們沒有抗生素。抗生素並非不好——它們創造了一個世界，讓我們忘記許多傷害和感染實際上是多麼嚴重和致命，因為只要吃幾片藥片就可以避免死亡。但抗生素並不擅長區分有害細菌和有益細菌，它也會殺死你的老朋友共生細菌。除了想要殺死的病原體會對抗生素產生抗藥性的問題之外，過度使用抗生素對健康的微生物群來說，也是一個巨大的問題。

這問題可能很早就開始了，而且幾乎是在生命開始之際。因為當今，有相當大比例的嬰兒是透過剖腹產出生。這並不是很理想，因為在正常的分娩過程中，微小的人類會與母親陰道和糞便的微生物群進行直接而強烈的接觸。所以你的出生實際上是微生物啟動身體和免疫系統的重要一步。每個幼兒的微生物群大不相同，取決於他出生的方式。

在生命早期的另一塊拼圖是：與過去相比，現在的母親較少會以母乳餵養嬰兒。母親的乳房皮膚和乳汁中含有種類繁多的物質，可以滋養年輕的微生物群和許多不同的細菌。演化確保新生兒有足夠的機會面對這些古老且經過驗證的微生物群。剖腹產和缺乏母乳餵養，這兩者都與較高的免疫疾病患病率相關，如過敏等疾病。

在演化上，與過去最重要的區別也可能是現代飲食所含有的纖維比以前少很多。纖維是許多有用以及友好共生細菌的重要能量食物。而我們越吃越少的這個

事實，代表我們無法將這些小細菌夥伴維持在可能需要的數量。

呼，好，真的是很多的資訊。不幸地，對此沒有一個明確和令人滿意的答案。免疫系統真的很複雜。

人類生活方式的所有改變，並不是在一夕之間展現它們影響力的。微生物存在的環境和發育不良的微生物群，可能是一種漸進式的轉變，也僅在差不多過去一個世紀才發生。隨著每一代人距離自然環境越來越遠，他們的微生物群變得不再那麼多樣化，而他們的孩子又繼承了他們的微生物群。隨著時間的推移，已開發國家微生物群落多樣性的平均值似乎已大幅下降，尤其是和維持傳統和農村生活方式的人類相比。

將這些因素全部加總在一起，可能導致了今日不甚理想的情況。但是，只要人類在任何可能接觸到微生物老朋友的環境下長大，免疫系統可能就會表現得好一點，而且確實有許多觀察的結果支持這一論點。即使在已開發國家，也有多項研究發現，在鄉下長大的兒童明顯地較少受到免疫疾病的影響，尤其是在周圍都是動物的農場長大而且有許多機會接觸戶外的兒童。所以，雖然房子乾淨與否似乎沒有什麼太大的差別，被牛、樹木、灌木叢和自由漫步的狗兒包圍，則有顯著的差異。

那麼你從這一章中學到了什麼？至少每次使用洗手間時要洗手，請將公寓打掃乾淨但請不要試著進行消毒，並且要正確地清洗準備食物用的廚房用具。

但是，請讓孩子在森林裡玩耍。

42 如何提升免疫系統
How to Boost Your Immune System

　　截至目前為止，希望對你而言，免疫系統已經喪失了一些陰沈和神祕的面相。它不是可一個以用魔力充電的能量護盾或雷射武器，而是數十億個不同部分組成的複雜舞蹈。一個美好的交響樂團必須遵循嚴格的編排才能和諧地運作，任何偏差都會造成太弱或太強的免疫反應，兩者對於你的幸福和生存都沒有好處。如果你讀到這裡，已經比 99% 的人口更瞭解關於免疫學的知識。所以想一想——如果可以的話，你想增強免疫系統的哪些部分？

　　你想要更具侵略性和更強的巨噬細胞，還是嗜中性球？嗯，這代表著即使只是遇到輕微的感染，也會有更多更強烈的發炎、更嚴重的發燒、更加不舒服和疲倦。或者你想要超強的自然殺手細胞去殺死更多受感染的細胞或癌細胞？好的，但它們可能會因為太過積極而吞噬掉剛好在附近的健康細胞！

　　想要增強樹突細胞，讓它們開始活化後天免疫系統嗎？這樣即使是很小的危險，也會消耗和耗盡免疫系統的資源。而且會讓你在發生真正嚴重的危險感染時更加地暴露與脆弱。

　　或者也許可以增強 T 細胞和 B 細胞，讓它們變得更容易被活化？但這會導致自體免疫疾病，因為其中一些細胞肯定會開始攻擊自己的組織。一旦增強的抗體和 T 細胞開始殺死心臟細胞或肝細胞，它們直到工作完成之前都不會停止。

　　也許對你來說這一切還不夠危險，寧可增強肥大細胞和產生 IgE 抗體的 B 細胞？這兩種細胞是導致過敏的組合。即便只是輕微的食物刺激腸道，現在都會導致劇烈腹瀉或過敏反應，並且可能會在幾分鐘內就殺死你。

這一切是不是太無聊了？為什麼不跳脫框架，增強防禦系統所有調控的部分，進而關閉免疫系統？這會讓你即使是受到最無害的病原體感染，也會變得無助。你可能明白我在這裡的意思——**提高免疫系統是一個常被人們濫用去試圖說服你購買一些無用之物的糟糕想法！**

幸運的是，增強免疫系統實際上可以造成的危險非常輕微。基本上，任何可以合法購買的東西實際上都沒有這樣的效果！即便只是「強大的免疫系統」，也是不當的用詞。最重要的是，你需要一個**平衡**的免疫系統，也就是在**積極和冷靜**之間的**體內恆定**。你需要可以記住舞步的優雅舞者，遠多於想要粉碎東西的橄欖球運動員。在所有的情況下，都要讓免疫系統可以完全按照預期去運作。

好的，等一等。如果提升免疫系統是如此瘋狂、複雜和危險的事，為什麼網際網路上充斥著號稱可以達到這種效果的產品呢？

從沖泡咖啡到蛋白粉，從亞馬遜熱帶雨林中挖出的神祕樹根，或者維生素錠，你可以買到無窮無盡有助於「提升」免疫系統的產品。

實際上，沒人知道究竟當哪些種類的多少細胞處在什麼程度的活力下，能讓免疫系統最有效地運作。任何說他們知道你需要什麼的人，可能正試圖推銷一些東西給你。

至少目前，還沒有任何可以輕易取得的產品是經過科學驗證，能直接提升免疫系統能力的。如果有的話，在沒有醫療監督的情況下使用這些產品，是非常危險的。

要擁有健康的免疫系統，最需要和最重要的是攝取能提供身體所需的各種維生素和營養的飲食。原因很簡單，免疫系統會不斷製造數十億個新細胞。所有的新生細胞都需要資源去維持正常運作。營養不良與免疫系統薄弱有著密切的關聯。如果處於飢餓狀態，就更容易受到感染和疾病的影響。因為身體必須做出艱難的決定，而免疫系統也會因此受到影響。

但假設你至少是攝取稍微均衡的飲食，包括吃一些水果和蔬菜，將獲得讓免

疫系統正常運作所需的所有微量和主要營養素。有趣的是，即使在已開發國家也有微量營養素缺乏的狀況，尤其是在老年人中。這只表示有人缺乏必需的營養素和維生素——通常是因為他們吃得不夠多或飲食種類太少。所以只吃披薩是不健康的，這應該是很確定的。只要你吃得還算好，免疫系統極可能會如預期地正常工作。

除了正確的飲食之外，即使只是適當的規律運動，對於健康的好處也早已為人所知。身體是為運動所造，所以稍微地移動它，可以使各種系統保持良好的健康狀態，尤其是心血管系統。運動也可以直接增強免疫系統，因為它可以促進體液遍及全身的良好循環。簡而言之，只需要移動、伸展和擠壓身體各個部位，都好過整天躺在沙發上，如此一來體液就可以更好、更自由地流動。良好的血液循環對於免疫系統非常有益。因為這可以讓細胞和免疫蛋白更有效、更自由地移動，進而發揮更好的作用。

這基本上就是你能做的事。

有些人的確有缺陷而且需要藉由某些補充劑得到改善，但這並不是你可以自我診斷的。殘酷的事實是，人類彼此之間的差異相當地大，而飲食或生活方式的改變為什麼可以對你產生好的或壞的影響，其中的原因相當複雜，我們無法總結於一本關於免疫系統的科普書中。

如果覺得自己缺乏維生素或微量元素之類的東西，這是你應該在現實生活中和醫生討論的問題。

這種籠統的說法會讓很多人不滿意。人類怎麼可能飛到月球、製造粒子加速器、想出了九百八十種不同的神奇寶貝，卻無法改進我們的免疫系統？

好吧，可以這樣想——如果有一輛幾十年來一直用於越野的老車生鏽了，它的車軸壞了、輪胎爆了、車頭燈破了，你認為可以藉由在油箱中加入特殊汽油和整理外觀來修復它嗎？你無法利用魔術去挽救一台因不良對待而毀損的車子。如果想讓車跑得更好、更長久，就只要好好照顧它。在此你可能已經猜到了，對

待身體也是如此。

如果想「提升」免疫系統讓它更健康，請以健康的生活方式來好好照顧自己。免疫系統數十億個不同的部分複雜的安排，不需多久就可以正常地運作。不幸地，這也不會是永久的，無論是汽車還是人類都不是為此而生，只是比較長久和比較好一點。這就是科學對這個話題可以提供的解答，至少目前是如此。

要討論那些由數十億美元補品銷售產業工作者提出的增強免疫系統和不科學的論點，會有點好笑。因為絕大多數的人最糟的就是在浪費錢。很不幸地，有數百萬人患有真實而嚴重的疾病，從癌症到自體免疫疾病，這絕非有趣的事。

而這些人，常常不顧一切地想減輕自己的症狀，或者坦白來說，努力地想活著。他們是最可能成為那些補品行業空頭支票的無辜受害者。更糟的是，有些人甚至可能因為這些原因，誤信被貪婪支撐的謊言或是出於善意卻不明智的自然主義訴求，而無視於真正的醫療。這些關於健康和提升免疫系統偏頗的想法，可能因為我們集體對免疫系統機制偏離事實的誤解而延續下去。

即使是專家想嘗試提升免疫系統，也必須非常小心。這可能是一個好時機來講述那個一切都出錯的故事。

在過去幾十年中，隨著對於免疫系統機制的瞭解大幅增加，科學家試圖想出新方法來解決困擾我們的疾病。如果可以操縱錯綜複雜的防禦系統，這對我們物種的好處將是非常巨大的。但正如之前所說，操縱免疫系統是很危險的。它不斷在過於苛刻和過於溫和之間保持平衡，試圖干擾它可能會釀成大禍。

一個惡名昭彰的例子是 TGN1412，這是一項非常可怕的藥物試驗。它造成的嚴重過失已超出了免疫學的範圍，還上了一些報紙的頭條新聞。這個試驗的目的是在測試一種藥物的副作用，人類在服用這藥物後本應刺激癌症患者的 T 細胞，進而讓他們活得更久。

這藥物是一種人工抗體，能夠連結並刺激 T 細胞上的 CD28 分子──之前我們已經遇過 CD28，但並未為它命名，它是活化 T 細胞需要的訊號之一。我們將

它描述為樹突細胞需要給 T 細胞的一個溫柔之吻，以活化 T 細胞。

所以 TGN1412 的概念非常簡單——給 T 細胞一個人工之「吻」，去刺激它們在癌症患者體內變得更有效、更容易被活化。基本上，藉此「提升」免疫系統，使它在面對癌症這種危及生命的疾病時更加強大。是的，嗯，它的確做到了。

為了安全起見，TGN1412 的用藥量低於讓彌猴（如果你想知道的話，這是一種可愛的猴子）產生任何反應劑量的五百分之一。因此研究人員在做藥物試驗時，沒有預期到人類受試者會產生任何真正的反應。

但是，在給予健康年輕男性 TGN1412 幾分鐘後，地獄之門大開。原來彌猴（也就是測試藥物的動物模式所使用的動物），它的 T 細胞上的 CD28 分子恰好要比人類少許多，因此彌猴對於藥物的反應不如意料中那麼強烈，因而造成錯誤的安全感。另外因為某種原因，在人類受試者的給藥速度比在動物模式中快了十倍。*

在幾分鐘內，志願受試者經歷了一種極強大的細胞激素釋放症（cytokine release syndrome），這是一場極快速的細胞激素風暴。遍布全身的數十億個免疫細胞，通常需要經過謹慎的活化過程並被先前討論過的保護措施維護著，現在一下子就甦醒了。基本上，所有志願受試者體內的 T 細胞受到過度的刺激，並且猛烈地釋放出活化和發炎細胞激素。這些大量氾濫的細胞激素又活化了更多免疫細胞，然後釋放了更多細胞激素進而引起更多發炎。可怕的連鎖反應不斷地自我

---

* 我們在本書的某處需要提及一件事，所以不妨就在這裡吧。對於任何提及使用動物模式的健康相關頭條新聞都要小心謹慎。是的，在動物身上測試藥物相當重要，但不意外地，動物和人類是不同的。是的，我們創造了具有模擬人類免疫系統的小鼠。是的，我們有像彌猴一樣在演化樹上離我們不遠的猴子，但這些仍然是完全不同的生物。有各式各樣的藥物可以治癒老鼠或者延長牠們的生命，並可以做許多事——但對人類卻毫無作用。或者更糟的，對我們來說是危險的，甚至是致命的。再說一次，這並不是說這些實驗無關緊要，我們從動物模式實驗中獲得了相當重要的知識。但是在藥物和治療方面，一旦藥物被人類使用，一切都會有所不同。所以如果你聽到有關某種神奇藥物的消息，請務必檢查這讓人興奮的消息是基於人體試驗，或者可能仍處於早期的動物試驗。

延續而且加速進行。

志願受試者的免疫系統已經解放了，但沒有人對正在發生的事情做好準備。在一種快速、劇烈和全身性的反應中，液體從血液中湧入全身的組織，使受試者在極度痛苦中扭動，並且腫脹起來。接下來是多重器官衰竭，志願受試者只能靠機器和大量關閉免疫系統的藥物維生。其中受影響最嚴重的志願者同時遭受心臟、肝臟和腎臟衰竭，之後緊接著失去許多腳趾和一些指尖。幸運地，所有六名志願受試者都在這可怕的一天中倖存下來，經過幾週的加護照顧，大多數的人都能再次離開醫院。

由於 TGN1412 試驗以最糟糕的方式失敗，很明顯地在醫學研究界造成了強烈的衝擊。許多人體試驗的指引都因此進行了修改。

好的，那麼這個恐怖故事的目的是什麼？當然不是概括地說提升免疫系統的藥物是個壞主意，但它教導我們瞭解使用這些藥物的複雜性和危險性。如果我們看看免疫系統的規模、令人難以置信的細節，以及複雜的交互作用，想要操縱它所要面臨的挑戰難度就會十分明確。所以不要被誤導了——雖然本書確實討論了很多東西，我仍然大大簡化了一切。從在免疫學領域工作的免疫學家觀點來看，我們幾乎連事情的表面都沒有碰觸到。

把免疫系統想像成一個瘋狂的大型機器，擁有數千個槓桿和數百個錶盤。數十億個齒輪、螺絲、輪子和閃爍的燈在裡面不斷地交互作用。拉動任何一個槓桿，你將無法確定在下游會造成怎樣的交互作用。

好的，所以對於專家來說，提升和強化免疫系統是很複雜的。除了健康的生活方式之外，對於普通人來說是幾乎是不可能的（而且是不明智的）。但你實際上可以做一件重要的事情去避免破壞它。事實證明，許多人實際上在不知不覺中抑制了自己的免疫系統。

43 壓力和免疫系統
Stress and the Immune System

要瞭解壓力和免疫系統之間的關係，就要回到幾百萬年前，回到人類發展史中一個單純但相當殘酷的時代。為了生存，老祖先們不得不面對環境給他們帶來的演化壓力。在野外，壓力通常和生存的危機連結在一起，像是一個跨入你地盤的對手，或者是想要把你當飯吃的掠食者。

所以對老祖先來說，對感受到的危險做出強烈反應會是一個好主意，因為如果你採取了果斷的行動，有很高的機會可以存活下來——如果你錯了，事情實際上並不那麼危險，那也沒有什麼損失。相反地，如果對於潛在危險反應遲緩，而事實證明你錯了，實際情況就會很危險，更大的東西可能會把你吃了。因此，對於可能的危險來源，**壓力來源**，無論真實與否，擅於快速反應的生物比較能成功地生存和繁殖。

隨著時間的推移，經由這種選擇壓力，我們的祖先在經過微調後變得可以快速識別壓力來源，通常會以一種自動化的過程做出迅速的反應。例如在哺乳動物中，這代表著腺體能快速釋放壓力荷爾蒙，進而加速對心臟和骨骼肌提供氧氣和糖份，使它可以在面對威脅時立即做出強力的反應。行為上的適應，像是戰鬥或逃跑的求生反應，節省了許多關鍵的時間，有助於在野外生存。因為如果你覺得在自己周邊的視野中發現了一頭獅子，那麼開始奔跑或投擲你的矛會是比較好的生存策略，而不是仔細考慮一分鐘，思考那真的是一頭獅子或者只是一個看起來有點像獅子的灌木？

在這類適應的狀況下，免疫系統會對壓力做出反應是有道理的。無論是戰鬥

還是逃跑，在這兩種情況下，你受傷的可能性會急劇增加。這也代表病原微生物可能有機會感染你，也使得免疫系統立即變得與壓力息息相關。因此，適應壓力的方法是加速某些免疫機制，同時減緩其他的免疫機制。

　　現在我們可以自認非常幸運。我們已經遠遠地拋開了老祖先的生活方式，並發明了文明、外送服務和舒適的家，並將所有企圖吃掉我們的大東西都給殺了（很不幸地，那些仍然試圖吃掉我們的小東西比較難控制）。但是儘管有這些偉大的發明，身體不幸地還沒有收到通知。它們仍然表現得好像我們是在大草原中生存，或者像是需要應付經常獵殺我們的野獅。所以身體仍然盡可能地保留許多卡路里，儘管現代世界已豐衣足食。在實際上需要冷靜和清晰思考的狀況下，它們仍然會引發壓力反應。逃跑，無助於你通過明天的考試。即便截止期限快到了，你也不能與客戶進行肉搏戰（好吧，技術上而言是可以的，但可能對你沒有幫助）。身體並不知道這一點，因此這不幸的誤解會導致壓力。心理壓力會對免疫系統產生實際和直接的生理影響，其中許多於事無補。

　　壓力與免疫反應在一個極為重要的方面有著相似之處——當一切按預期運作時，壓力是一個很好的機制。它可以幫助解決眼前的問題，並且在之後自行關閉。但是現代世界的壓力與演化過程中遇到的壓力來源性質並不相同。在過去，你要不是被獅子抓住，要不就是成功地逃跑——無論如何，壓力都停止了。很少會像是考試期間或是有難搞客戶的大型計畫，緊密地跟隨你數週或數個月。因此，原來用於促進短暫而強大的活動機制，已經變成了長期的背景噪音。

　　那麼慢性壓力對於免疫系統有何影響？如同之前所述，它非常複雜，而且一點也不直截了當。當我們談論壓力以及它對於健康的影響時，我們開啟了一些話題，像是關於憂鬱症、孤獨感、特定的人生狀況，以及人們面對這些狀況的不同處理方式。一旦涉及行為，事情就會變得困難和模糊。我們不能就只是說慢性壓力會導致自體免疫疾病，因為這有可能而且幾乎可以肯定是會牽涉到更細微的東西。

例如，我們知道壓力可能是導致人們吸更多香菸的因素。吸菸是關節炎（arthritis）等自體免疫疾病的危險因素。在這部分我們的用詞必須非常小心，因為這裡存在著很多的不確定性！先解決這項免責聲明。慢性壓力很明顯是非常不健康的，而且與許多疾病和狀況相關。

一般來說，慢性壓力似乎會破壞身體關閉發炎的能力，因而造成慢性發炎。正如之前所討論的，慢性發炎與許多高風險疾病有關，從癌症到糖尿病、心臟病、自體免疫疾病，以及一般的虛弱和更高的死亡機會。慢性壓力會改變輔助 T 細胞的行為。這並不是很好的事，因為它們是特別重要的指揮官，因此會影響許多其他的免疫反應。這可能會導致輔助 T 細胞做出錯誤的決定，導致免疫反應失衡。

壓力還會釋放像是皮質酮（cortisol）等荷爾蒙，這會關閉和抑制免疫系統，削弱免疫系統的能力，因而在許多方面無法正常運作。傷口癒合會變得比較慢，感染更容易爆發並引起疾病。已存在的病原體或疾病無法再受到有效的控制，導致像是皰疹（herpes）的爆發。或者在更嚴重的情況下，HIV 會更快速地進展。慢性壓力代表皮質酮的慢性釋放，這通常會減緩你的防禦系統。*

近年來，自體免疫疾病發作和壓力這兩者之間，也建立了非常緊密的關連。壓力似乎也是腫瘤進展的眾多危險因素之一。

好的，所以這一系列可能的疾病非常廣泛——對於免疫系統應該保護的各個部分，慢性壓力似乎會都產生負面的影響。

因此，如果你仍在尋找提升免疫系統的方法，那麼從今天開始你可以實際執行的事情，就是嘗試消除在生活中的壓力來源並照顧自己的心理健康。這可能看起來像是相當愚蠢的建議，因為實在太過明顯。但你的心態和健康之間的連結是

---

* 對於從事非常消耗體力的職業，比如菁英特種軍事部隊或職業運動員，這是一個問題。這類工作的一個缺點是皮質酮數量較高，而抗體和重要的細胞激素數量較低。

非常真實的。所以幫助人們過著快樂和充實的生活，減少壓力和憂鬱，可能會對社會帶來相當大的健康益處。

44 癌症和免疫系統
Cancer and the Immune System

　　對許多人來說，癌症可能是現今存在最可怕的疾病。即使只是說出它的名字，也會讓一些人不寒而慄。這可能是你經歷最重大的背叛──自己的細胞決定不再作為你的一部分。

　　簡而言之，癌症就是身體某個部位的細胞開始不受控制地生長和增生。基本上，癌症有兩大類──當癌細胞在實質固態組織中形成，比如肺、肌肉、大腦，骨骼或性器官等處，就會形成**腫瘤**。基本上，可以把腫瘤想成細胞開始興建一個新的小村莊，在身體這個大陸中蔓延開來，最終成長為一個大都市。

　　腫瘤這個名詞最初的意思是「腫脹」，就如同腫脹的身體部位，腫瘤不一定是致命的疾病。有一種所謂的「良性腫瘤」，就像是癌症困惑的表親。兩者主要的差別在於良性腫瘤不會像癌細胞一樣侵入其他的器官系統。它們基本上和朋友待在一起，只是在體內長出一個實體的團塊。所以這些腫瘤的結局是非常好的──通常只需被監控而不是遭到毀滅或接受治療。如果腫瘤長得太大，並開始壓迫大腦等器官，或是影響像是血管和神經等重要系統，即使是良性腫瘤也可能變得危險。在這種情況下，通常會在盡可能減少對周圍組織造成傷害的情況下將腫瘤移除。所以，是的，無論如何腫瘤是很令人討厭的。但如果必須做抉擇，就還是良性腫瘤吧。

　　與形成腫瘤的實質固態癌症相比，「液態」癌症會影響血液、骨髓、淋巴和淋巴系統。它們通常起始於骨髓，基本上血管和淋巴系統在這裡被無用的癌細胞淹沒和擠滿（液態癌症仍是由細胞組成，所以實際上並非液態）。白血病

（Leukemia）或血癌經常被當作這類癌症的統稱。

　　癌症基本上可以從體內的每一種組織和細胞中產生。而且由於你是由許多不同類型的細胞所組成，實際上不只一種癌症，而是有數百種不同的癌症。每一種癌症都很特殊，而且有各自帶來的挑戰。有些生長非常緩慢並且很容易醫治，其他則非常具攻擊性而且非常致命。今天幾乎有四分之一活著的人在一生之中會罹患癌症，其中有六分之一的人會被它殺死。基本上，每個人都可能認識一個在人生某個階段必須應付這種疾病的人。

　　儘管癌症造成了可怕的傷害，但癌細胞其實並不邪惡。它們並不想傷害你。它們其實什麼都不想要。正如之前已經建立的觀念，細胞只是遵循程序的蛋白質機器人，不幸的是它可以被破壞和腐化。

　　或者不是它們本身，而是它們執行的程序出了問題。長話短說，DNA 攜帶著生命的密碼，是創造細胞中所有蛋白質和組成部分的指引。這些指引首先被複製，接著從 DNA 轉移到蛋白質的生產機器核醣體中，並在那裡變成蛋白質。各種不同蛋白質的數量和生產週期，能讓細胞做出不同的事，比如維持自身的生存、對刺激作出反應，或是表現某種行為。

　　這個過程對於生命來說相當重要，如果遺傳密碼受損，將影響到之後的結果。也許有些蛋白質沒有被正確地建構，也許製造太多或太少量，這全都會影響細胞的運作。DNA 中的這些變化被稱為突變──雖然這名詞承載著許多重量，但基本上只代表遺傳密碼有一些改變。在生命中的每一秒，DNA 一直被毀損和改變。一個細胞中的遺傳密碼平均每天受損數十到數千次，這代表你每天總共遭受數兆次的微小突變。這聽起來比實際狀況糟糕，因為所有的突變要不是很快就被修復，要不就是不會造成問題。所以大部分累積的突變對你來說影響不大。

　　儘管如此，隨著時間的推移，損害會持續地累積，這就是活著並讓細胞不斷增殖的結果。記得在學校裡，當老師發了很糟的作業副本，邊緣都已經有點模糊了？想像一下，必須從副本不斷地一再製造其他副本。一遍又一遍，經過多年，

也許幾十年。也許有一天掃描器上有一根頭髮或一個角落磨損了。這些錯誤的痕跡會成為新副本的一部分，因此也成為之後所有副本的一部分。

在細胞中，這種毀損大多只是伴隨著基本的生命過程發生，像是藉由細胞分裂來維持身體的運轉，沒有任何特殊原因或成因。這純粹是統計數據和運氣不好。你可以藉由生活方式去破壞遺傳密碼，並增加罹癌的機率，像是吸菸、飲酒或肥胖、接觸像是石棉等致癌物質，或者只是未做防曬就去享受美麗的夏日。*

總而言之，最容易得到癌症的方法就是活得夠久。在統計學上，你一生之中幾乎不可能不得到任何癌症，即使最終這不是你死亡的原因。

要形成癌症，細胞只需在三個不同的重要系統中發生適當的突變，就會對這些共同防止癌症發生的系統造成特定的破壞。

第一個關鍵突變必須出現在**致癌基因**（oncogenes) 中，這些基因負責監控細

---

* 有這樣一個迷思，你的態度對於是否可以從癌症中存活下來相當重要。基本的想法是，如果擁有並同時表現出積極的態度，你會活化一些免疫系統的神祕力量，讓它能夠戰勝疾病。相反地，消極的態度可能會產生反效果，讓身體更難戰勝病魔，甚至可能會是造成疾病的原因。無論「態度可以影響從癌症存活的機會」的想法最初來自哪裡，經過了幾十年的研究。很明顯地，同時也非常肯定的是，態度不會影響你在癌症中存活的機會。免疫系統不會因為不正向或不快樂的態度，就神奇地讓它對抗癌症的能力變得更好或更糟。然而這個迷思非常盛行，因為它吸引了自我賦權（self-empowerment）的文化和媒介，並被許多出於善意的人一再地傳播。
除了沒有可靠的科學證明其中的相關性之外，對一個癌症患者說「態度是有影響的，應保持正向的態度」是很糟糕的。因為這做了兩件事：
一方面，它將療癒和生存的責任放在病人身上。這代表如果沒有贏得這場戰鬥並且最終面臨了最嚴重的後果，都是自己的錯。無論你原來的感受如何，如果你更加積極和樂觀，本來是可以拯救自己的。對於正在與這種疾病戰鬥的人來說，這是一個非常不公平的負擔。
另一個原因是化療、手術和放射療法都不是很好的體驗。被告知你應該積極正向地讓自己快點好起來，就像是被告知你不可以感受自身的感覺。但表達你有多不舒服，並且要求一個可以傾聽的耳朵或被愛護是很重要的，因為這樣可以幫助你舒緩因恐懼和必須承受因愉快的治療所引起的強烈負面情緒。變得更積極並擁有對生活和挑戰的良好態度，會讓你的生活更美好。無論生病與否都是如此——如果你有更多美好和樂觀的態度，你會感覺更好。它可以減少壓力，這反過來可能會減少免疫防禦機制的負面影響。所以生病時有積極的態度是件好事。有研究顯示，在癌症治療期間，保持積極的態度對自己的心理健康是有益的。它會讓整體的經驗不那麼糟糕。在化療期間，感覺不那麼糟糕的確是件非常好的事情。

胞的生長和增生。例如，其中一些基因在你還是胚胎，也就是一小團細胞時非常活躍。要在短短幾個月內將一個原始細胞變成數兆個細胞，需要快速地分裂和生長，才能形成一個微小的身體。當有足夠的細胞去形成一個差不多完整的人時，這些快速生長的基因會被關閉。幾年或幾十年後，當一個突變再次開啟這些致癌基因時，被破壞的細胞可以開始迅速分裂和增長，就像它試圖在子宮內創造一個新的人類一樣。所以第一個突變造成了快速增長。

第二個關鍵突變必須發生在負責修復遺傳密碼的基因中，它們非常恰當地被命名為**腫瘤抑制基因**（tumor suppressor genes）。這些基因產生防護和控制機制，不斷掃描 DNA 是否出現差錯和因複製而產生的錯誤，並馬上修復它們。所以，如果這些基因被破壞或有缺陷，細胞基本上會失去自我修復的能力。

但這兩個特定的突變仍然不夠。

細胞通常可以識別遺傳密碼已被危險地破壞並有失控的風險。如果突變即時被發現，會觸發自我毀滅進而將自己殺死。所以最後一組需被破壞的基因，是讓細胞以細胞凋亡進行自我毀滅。我們已經談過幾次細胞凋亡，是大部分細胞結束自己生命的方式——這是一個不斷自我循環的過程，防止細胞隨著時間的推移積累太多錯誤。

如果在時機成熟時細胞失去了自殺的能力，就無法修復自然累積在遺傳密碼中的錯誤。細胞開始不受限制地生長，然後會變成癌症和危險。當然我們在此做了一點簡化。這三個系統中只產生一個突變通常是不夠的，必須同時有多個基因發生非常糟糕的變異。這是癌症發生的基本原理。

從某種意義來說，一旦這些損害累積起來，一個細胞就會變成一個癌細胞，變成了別的東西。有一點舊成分，也有一點新成分。數十億年來，演化塑造細胞進行優化，以利於在惡劣的環境中生存和發展。細胞彼此互相爭奪資源和空間，直到出現一種非常新穎且令人興奮的生活方式——合作。這種合作方式允許細胞彼此分工合作和專業化，就群體而言讓一切變得更成功。但合作也需要犧牲。

為了讓多細胞生物能夠存活，團結和集體的福祉勝過單一細胞的生存。

　　癌細胞退出了這個過程，並在某種意義上，停止成為群體的一部分，再次成為個體。理論上這無所謂。身體可以處理幾個我行我素的細胞，甚至與它們和諧相處。但不幸地，癌細胞通常不會對做自己的事感到滿足。它們會不斷分裂。再次由個體轉變為一個群體，像是體內的新生物。它仍是你的一部分，但也不完全是你。它們會奪取你用於生存的資源，破壞過去自己所屬的器官系統，並開始爭奪居住空間。

　　有人可能認為演化應該早就處理好這種破壞。但由於人們通常是在過了生育年齡後才會罹患癌症，演化幾乎沒有動力去進行優化和形成針對癌症的良好防護。在 2017 年只有 12% 的癌症死亡發生在五十歲以下的人身上。所以，如果你有幸變老，體內幾乎肯定會有一些癌細胞，只是其他東西可能有機會比癌細胞更快將你殺死。

　　因為癌症是一種持續存在的危險並對生存產生威脅，一般來說，人體實際上很擅長處理它。更確切地說，免疫系統很擅長處理它。幾乎可以肯定的是，當你在閱讀前面幾段文字時，免疫細胞會殺死你身體某處的一些癌細胞。

　　在一生中，一些癌細胞甚至可能已經長成小腫瘤，但最終會被防禦系統消滅。這有可能在今天發生，而你完全沒有意識到它已經發生了。你可以放心，因為在我們一生當中，絕大多數的癌細胞會在你無意識的狀態下被殺死。雖然這很棒，但我們不關心這 99.99% 一切順利的狀況。我們只在乎那一次年輕癌細胞突破了免疫系統變成一個真正威脅生命的腫瘤。

　　所以讓我們來看看**免疫編輯**（immune editing），關於免疫系統和癌細胞爭鬥的來龍去脈。一般來說，是這樣進行的。

1. 淘汰階段

恭喜，你有一個真正的癌細胞。它不再受監控也無法修復遺傳密碼，不再能自殺，它已經失去了所有控制並開始迅速繁殖。伴隨著每一代，產生更多突變。這不是很好，也不是很糟。

幾週之後，細胞不受控制地自我複製。首先，創造數千個，然後是數萬個副本，直到形成一塊很小很小的癌症。這種快速增長需要大量的養分和資源。所以微小的腫瘤開始從身體竊取營養，透過下令新血管的生長來滋養自己。所以癌細胞因為它自負的行為而造成傷害。在它附近，健康的身體細胞開始餓死。

但正如之前所瞭解的，平民細胞非自然的死亡會引起關注。因為這會引起發炎，並讓免疫系統處於高度警戒的狀態。

讓我們來描述一下這裡發生的事情。想像一下布魯克林的一群人決定他們不再是紐約市的一部分，現在成為一個名為**腫瘤鎮**的新聚落（很微妙，我知道），恰好佔據了相同的空間。

腫瘤鎮的新市議會野心勃勃，希望創建一個令人驚嘆的新市中心。新市議訂購了大量建築材料，比如鋼梁、水泥、樓板和石膏板，開始在以前稱為布魯克林的地方建造新公寓大樓、便利商店和工業區。當然，這些新建築和結構都不是按照規範建造的——它們的計畫並不周全，而且易碎、危險，有著鋒利邊緣和危險地歪斜，看起來也很醜。這一切也沒有清楚的邏輯，新建築是建造在街道中間、遊樂場上方和現有的基礎設施上。為了連接所有的新建築物，舊社區被拆除或是過度地建設，以騰出空間給新的高速公路，並將車流和遊客從紐約導向腫瘤鎮。許多以前布魯克林的居民被困在其中，一些老奶奶也被牢牢地困住，沒辦法去採買日常雜貨，因而開始挨餓。

這種情況持續了一段時間。直到有一天，因為接到許多人抱怨死去的老奶奶發出惡臭的通報，紐約建築稽核員和警察才出現，尋找進行建造工程的人。

如果將這一切帶回身體，不受控制生長的癌症引起的騷動吸引了第一個免疫細胞前往腫瘤並侵入它——巨噬細胞和自然殺手細胞希望瞭解到底是怎麼一回

事。現在，癌細胞的特徵顯示出「不健康」的跡象。例如，沒有展示櫥窗或只有很多壓力分子在細胞膜上。自然殺手細胞會直接開始工作，殺死癌細胞並釋放導致更多發炎的細胞激素。於此同時，巨噬細胞進行清理屍體的工作。

透過來自自然殺手細胞的訊號，樹突細胞意識到危險的存在，因而活化並進入危險模式。它們收集死亡癌細胞的樣本，並開始活化淋巴結中的輔助和殺手 T 細胞。你可能想瞭解後天免疫系統如何擁有對抗癌細胞的武器，因為它們是身體的一部份。

正如一開始所說，癌細胞總是伴隨著一些特定的基因損害，導致損壞的蛋白質產生。一些後天免疫細胞擁有能連結到這些蛋白質的受體。無論如何，當後天免疫細胞到達時，腫瘤已經生長到數十萬個細胞，但這一切即將改變。T 細胞首先阻止新血管的增生，使得許多癌細胞直接被餓死或至少讓腫瘤很難長久持續地生長。想像一下腫瘤鎮的建築稽核員設置了路障，並停止將遊客和資源轉運到非法的新城市。

殺手 T 細胞掃描腫瘤細胞的展示櫥窗，確認是否有畸型或不該存在的蛋白質，進而命令細胞自殺。自然殺手細胞則會殺死隱藏 MHC 分子櫥窗的癌細胞。當癌細胞無法隱藏，也沒有辦法從血液中取得新鮮的養分，腫瘤將會崩毀。這是一場大屠殺，成千上萬的癌細胞死去。它們的屍體被巨噬細胞清理和吞噬。想像一下，就像紐約市拆除了非法建築，身體將腫瘤銷毀。只是事情並不如計畫般地進行。

2. 平衡

雖然戰鬥似乎已經結束，但天擇卻破壞了你甜蜜的勝利。免疫系統最初的反應非常有效。免疫細胞殺死了那些好心呈現出自己有嚴重問題的癌細胞。這正是細胞的原始設定──它們應該發出已遭受破壞的訊號──這實際上象徵著它們

癌症

癌細胞不受控制的自我複製，進而形成
一個小腫瘤。自然殺手細胞開始報到，
並殺死第一批癌細胞。於此同時，巨噬
細胞清理癌細胞的殘骸，而樹突細胞會
收集樣本並活化輔助和殺手 T 細胞。但
是危險尚未結束。

尚未完全被破壞。在正常的情況下這已足夠，腫瘤會被消除。

　　但如果出現問題，癌細胞就有更多的時間進行破壞，這有點像之前遇到的病毒。它們在不受限制下迅速增生，尤其是在自我修復機制已經損壞的狀態下，基因有更多機會出現新的錯誤密碼。

　　這些癌細胞存活的時間越長，增生越多，獲得新突變的機會也就越大，躲避免疫系統的能力就會更好。按照演化的原則，當免疫系統盡其所能地摧毀癌細胞，也正在篩選最適合生存的癌細胞。最終，成千上萬的癌症細胞死去，甚至可能是數百萬個。但仍有一個癌細胞存活下來，而且它已經找到了有效的反擊方法。

　　例如，癌細胞為了保護自己免於免疫系統的傷害，它擁有既天才又可怕的方法，就是攻擊殺手 T 細胞和自然殺手細胞上的**抑制性受體**（inhibitor receptors）。抑制性受體，抑制來自這些細胞的，嗯，殺戮。它們是一種關閉的開關，可在殺手細胞攻擊並摧毀一個細胞之前先抑制它的功能——在原則上這是個好主意。我們多次討論過免疫系統有多麼危險，需要有機制來阻止過度積極的免疫細胞，因此抑制性受體在免疫系統複雜的交互作用中肩負著重要功能。但不幸地，癌細胞可以某種方式突變，進而關閉殺手細胞。

　　所以現在有一個能關閉免疫系統的癌細胞。於是新的腫瘤開始生長，生產更多的新殖株，而且不斷發生變化和進行突變。

3. 逃脫

　　經過免疫系統的反制對策而塑造出新的癌細胞，最終會導致所有的麻煩。它們以一種反常的方式變成對免疫系統免疫。表面上，它們不會顯示毀壞的性質，也不會釋放許多警告身體的信號。它們安靜地躲在眾人視線之中，透過發送破壞訊號積極地關閉免疫系統。它不斷地成長，隨著腫瘤的擴大，再次開始殺死健康組織，而這引起了注意——但這一次腫瘤不再任人擺布，於是展開了最終的逃脫

階段。

癌細胞開始創造自己的世界，也就是**癌症微環境**（cancer microenvironment）。

回想一下布魯克林的腫瘤鎮，這一次一切都不同了。整個城鎮已經完成了重建，而新的市議會集結了各種讓紐約市建築稽核員感到困惑的許可證。他們無法再下令摧毀正在緩緩蔓延並取代原有城市的龐大腫瘤鎮。新的路障確保沒有稽核員可以進入快速擴張的非法居留處，檢查這些許可證的真偽。癌細胞創造了一種免疫細胞難以跨越的邊疆之地。

如果將這所有事情結合在一起，癌症基本上就贏了，並且成功地馴服免疫系統。所有反擊的途徑都已被關閉，而最終的結果是毫無控制的增長。最後，如果未經治療，這些新的和優化的癌細胞會移轉（metastatic），這代表它們想要探索世界並擴展到其他組織或器官，在那裡持續地生長。如果這影響到重要的器官，例如肺、大腦或肝臟，身體這錯綜複雜的機器將開始崩潰。

想像一下，每天在汽車引擎中安裝嶄新卻無用的零件——車子還是會運轉一段時間，但在某個時刻引擎將不再啟動。這就是癌症最終殺死你的方式。藉由佔用許多空間和竊取許多營養，讓真實的自己沒有空間進行正常的運作，因而必須關閉受到影響的器官。簡而言之，這就是癌症征服免疫系統的方式。雖然，正如我們將在本書最後一章討論的，免疫系統也可能成功戰勝癌症，或者至少減少癌症的致命性。

但是現在，既然已經在談論癌症，讓我們看看你可能做了哪些事，積極地增加罹患癌症的機會，以及免疫系統在這裡扮演的角色！

旁白：吸菸和免疫系統

空汙是一件很嚴重的事，每年造成多達五百萬人死亡。但在城市中漫步所吸入的任何東西，都比不上吸一根菸得到的東西。你可能知道吸菸對你非常不利，

因為它會導致「某種癌症」。但不只如此！原來在許多方面，吸菸的害處與免疫系統有著密切的關係。簡而言之，保護你免於疾病和癌症侵害的機制遭到破壞，使你更容易得到感染或癌細胞！

　　香菸菸霧中含有四千多種不同的化學物質，其中許多具有至今未知的特性，而且彼此交互作用著。但是可以肯定的是，尼古丁，一種讓吸菸者成癮的神奇邪惡物質，會抑制免疫系統。它讓免疫細胞遲緩而失效。這主要發生在呼吸系統，尤其是在肺部——這應該不足為奇，因為所有的菸都到那裡去了。尼古丁到底有什麼作用？

　　首先，它會影響之前短暫相遇的肺泡巨噬細胞。基本上，它們就只是更冷靜的巨噬細胞，在肺部表面巡邏，撿拾垃圾和偶然遇見的病原體。但在吸菸者的肺部，這些特殊巨噬細胞的數目要比非吸菸者的肺部多上很多。這是有道理的，因為香菸菸霧帶來了各種的微粒和迷人的東西，像是不斷需要被除理的焦油。但由於經常與尼古丁接觸，這些已經和緩的巨噬細胞變得更加遲緩。不再只是冷靜，基本上是常常感到疲累和遲鈍。它們不再有能力要求支助和增援，而且變得很難去殺死敵人。最重要的是，這些可憐的巨噬細胞不只功能失調，還會定期吐出溶解肺部組織的化學物質，意外地損害了肺部。

　　如果有足夠的時間，這些尼古丁中毒的巨噬細胞會破壞大量的肺功能組織，造成傷口並轉變成疤痕組織。如果這情節還不夠明顯——假若你喜歡呼吸，肺部疤痕組織不是好事。肺部傷口還會伴隨著發炎的不幸副作用，活化更多的免疫細胞，然後造成更進一步的破壞。

　　另一個因吸菸變得嚴重遲緩而不那麼活躍的重要細胞是自然殺手細胞。正如我們之前所瞭解的，這是對抗年輕癌細胞的主要對策。這被認為在吸菸者罹患肺癌的高發病率中扮演著相關的角色。這是有道理的——一方面，你讓肺部充滿飽和致癌毒素和一種會讓免疫系統在肺部造成傷口的藥物。另一方面，你讓擔負著殺死癌症任務的細胞失去效率。

那麼後天免疫系統呢？雖然，通常吸菸者的血液中有更多的免疫細胞，但它們似乎比較沒效力。T細胞被活化後更難增生，行為也更加遲鈍。普遍來說，抗體似乎在吸菸者的體液中衰減得更快，後天免疫系統的整體效率也大大降低。這說明了對吸菸者來說，為什麼像流感這樣的感染會更加致命。

然而有一個例外是自體抗體，可以引起某些自體免疫疾病的抗體會大大增加。簡而言之，如果你吸菸，免疫系統會對身體造成更多不好甚至傷害的事。同時，與敵人作戰、呼叫增援和阻止入侵者擴散的能力也會變差。另外一個額外的結果是，吸菸者的傷口會變得很難癒合。因為免疫系統受到抑制，會導致無法正常地幫助傷口癒合。即便你今天開始戒菸，免疫系統也會維持抑制狀態一週到好幾個月——所以越早戒菸越好。

但是，如果說它沒有正面的影響也是不誠實的。世界不是二分法，有時緩和的免疫系統可能是件好事。發炎是一把雙刃劍，對生存不可或缺，但對健康也可以非常有害。

吸菸者罹患發炎疾病的機率比較低，只因為免疫系統表現得像早餐吃了幾個薯餅的蛞蝓一樣遲緩，發炎反應也隨著下調。因此對某些發炎性的自體免疫疾病，例如潰瘍性結腸炎，吸菸似乎能提供某種形式的保護。

但下一次，你與母親爭論為何你應該繼續放縱地吸菸時，請不要將這件事作為你反駁的理由。總而言之，雖然吸菸對某些疾病有一定的保護作用，它也會使你更容易感染許多其他的疾病。些微的好處是不值得用巨大的缺點去交換的。這是一個做類比的好地方。為了避免某些疾病而吸菸是多麼愚蠢，但實際上，也許這已經是類比了。以吸菸去稍微降低發炎性疾病的機率是非常愚蠢的。

45 冠狀病毒大流行
The Coronavirus Pandemic

免疫系統一直與我們群體的健康和幸福息息相關。只要你起碼是半健康的狀態，免疫系統也是生命中很容易受到忽略的　面。然而這一切因為一種疾病以大多數人從未想像過的方式打斷了所有的公共和私人生活，而在突然之間結束。許多來自免疫學的術語和概念突然之間頻頻被人討論。

在寫這本書的時候，冠狀病毒大流行仍在肆虐，還有很多懸而未決的問題。有無數的科學家在世界各地進行大量的研究，因此在未來幾年內我們將會對這疾病有更多的瞭解。在某種程度上，這是最好和最壞的時機來撰寫一本關於免疫系統的書——是最好的時機，因為更多的人可能有興趣瞭解自己的身體裡面到底發生了什麼事，以及身體如何處理疾病。是最糟糕的時機，因為如果能寫一篇關於COVID-19 的綜合解釋是很棒的，但目前這是不可能的，因為仍有很多科學研究正在繼續進行中。

無論如何，我認為談論免疫系統仍是一件有意義的事情。總而言之，很幸運地，免疫學家對於新冠病毒的基本原理以及它所造成的影響，已經有了紮實的瞭解。但是首先，讓我們定義一下在這裡談論的是什麼。

在大流行開始後不久，一種有著可怕正式名稱「**嚴重急性呼吸綜合症冠狀病毒 2** 」（Severe Acute Respiratory Sydrome Coronavirus 2）的病毒，被大眾稱為「冠狀病毒」。這很不幸也是錯誤的，因為冠狀病毒是一群病毒，而非單一物種。但由於大流行的迅速蔓延，錯失了去為這特別種類的病毒取一個很好又獨特名字的機會。雖然我經常抱怨科學家替本書中提到的事物選擇的名字，但這一次真的不

能責怪他們，因為他們很忙是可以理解的。當有緊張狀況快速發生時，我們會屈就於任何當時可行的東西，但這沒關係。

冠狀病毒有很多不同的種類，它們會做很多不同的事情。大多數的情況下，它們會感染像是蝙蝠和不幸的人類等哺乳動物的呼吸系統。

人類特別容易受到一些不同的冠狀病毒影響。例如，有大約 15% 的普通感冒病例是由某種冠狀病毒引起的。冠狀病毒已在我們身邊很久，很多讀到這句話的人，血液中已經流著對抗它們的抗體。

在過去的幾十年裡，你甚至可能聽說過一些危險的冠狀病毒大流行，比如 **SARS 冠狀病毒**（SARS 是 Severe Acute Respiratory Syndrome〔嚴重急性呼吸綜合症〕的縮寫）。它是一種呼吸系統的疾病，是西元 2000 年初期從中國蝙蝠中發現的冠狀病毒株引起的疾病。SARS 冠狀病毒感染了幾千人，造成幾百人的死亡，死亡率接近 19%，而這是相當殘酷的。

幾年之後，第二次嚴重的冠狀病毒爆發。這一次起源於中東，被稱為 MERS，是「中東呼吸症候群」（Middle East Respiratory Syndrome）的縮寫。這一次甚至比 SARS 更加致命，雖然它只感染了大約二千五百人，但殺死了超過其中三分之一的人，死亡率高達 34%。這兩種冠狀病毒爆發的規模，從未足以成為真正的全球大流行。看看它們的死亡率，這真是讓我們感激不盡。

我們和冠狀病毒相關的群體好運在 2019 年年底耗盡了，因為當時出現了另一種冠狀病毒。這病毒比它的前輩更具傳染性，但卻沒有那麼致命。因為 SARS 和 MERS，讓科學家們有足夠的時間在全球大流行開始之前，瞭解危險冠狀病毒的感染機制。

我們尚且無法確切地敘述 COVID-19 感染期間發生哪些事情，因為這在很大程度上取決於患者本身。目前有許多的報導指出，COVID-19 的感染在大多數人身上並沒有或只有輕微的症狀。而少數人有嚴重的症狀，通常需要住院，還有更少的一群人會死亡。一個疾病的症狀會因人而異，主要原因通常是在於個體本身

的免疫系統以及它如何處理感染。最重要的是，COVID-19 感染的發展過程非常複雜，仍需要不斷學習新知識。而這一切都讓 COVID-19 很難被解釋清楚，尤其是想讓這個章節的合理性可以維持一段時間。因此，我們在此將專注於目前已知的事，或者最多是科學家們相當有信心的東西。

有些被冠狀病毒感染的人根本沒有出現任何症狀，儘管他們似乎仍然會將病毒傳播給其他人。有高達 80% 的患者發展出輕微的病徵，這代表他們仍會有許多非常不愉快的症狀。輕微，在這種情況下，真的只代表不需要住院治療。感染的最初跡象通常是失去嗅覺，有時甚至是喪失味覺——這對生活品質的影響遠高於大多數人所能意識的，直到親身經歷過才能體會。大多數人的味覺和嗅覺在幾週後會開始恢復。但這種病毒存在的時間，還不足以讓我們知道恢復這些感覺需要多久的時間。

除此之外，大多數較輕微的病例會出現所謂的類流感症狀，如發燒、咳嗽、喉嚨痛、頭痛、身體疼痛和一般的疲憊感。在某些人中，持續的疲憊狀態、注意力無法集中，還有肺活量下降這些症狀，即使在被感染幾個月後也不會消退。

但仍有許多懸而未決的問題，尤其是對於經歷過感染的長期影響。此時我們真的還不知道冠狀病毒大流行是不是會造成不可逆轉的損害。在更致命的 SARS 和 MERS 爆發的情況下，患者肺部的物理變化需要至少五年才能恢復正常。冠狀病毒到底有什麼作用，為什麼對於某些人特別致命？

冠狀病毒主要針對一種特定而且非常重要的受體，稱為 ACE2（Angiotensin-Converting Enzyme 2，血管收縮素轉化酶2）。這種受體在身體中有一些重要工作，特別是調節血壓。這代表體內有很多細胞攜帶著它，也因此可能會被冠狀病毒感染。如果你猜測在鼻子和肺部的上皮細胞有很多這種受體，你是對的。從冠狀病毒的角度來看，肺是好幾公里的免費房地產。

但在身體周圍四處各種組織和器官的細胞上，也都有 ACE2 受體。血管和毛細血管、心臟、腸道和腎臟等器官也都有 ACE2。正如之前所瞭解的，身體對病

毒感染的第一反應是化學戰，這基本上是三個主要的東西——干擾素會干擾病毒繁殖，並減緩它的速度。而其他的細胞激素會引起發炎，並向其他的免疫細胞示警。

讓冠狀病毒如此危險的主要原因，在於它似乎能關閉（或強烈延遲）干擾素的釋放，但受感染的細胞仍會釋放所有引起發炎的細胞激素，去提醒免疫系統。所以病毒可以感染很多細胞並迅速傳播而不會減緩速度。同時，它會引發廣泛的發炎並活化免疫細胞，因而引起更多的發炎。*

這對許多人來說是很危險的。巨量的發炎和活躍的免疫細胞會嚴重損害肺部——如果你還記得的話，免疫系統在這裡通常盡量小心翼翼，因為這裡的組織非常敏感。在沒有干擾素的情況下，病毒在沒有阻力下繼續增殖，而發炎已經造成了破壞。

隨著數百萬的上皮細胞死亡，突然之間，肺部的保護層消失了。而肺泡，藉由內外之間交換氣體而進行呼吸的微小氣囊，在毫無遮掩下，可能在隨後持續的戰鬥中受損，甚至死亡。

如果到了這個地步，很多重症病人可能需要借用機械換氣，這是「將管子插入肺中」的一種花俏說法，這也為細菌提供了一個深入肺部的捷徑。在那裡，它們發現了一個非常緊張的免疫系統和許多等待被殖民的組織。情況很快就會變得戲劇化。如果真的很不幸，還可能同時造成更多其他嚴重的細菌感染。這些細菌無法相信自己如此好運，能夠進入肺部深處的環境。隨著細菌的增殖，免疫系統必須對新的細菌做出反應，召喚更多巨噬細胞和嗜中性球執行它們的任務——

---

* 回溯一下先前所學的。相對於其他人，有些人比較擅長應付冠狀病毒的原因是遺傳的變異性和MHC分子或類鐸受體的差異，這導致人與人之間的免疫系統略有不同。有些免疫系統就是比其他免疫系統更擅長對付病毒。不幸地，有些人真的不擅長處理它。所以如果你在媒體上聽到那些看似年輕和健康的人患有嚴重 COVID-19 甚至死亡，這是其中一個原因。直到真正接受測試，我們永遠不知道自己個別的免疫系統最擅長對抗什麼。

吐出酸液，並且造成更多的發炎和傷害。

你看到在這裡出現的可怕模式了嗎？刺激造成活化，這會導致更多的刺激，然後導致更多的活化，依此類推。一個極其危險的狡猾循環，往往會帶來致命的後果。大量發炎真的可以在肺部組織中造成撕裂的孔洞，並造成不可逆轉的損傷以及身體急著試圖癒合的傷疤組織。即使倖存下來，許多人可能在餘生之中肺活量低下，這代表呼吸困難以及身體活動能力下降。

在這種情況下，許多人可能也是第一次聽說細胞激素風暴，意思是免疫系統對一般而言會小心翼翼並恰如其份使用的所有訊號，產生大規模的過度反應和刺激。

我們還沒有講完關於感染的事，所以還有更多的壞消息——身體的另一個關鍵系統，可能會受到颱風般的化學尖叫和正在進行中的過度刺激影響。在許多嚴重的 COVID-19 病例中，凝血級聯系統（coagulation cascade）會被觸發，導致凝血塊出現。這代表血液中負責閉合傷口的部分會被活化，並且開始在微血管中凝結，導致器官供氧不足。身體現在因為內部缺氧而窒息，同時肺部因為充滿液體使得呼吸更加困難。當然，凝血會導致中風或心臟病發作和所有已知的連帶後果。

對於很多已經患有嚴重疾病的人來說，這真的太多了。糖尿病、心臟病、高血壓和肥胖，只是其中的一些危險因素。[†]

最重要的是，許多老年人的免疫系統就是比較虛弱。他們一開始就沒有最卓越的干擾素反應，因此更容易被冠狀病毒覆沒。這就是為什麼大多數的死亡發生在老年人和身體先前已有狀況的人身上。但請不要誤會，很多以前健康的年輕人也會死去。這只是運氣不好以及免疫系統如何應付所有挑戰的問題。

---

† 肥胖之所以如此不健康的眾多原因之一，是因為脂肪組織會產生大量的發炎細胞激素。所以即使再美好的一天，一個肥胖者也會有很多發炎信號在身體系統中。舉例來說，當被冠狀病毒感染時，他們已經在一個糟糕的出發點，會造成比原本更嚴重的發炎。

免疫系統：概觀

病原體
細菌、病毒等

嗜中性球
致死、
傳達訊息、
引起發炎

巨噬細胞
傳達訊息、
活化其他細胞、
殺死敵人、
引起發炎

補體
標記並削弱
敵人、
活化和引導
免疫細胞

樹突細胞
辨識敵人、
活化其他細胞

被感染的細胞

自然殺手細胞
傳達訊息、
殺死被感染的細胞／
癌細胞

單核球
變成巨噬細胞
辨識和殺死

嗜酸性球
引起發炎、
對抗寄生蟲、
活化其他細胞

嗜鹼性球
引起發炎、
對抗寄生蟲、
活化其他細胞

肥大細胞
引起發炎、
傳達訊息、
活化其他細胞

寄生蟲

先天免疫系統

初始殺手 T 細胞

待命狀態、
殺死被感染的細胞／
癌細胞

記憶殺手 T 細胞

記住敵人、
殺死被感染的細胞／
癌細胞

被感染的細胞

殺手 T 細胞

殺死被感染的細胞／
癌細胞

初始輔助 T 細胞

待命狀態、
活化其他細胞

記憶輔助 T 細胞

記住敵人、
傳達訊息、
活化其他細胞

輔助T細胞

傳達訊息、
活化其他細胞

初始 B 細胞

待命狀態、
活化其他細胞

長壽漿細胞

製造抗體

漿細胞

製造抗體、
活化其他細胞

B 細胞

製造抗體、
活化其他細胞

抗體

標記並削弱敵人、
活化補體

記憶 B 細胞

記住敵人、
製造抗體

後天免疫系統

讓我們在這裡結束這一章。當我寫下這句話時,世界已經開始接種 COVID-19 疫苗。如果運氣好,當你在閱讀這句話時,我們都將重新回到一個感覺正常的世界。無論如何,冠狀病毒大流行清楚提醒了我們免疫系統為什麼如此地重要,以及為什麼更加理解它會讓更多人受益。

結語
A Final Word

就像每一次美好的旅程一樣,抵達目的地和先走一步同樣重要。我們見識了很多東西,很多複雜而且相互交織的系統。瞭解了身體所有的表面,包括體內和體外,以及錯綜複雜的防禦網絡。我們認識了你的士兵,從大部分時間都很平靜的黑犀牛,到拿著機關槍的瘋狂黑猩猩。

我們觀察到身體受破壞或受傷時,免疫系統如何被啟動,在對微小細胞而言非常遙遠的距離上組織了多層複雜的事物,去形成正確的防禦機制。我們參觀了宇宙中最大的圖書館,以及末曾想過卻隨身攜帶的最致命大學。

我們目睹了一群病毒如何以有效、殘忍又冷漠的攻擊方式,突襲你最內在的自己。我們探討了免疫系統如何記住它曾經參與的戰鬥,以及身為人類的我們可以如何支援它。我們研究了免疫系統失去作用時會發生什麼事,或者當它過度投入而成為疾病和破壞的根源。雖然我們有時在某部分做了很深入的探索,但還有更多令人驚嘆的地方和系統沒時間去看看。但如果你已經讀到這一頁,你已經在自己的身體以及一些可能你從未想過的重要事情,徹底地往返了一遍。

免疫系統讓人煩惱的一件事情,是你需要同時理解許多事情,才能真正開始理解這整個系統,然後它的美妙才會真實地展現在你面前。如果你瞭解巨噬細胞和 MHC 分子、細胞激素和 T 細胞受體,以及淋巴系統和抗體,它們全都結合成一個驚人而優雅的系統,一切都會非常合理,也非常令人驚嘆。

但萬事起頭難,因為免疫系統似乎是被設計成模糊而難以掌握的。我抱怨了許多免疫學的用詞,雖然希望那樣可以為你帶來些許樂趣,但對我來說,實際上

並非如此有趣。為了研究本書的題材，我以小一生的速度閱讀教科書和學術論文，只求能跟得上他們試圖要說明的。我想不出另一個領域更需要整理它所使用的語言，並努力讓自己更受大眾歡迎。因為歸根究底，免疫學真的是有史以來最酷的話題。

科學提供了非常多樣化的主題，任你沉浸其中。在流行文化中，通常都是看似很浩大的主題和領域最受喜愛。例如太空，它所包含的長遠距離、黑洞和巨大的星星，很容易推銷給紀錄片和科普書籍。但是，雖然太空很不錯，但卻沒有牽涉到任何生物學。恆星是燃燒電漿形成的死寂團塊，即使是最複雜和最有趣的恆星，也無法與試圖逃離巨噬細胞的最簡單細菌相比。

免疫系統不像其他系統那樣令人愉快，也不像其他系統那樣適合科普領域。它一開始即需要相當地投入。要達到可以真正欣賞它的地步，花費一定程度的時間和痛苦是必然的。在一個期望訊息必須令人愉悅而且容易消化的時代，這樣的要求有點多。儘管存在這些挑戰，免疫系統是**最佳**的學習主題。因為它是如此地複雜和多層次，而所有層次都以如此巧妙的方式相互作用——就像一扇通往宇宙本身的窗戶。這扇窗能讓你更深入瞭解圍繞著你的複雜事物，而你也是屬於其中的一部分。你很幸運能活著，並擁有一個可以屬於自己的身體。至少這是我的感覺。

所以我認為這是值得投資的，因為它的回報太棒了，如果你讀到這裡，我希望你也有同感。一旦到達山頂，就可以更透徹地看見整個免疫系統，沒有任何景致可以與它相比。當你存在的世界有許多不同勢力彼此博鬥，而且毫不在乎你對它們的感受如何，你會更加體會生存的意義。

這些美麗而複雜的事物都帶著一點點哀傷。因為生命太短暫也太忙碌，以致我們無法真正瞭解這些組成現實的層次，實在讓人有點難過。但是，嘿，最終我們無能為力。我們能做的就是不時接受挑戰，努力投入心力去窺探比我們偉大的東西。

即便我們永遠無法追根究底。

來源
Sources

　　出版印刷品很奇怪的，需要在實際出版之前很久就先完成書稿。所以為了節省時間和讓印刷機輕鬆一點，本書研究所使用的論文和書籍，其詳細參考書目可在 https://kurzgesagt.org/immune-book-resources/ 網站上找到。

致謝
Acknowledgments

這本書如果沒有專家的慷慨協助，在繁忙的真正科學研究行程中抽空來幫助我，就不會存在。他們耐心回答了我的許多問題。當我在研究中迷失方向時，將我引導到正確的道路上，告訴我許多關於免疫系統和其對手的事。這些科學家非常健談和有趣。在全球 COVID 大流行期間，沒有任何人的生活變得更輕鬆的時候，他們仍然忙著讓世界變得更美好。

非常感謝詹姆斯・格尼（James Gurney）博士，他提供了廣泛的反饋，做了很多事實的查核，並講述來自微生物和病毒世界激動人心的故事。給我的好兄弟，慕尼黑免疫學研究所的所長托馬斯・布羅克（Thomas Brocker）教授，來個揮拳慶祝一下，他參與了許多的視訊通話，並回答了我許多關於免疫學細節的奇怪問題。給聖保羅大學的馬里斯特拉・馬丁斯・卡馬戈（Maristela Martins de Camargo）教授，來個跨大西洋的擊掌。他提供了許多關於免疫細胞所做的瘋狂事情以及驚人而神祕的故事！

沒有你們的幫助，我絕對不敢出版一本主題如此複雜的書。我依然非常感謝你們花費的時間和熱情。除此之外，能跟你們學習真是一大樂趣。我希望在 COVD-19 大流行結束後，可以在某個地方和你們喝一杯！

然後，我要感謝我的朋友 Cathi Ziegler, John Green, Matt Caplan, CGP Grey, Lizzy Steib, Tim Urban, Philip Laibacher, and Vicky Dettmer，他們在本書完成的不同階段，閱讀了這整本書，有些甚至讀了好幾遍。感謝大家詳細的反饋以及討論

適當的寫作風格，讓我知道笑話是否有達到效果或解釋得是否清楚。感謝在必要時對我坦誠相待，並在我沮喪且不相信能夠完成這本書時給我鼓勵。請朋友閱讀這整本書，然後提供反饋是個巨大的要求，尤其是在它還沒有完成之際。所以非常感謝你們願意花時間，真的太感謝了。

　　感謝「Kurzgesagt–In a Nutshell」的第一位員工兼創意總監菲利普・萊巴赫（Philip Laibacher），他創造了本書美麗的插圖和精彩的封面。謝謝你犧牲了一部分的聖誕假期，讓一切都能按時完成。

　　當然，也非常感謝我的經紀人格納特公司的塞思・菲什曼（Seth Fishman）。當我對於寫第一本書感到有點恐慌時，他幫助我平靜下來，並讓這一切工作展開。給我的編輯，來自藍燈書屋的班・格林伯格（Ben Greenberg），因為他相信這整個計畫。他編輯了早期的草稿，並將它們推向正確的方向，而且在整個過程中平靜地存在著。當我像個白痴一樣自信地說，會在三個月內完成這本書時，謝謝你們沒有嘲笑我。感謝Kaeli Subberwal, Rebecca Gardner, and Jack Gernert 耐心地跟我打交道，因為我是那一種從不回應電子郵件的典型作家。非常感謝格納特公司和藍燈書屋所有跟我打交道的人，他們非常擅長自身的工作而且保持正向，讓本書能夠成真。

　　我還要感謝我在「Kurzgesagt——In a Nutshell」的整個團隊。我稍微請了一個很長的假去寫一本我非常珍視的書。我的團隊很挺我，並將 YouTube 頻道和公司維持正常運作。我為自己不擅長溝通致歉——感謝所有的人和你們所做的事。

　　非常感謝「Kurzgesagt」的所有觀眾和粉絲。我不認識你們大多數的人，所以每當有人告訴我，對他們來說我和我的團隊所做的工作意義重大時，我永遠不知道該說什麼。但在這印刷頁面中我可以很確定地說——感謝你們喜歡我寫的東西，也謝謝你們的支持。這對我來說很重要。

　　如果你讀了這本書，並且走到了這一步——雖然還有很多其他東西你可以去閱讀，但你選擇了這本書。所以謝謝你。

中英對照表

A 型肝炎　Hepatitis A

A 型流感病毒　Influenza A virus

B 細胞　B cell（B lymphocyte）

C1 補體抑制蛋白　C1 inhibitor (C1 INH)

C3 轉化酶　C3 convertase

mRNA 疫苗　mRNA vaccines

pH 值（氫離子濃度、酸鹼值）　Power of
　　hydrogen (pH)

T 細胞　T cell (T lymphocyte)

T 細胞受體　T cell receptor

二畫

人類基因體計劃　The Human Genome Project

人類免疫缺乏病毒　Human Immunodeficiency
　　Virus (HIV)

人痘接種　Variolation

三畫

干擾素　Interferons

小兒麻痺症　Polio

四畫

不活化疫苗　Inactivated vaccine

中央記憶 T 細胞　Central memory T cell

中和　Neutralize

水痘　Chicken pox

分子相似論　Molecular mimicry

天花　Smallpox

天擇　Natural selection

反轉錄病毒　Retrovirus

五畫

四環素　Tetracyline

白蛋白　Albumin

白血病　Leukemia

生物路徑　Biological pathway

生物質　Biomass

布朗運動　Brownian motion

皮質酮　Cortisol

失智症　Dementia

去氧核糖核酸　Deoxyribonucleic acid (DNA)

巨噬細胞　Macrophage

巨核細胞　Megakaryocyte

甘露糖結合凝集素　Mannose binding lectin
　　(MBL)

甘露糖相關絲氨酸蛋白酶 1　Mannose-associated
　　serine protease 1 (MASP-1)

甘露糖相關絲氨酸蛋白酶 2　Mannose-associated
　　serine protease 1 (MASP-2)

正黏液病毒科　Orthomyxoviridae

正向選汰　Positive selection

他者　others

六畫

血管收縮素轉化酶 2　Angiotensin-Converting
　　Enzyme 2 (ACE2)

血紅素　Hemoglobin

血漿　Plasma

血小板　Platelet

血腦屏障　Blood brain barriers

血管　Blood vessel

肌動蛋白　Actin

肌肉細胞　Muscle cell

自體抗體　Autoantibodies

自體抗原　Autoantigen

自體免疫疾病　Autoimmune disease

自體反應　Autoreactive

自體抗原　Self antigen

自己（自己人）　Self

自我賦權　Self empowerment

自然殺手細胞　Natural killer cell

行為　Behavior

共生細菌　Commensal bacteria

交叉呈現　Cross presentation

伊波拉病毒　Ebola virus

先天免疫系統　Innate immune system

多發性硬化症　Multiple sclerosis

光受器　Photoreceptor

次單元疫苗　Subunit vaccines

七畫

抗體　Antibody

抗原　Antigen

抗原呈現細胞　Antigen-presenting cell

抗蛇毒血清　Antivenoms

冷血　Cold-blooded animals

克隆氏症　Crohn ¢ s disease

防禦素　Defensin

抑鬱症　Depression

即發性過敏　Immediate hypersensitivity

免疫細胞　Immune cell

免疫編輯　Immune editing

免疫豁免　Immune privileged

免疫力　Immunity

免疫球蛋白血管內注射　ImmunoGlobulin
IntraVascular (IGIV)

免疫突觸　Immunological synapses

抑制性受體　Inhibitor receptors

角質蛋白　Keratin

克雷伯氏肺炎桿菌　Klebsiella Pneumoniae

狂躁症　Mania

狂犬病病毒　Rabies virus

吞噬細胞　Phagocyte

吞噬作用　Phagocytosis

呈現　Presentation

初始 B 細胞　Virgin B cell (naïve B cell)

初始 T 細胞　Virgin T cell (naïve T cell)

八畫

表皮　Epidermis

表皮細胞　Epithelial cell

肺泡巨噬細胞　Alveolar macrophage

肺結核　Tuberculosis

肺炎　Pneumonia

阿米希人　Amish

法氏囊　Bursa of Fabricius

毒殺型 T 細胞　Cytotoxic T cell

杯狀細胞　Goblet cell

花粉症　Hay fever

板狀體　Lamellar body

固有層　Lamina propria

長壽漿細胞　Long lived plasma cell

肥大細胞　Mast cell

受體　Receptor

青黴素　Penicillin

青黴菌　Penicillium rubens

金黃色葡萄球菌　Staphylococcus aureus

金色鏈黴菌　Streptomyces aureofaciens

毒素　Toxins

九畫
急性期　Acute Phase
後天免疫系統　Adaptive immune system
後天免疫缺乏症候群　Acquired
　　Immunodeficiency Syndrome (AIDS)
枯草桿菌　Bacillus subtilis
冠狀病毒　Corona virus
胞橋體　Desmosome
恆溫動物　Eectothermic animals
指數　Exponential
幽門螺桿菌　*Helicobacter pylori*
胡特爾派人　Hutterites
活性減毒疫苗　Live-attenuated vaccines
瘧疾　Malaria
突變　Mutate, mutation
致癌基因　Oncogenes
胃蛋白酶　Pepsin
瘧原蟲　Plasmodium
前 B 細胞　Pre B cell
前 T 細胞　Pre T cell
紅血球細胞　Red Blood Cell
扁桃腺　Tonsil

十畫
氨基酸　Amino acid
哮喘　Asthma
骨髓　Bone marrow
級聯反應　Cascade
株系選擇理論　Clonal Selection Theory
衰敗　Decay
衰變加速因子　Decay-accelerating factor (DAF)
效應 T 細胞　Effector T cell
效應記憶 T 細胞　Effector memory T cell

真菌　Funji
皰疹　Herpes
脂肪細胞　Fat cell
脂質　Lipid
脂質套膜　Lipid envelope
記憶 B 細胞　Memory B cell
記憶輔助 T 細胞　Memory helper T cell
神經細胞　Neurons
原生動物　Protozoa
核糖核酸　Ribonucleic acid (RNA)
核醣體　Ribosome
破傷風　Tetanus
缺失自我假說　The Missing Self Hypothesis
胸腺　Thymus
病原體　Pathogen
病毒神經氨酸酶　Viral neuraminidase
病毒聚合酶複合物　Virus polymerase complex
　　(vRNP)

十一畫
細胞凋亡　Apoptosis, programmed cell death
細菌　Bacteria
細胞激素　Cytokine
細胞激素釋放症　Cytokine release syndrome
細胞激素風暴　Cytokine storm
細胞質　Cytoplasm
細胞媒介免疫　Cell-mediated immunity
細胞壁　Cell wall
細胞核　Nucleus
細胞膜　Plasma membrane
組織胺　Histamine
基層細胞　Basal cell
基底層　Basal layer
基因　Gene
莢膜　Capsule

慢性期　Chronic phase
輔助 T 細胞　Helper T cell
誘導　Prime
鼻病毒　Rhinovirus
精神分裂症　Schizophrenia

十五畫

適應　Adapt
麩胺合成酶　Glutamine Synthetase
熱休克蛋白　Heat shock protein
熱原　Pyrogen
熱療法　Pyrotherapy
衛生假說　Hygiene hypothesis
數學乘方　Math power
膜攻擊複合體　Membrane attack complex
膜輔蛋白　Membrane cofactor protein (MCP)
調理作用　Opsonization
模式識別受體　Pattern-recognition receptor
線毛　Pilus
漿細胞　Plasma cell
漿細胞樣樹突細胞　Plasmacytoid dendritic cell
質體　Plasmid
質子　Proton
調節 T 細胞　Regulatory T cell
潰瘍性結腸炎　Ulcerative colitis

十六畫

親和力成熟　Affinity maturation
霍亂　Chlorea
選殖　Cloning
凝血級聯系統　Coagulation cascade
樹突細胞　Dendritic cell
《龍與地下城》　Dungeons & Dragons

遺傳預設傾向　Genetic predisposition
錐蟲　Trypanosoma

十七畫

癌症微環境　Cancer microenvironment
趨化介素　Chemokine
顆粒　Granules
黏液　Mucus
黏膜　Mucous membrane/ mucosa
螺旋菌　Spirals
螺旋體細菌　Spirochetes bacteria

十八畫

鞭毛　Flagellum
轉譯　Translate

十九畫

關節炎　Arthritis
類鐸受體　Toll-Like Receptor (TLR)

二十畫

嚴重特殊傳染性肺炎　Coronavirus Disease 2019, COVID-19
譫妄症　Delirium
嚴重急性呼吸綜合症　SARS
嚴重急性呼吸綜合症冠狀病毒　Severe Acute Respiratory Syndrome Coronavirus-2

二十三畫

纖毛　Cilia
體內恆定　Homeostasis
體液免疫　Humoral immunity
體細胞超突變　Somatic hypermutation

鷹之眼 14

免疫

認識你的免疫系統，45 個打造身體堡壘的必備知識

Immune: A Journey into the Mysterious System That Keeps You Alive

---

作　　　著　菲利普‧德特默 Philipp Dettmer
譯　　　者　周序諦

副 總 編 輯　成怡夏
責 任 編 輯　成怡夏
行 銷 總 監　蔡慧華
行 銷 企 劃　張意婷
封 面 設 計　莊謹銘
內 頁 排 版　宸遠彩藝

社　　　長　郭重興
發 　 行 　 人　曾大福
出　　　版　遠足文化事業股份有限公司 鷹出版
發　　　行　遠足文化事業股份有限公司
　　　　　　231 新北市新店區民權路 108 之 2 號 9 樓
　　　　　　客服信箱　gusa0601@gmail.com
　　　　　　電話　02-22181417
　　　　　　傳真　02-86611891
　　　　　　客服專線　0800-221029

法 律 顧 問　華洋法律事務所 蘇文生律師
印　　　刷　成陽印刷股份有限公司

初 版 一 刷　2023 年 2 月
定　　　價　800 元
I　S　B　N　9786267255049（平裝）
　　　　　　9786267255032（ePub）
　　　　　　9786267255025（PDF）

國家圖書館出版品預行編目 (CIP) 資料

免疫：認識你的免疫系統，45 個打造身體堡壘的必備知識 / 菲利普. 德特默 (Philipp Dettmer) 作；周序諦譯 . -- 初版 . -- 新北市：遠足文化事業股份有限公司鷹出版：遠足文化事業股份有限公司發行，2023.02
　面；　公分. -- (鷹之眼；14)
譯自：Immune : a journey into the mysterious system that keeps you alive
ISBN 978-626-7255-04-9(平裝)
1. 免疫學

369.85　　　　　　　　　　　　　　　　　111020690